应用型本科 电气工程及自动化专业系列教材

自动控制原理

（第二版）

主　编　丁肇红　蒋文萍

副主编　孙国琴　张　娴

西安电子科技大学出版社

内 容 简 介

本书是根据全国高等院校电气工程及自动化类专业系列教材教学指导小组制定的教材规划而编写的，为全国应用型本科系列教材。

书中系统地介绍了自动控制理论的基本内容，着重阐述了控制系统的基本概念、基本理论和基本分析方法。全书由绪论、控制系统的数学模型、线性控制系统的时域分析法、线性控制系统的根轨迹分析法、线性控制系统的频域分析法、线性控制系统的校正、线性离散控制系统、非线性控制系统分析和自动控制理论的应用实例等9章组成。为了适应培养"高素质的工程技术类应用型人才"的需要，体现工程应用性，本书增加了工程应用实例，旨在提高学生综合分析和解决工程实际问题的能力。

本书可作为高校应用型本科电气自动化、机电一体化、电子信息类及工业机器人等专业"自动控制原理"课程的教材，也可供从事自动控制工程的专业技术人员自学参考。

与本书配套的《自动控制原理习题解析》由西安电子科技大学出版社出版，其他配套教学资源丰富，可通过扫描书中二维码获取，也可联系本书作者(E-mail：1172763574@qq.com)索取。

本书作者丁肇红团队的"自动控制原理"课程被教育部认定为第二批国家级一流本科课程。

图书在版编目（CIP）数据

自动控制原理 / 丁肇红，蒋文萍主编. -- 2 版. -- 西安 ：西安电子科技大学出版社，2025. 2. -- ISBN 978-7-5606-7472-8

Ⅰ. TP13

中国国家版本馆 CIP 数据核字第 2024W8F656 号

策　　划　高　樱
责任编辑　高　樱
出版发行　西安电子科技大学出版社（西安市太白南路 2 号）
电　　话　(029) 88202421　88201467　　邮　　编　710071
网　　址　www. xduph. com　　　　电子邮箱　xdupfxb001@163. com
经　　销　新华书店
印刷单位　咸阳华盛印务有限责任公司
版　　次　2025 年 2 月第 2 版　2025 年 2 月第 1 次印刷
开　　本　787 毫米×1092 毫米　1/16　印张 18.5
字　　数　435 千字
定　　价　56.00 元
ISBN 978-7-5606-7472-8
XDUP 7773002-1
＊＊＊如有印装问题可调换＊＊＊

前　言

本书第一版自 2017 年 1 月出版至今已有七年多时间，在这七年中，科技的发展使得自动控制理论得到了更广泛的应用，同时我们在课程的教学教改上进行了深入的研究和不断的改进，取得了一定的成果，作者所在团队的"自动控制原理"课程被教育部认定为第二批国家级一流本科课程。在收集对本书第一版意见及总结教学教改经验的基础上，我们对本书的内容、工程应用案例及文字叙述等进行了调整、增删和更新，并丰富了课外学习资料，体现了新形态立体化教材的特点，使本书更适合教学和读者自学的需要。

本次修订在取材和阐述方式上，更注重工程性和应用性，将理论教学、实践教学环节和 MATLAB 计算机辅助设计融合成一体，并贯穿全书。

此次修订的主要内容如下：

（1）对自动控制原理的基本概念进行了加粗突出显示，便于读者阅读；精简了第一版的部分内容，如对根轨迹法校正、离散系统设计、描述函数法等内容进行了精简并以二维码形式呈现。

（2）增加了课程的视频教学内容，读者通过扫描书中的二维码可以反复观看。

（3）增加了"航天领域的自动控制"一节内容，通过扫描书中的二维码可以了解中国航天事业的发展、航天精神的内涵及中国神舟一号至十七号的发展历程。

（4）每章增加了测验题及答案，读者可以自行检验每章学习情况。

本书由上海应用技术大学副教授丁肇红和蒋文萍在第一版的基础上修订而成，丁肇红、蒋文萍任主编，上海应用技术大学的孙国琴和金华职业技术大学的张娴任副主编。感谢参与本书编写工作的胡志华和陶莉莉老师，感谢曹开田对本书中自动控制技术方面内容的指导，本书的视频教学内容由丁肇红、蒋文萍、李秀英和马向华老师录播，在此表示感谢！

书稿的部分图形修改和视频剪辑工作由研究生郭文哲完成，在此表示感谢。本书在编写过程中参阅了大量公开出版的教材、习题集和论文，在此一并致谢！

虽然我们在编写过程中尽了最大的努力，但书中难免有不妥之处，恳请广大读者批评指正。

本书配套资源可在出版社官网学习中心下载，网址如下：

http://www.xduph.com

自动控制原理

作　者
2024 年 7 月

第 一 版 前 言

我国教育部工作要点明确提出，要引导一批本科高校向应用技术类高校转型。而应用型本科教材在培养工科应用型技术创新人才的教学中起着关键的作用，为了具体贯彻应用型本科教育由"重视规模发展"转为"注重质量提高"的工作思路，就必须重视应用型本科教材的建设。本书作者根据二十几年从事本科教学的经验，编写了本书。在编写过程中，作者针对教学目的，加强了工程实例与控制理论的结合。

自动控制技术广泛应用于工农业生产、交通运输、国防建设和经济领域。随着科技的进步，控制理论也有了很大的发展，其概念、方法和体系已经渗透到许多学科领域。为了适应应用型本科教学，紧跟科技发展前沿，体现自动控制理论在日益发展的科技创新工程中的应用，本书增加了移动机器人控制系统、磁悬浮控制系统等较前沿的工程案例分析。

全书为了体现教材应用型的特点，将实例"直线一级倒立摆控制系统"贯穿于前六章的相应章节，目的是使读者充分理解控制系统的工作原理、性能分析及工程设计过程。另外，MATLAB 辅助分析和设计也是本课程教学的重要组成部分，本书在每一章都强化了这一方面的内容。

本书内容共分 9 章。前 6 章为经典控制理论：第 1 章通过工程实例介绍了控制系统的基本概念、系统组成及控制方式；第 2 章介绍了控制系统数学模型的不同表达形式、工程中常用控制器的传递函数及一级倒立摆系统的建模过程，并用 MATLAB 软件实现了数学模型之间的转换；第 3 章介绍了线性控制系统的时域分析法，包括一、二阶系统性能及高阶系统的主导极点，系统稳定性及稳态误差的分析，一级倒立摆系统的 MATLAB 时域分析；第 4 章介绍了线性控制系统的根轨迹分析法，包括根轨迹及广义根轨迹的绘制、用根轨迹法分析控制系统性能、系统主导极点与时域指标的关系、一级倒立摆系统的 MAT-LAB 根轨迹分析；第 5 章介绍了线性控制系统的频域分析法，包括频率特性（伯德图与奈氏图）、奈奎斯特稳定判据、开闭环频域指标、一级倒立摆系统的 MATLAB 频域法分析；第 6 章介绍了线性控制系统校正装置的设计，包括校正装置及校正方法，串联超前校正、串联滞后校正、串联滞后-超前校正的根轨迹校正及频率法校正，PID 及参数整定方法，一级倒立摆系统的 MATLAB 频域法设计。第 7 章介绍了线性离散控制系统，包括采样定理，Z 变换及脉冲传递函数，系统稳定性、稳态误差及动态响应性能的分析等；第 8 章介绍了非线性控制系统，包括非线性控制系统的概述及其一般分析方法——相平面法和描述函数法；第 9 章介绍了自动控制理论的应用实例，每个工程实例都包括实际系统数学模型的建立、系统性能的分析、控制器的设计及系统的综合评价，这些工程实例体现了教材的应用型特色，符合应用型本科的教学要求。

本书在取材和阐述方式上注重工程性、应用性，将实践教学环节和计算机辅助设计融为一体并贯穿全书；在内容上避免了复杂的公式推导；在叙述上力求概念明确、层次分明；在例题的选用上考虑实用性，并给出了详细的解题步骤，以供不同专业的学生选用。由于前 6 章与第 7 章、第 8 章、第 9 章的内容有相对独立性，因此本书在删除一些章节后还可供其他非电类专业选用。本书的内容能够满足工科院校不同专业 64～84 学时的教学需要。

本书最后有 3 个附录，附录 A 为拉普拉斯变换，附录 B 为 MATLAB 常用控制系统命令索引，附录 C 为自动控制原理的常用技术术语中英文对照。

本书由上海应用技术大学的丁肇红副教授和上海第二工业大学的胡志华副教授担任主编，其中第 4 章由胡志华副教授和陶莉莉老师编写，第 3 章、第 6 章和第 9 章第 3 节由上海应用技术大学的孙国琴副教授编写，第 7 章及第 9 章第 2 节由上海应用技术大学的蒋文萍老师编写，其余各章均由丁肇红副教授编写，她还负责全书的组稿、定稿和统稿工作。

本书由叶银忠教授担任主审，他对本书提出了许多宝贵的意见，在此深表谢意。本书的部分图形由研究生徐亦雯、李伟、王希同和桑建绘制，在此表示感谢。本书在编写过程中参阅了大量公开出版的教材及习题集，也在此对这些教材和习题集的作者表示感谢。

虽然我们在编写本书的过程中花了不少的精力，但仍存在许多不尽如人意之处，殷切希望同行专家及广大读者不吝指教。

本书配套的课程视频在出版社官网学习中心，地址如下：

http://www.xduph.com

作　者
2016 年 10 月

目　录

第1章 绪　　论

1.1 引　言

本章的目的是使读者理解**自动控制和自动控制系统**的基本概念。

初学自动控制原理的人会问："什么是自动控制？什么是自动控制系统？"要回答这两个问题，可以联系日常生活中那些需要实现某种预定"目标"的例子。例如在室内，为了达到舒适的环境，人们常常安装空调器来控制室内的温度，这种利用控制装置来取代人工操纵的方式就是自动控制。

引言

所谓自动控制，就是在没有人的直接干预下，利用控制装置使被控对象（或受控对象）的某些物理量自动按照预定的规律变化或运行。例如房间的温度控制系统，房间是被控对象，室内的温度就是被控制的物理量，最终要求温度达到人们设定的温度，如图 1.1 所示。

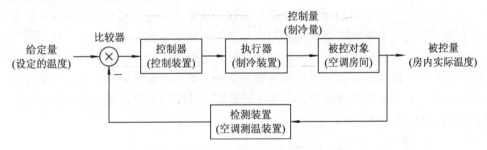

图 1.1　房间温度控制系统

随着现代计算机技术的迅速发展，自动控制大量应用于空间技术、科技、工业、交通管理、农业、经济等领域。这些领域为了达到预期"目标"，通常采用能实现特定控制策略的控制系统。如政治、经济、教学领域中的各种体系，人体的各种功能，自然界的生物学系统，都可以视为一种控制系统。把实现自动控制所需要的各个部件按照系统一定的规律组合起来，去控制被控对象，这些部件的组合体称为"控制系统"。分析和综合自动控制系统的理论就称为"控制理论"。

自动控制理论和实践的不断发展，为人们提供了获得动态系统最佳性能的方法。这些方法不仅提高了生产率，而且使人们从繁重的体力劳动和大量重复性的手工操作中解放出来。因此技术人员和科研工作者应当具备一定的自动控制知识。

1.1.1　自动控制理论发展简史

1788 年，瓦特（James Watt）为了控制蒸汽机速度而设计了离心调速器，这是第一次应用反馈思想设计的离心式飞球调速器，是自动控制领域的一项重大成果。1868 年，麦克斯韦(J. C. Maxwell)为了解决离心式飞球调速器控制精度和稳定性之间的矛盾,发表了《论调速器》,提出用基本系统的微分方程模型分析反馈系统的稳定性。1877 年,劳斯(E. J. Routh)和赫尔维茨(A. Hurwitz)提出了根据代数方程的系数判断线性系统稳定性方法。1892 年,俄国学者李雅普诺夫发表了名为《运动稳定性的一般理论》的博士论文。1895 年,劳斯与赫尔维茨分别提出了基于特征根和行列式的稳定性代数判别方法。1932 年,奈奎斯特(H. Nyquist)提出了频率域的稳定性判据,解决了布莱克(H. S. Black)放大器的稳定性问题,奠定了频域法分析与综合的基础。1934 年,海森(H. L. Hazen)发表了《关于伺服机构理论》。1945 年,伯德(H. W. Bode)发表了"网络分析和反馈放大器设计",完善了系统分析和设计的频域方法。1948 年,维纳(N. Weiner)发表了"控制论——关于在动物和机器中控制和通信的科学",标志着控制论的诞生。1948 年,伊文思(W. R. Evans)提出了一种易于工程应用的系统的根轨迹分析法。1954 年,钱学森出版了《工程控制论》,全面总结了经典控制理论,标志着经典控制理论的成熟。20 世纪初,PID 控制器获得广泛的应用。20 世纪 50 年代后自动控制理论开始应用于宇宙太空领域。

1.1.2　控制工程实践

控制工程所要面对的主要问题是分析与设计面向预期目标的控制系统,而面向目标的不同控制策略将产生不同层次的控制系统。

反馈控制是现代工业和社会生活的一个基本要素。例如安全驾驶汽车是生活中一件重要的事情,这需要汽车能够对司机的操纵作出快速准确的响应。汽车驾驶控制系统框图如图 1.2 所示。该控制系统将期望的行驶路线与实际测量的行驶路线相比较,从而得到行驶方向偏差,司机根据行驶方向偏差调整转向装置,使汽车的实际行驶轨迹跟踪预期行驶轨迹,此时实际行驶路线的测量是通过视觉和触觉的反馈检测来实现的。图 1.2 描述了系统负反馈的控制过程,即**先检测偏差,然后纠正偏差或消除偏差的过程**。图 1.3 所示是一条典型的行驶方向响应曲线图。

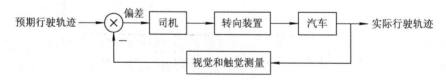

图 1.2　汽车驾驶控制系统框图

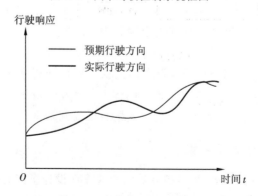

图 1.3　行驶方向响应曲线图

现代控制工程设计在机电一体化系统中获得了广阔的发展空间。机电一体化系统（Mechatronics）指的是机械（Mechanical）、电气（Electrical）和计算机（Computer）等组合而成的系统。机电一体化系统的基本要素包括物理系统建模、传感器与执行机构、信号与系统、计算机与逻辑系统、软件与数据采集。以上五个要素都与反馈控制有着紧密联系。图1.4 所示的漫游小车是机电一体化系统的典型实例。在漫游小车中集成了带有反馈回路的数字计算机——嵌入式控制系统。

图 1.4　嵌入数字计算机的漫游小车

漫游小车的运动闭环控制有两个部分：一是速度闭环控制，二是位置闭环控制。速度闭环控制系统如图 1.5 所示。

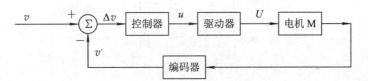

图 1.5　速度闭环控制系统

设期望速度 v 为输入量，与反馈速度 v' 相减后得到 Δv，Δv 作为控制器的输入。控制器输出 u 决定了驱动器输出电压 U 的大小，不同的输出电压 U 对应不同的电机转速。反馈速度 v' 由编码器采集的信号计算得到，反馈到输入端。当实际速度大于设定值时，控制器的输入量 Δv 为负值，控制器输出到驱动器的 u 值减小，从而减小了输出电压，电机减速；当实际速度小于设定值时，控制器的输入量 Δv 为正值，控制器输出到驱动器的 u 值增大，从而增大了输出电压，电机加速。

以上两个工程实践表明，控制技术的进步将人类从体力劳动中解放了出来。控制系统可以用来提高生产率，改善装置或系统的性能。自动控制是通过自动操作对生产过程、装置或系统的控制来提高生产率和产品质量的。

1.2　反馈控制的基本原理

反馈控制的基本原理

1.1 节提到的动态系统的反馈控制的概念，其核心思想是对一个系统的输出量进行检测，然后反馈到输入端并与参考输入相比较，得到的偏差信号经控制器的变换运算后驱动执行机构，以使被控对象的输出量能按照参考输入的要求变化。为了实现精确的控制，应满足三个基本的要求：第一，系统必须已处于稳定状态；第二，系统输出必须跟踪控制输入信号；第三，系统输出必须尽量克服来自输入的扰动。虽然在设计中使用的模型不是完全精确的，或者物理系统的动态特性随时间变化或者因环境变化而变化，但是系统必须满足以上要求。

1.2.1　人工控制与自动控制

　　一个基本的人工闭环控制的例子是人工液位控制系统，如图1.6所示。该系统的参考输入（期望输出）是按规定应该保持的液面参考位置（参考位置存放在操作手的脑海中），控制放大器是操作手本人，而传感器则是他的眼睛。操作手比较实际液面与预期液面的差异，决定进水阀（即执行机构）开度是增大还是减少，从而调节输入流量，以达到维持液面高度的目的。当出水量增大，实际的液面高度下降时，操作手通过眼睛观察到期望的水位高度高于实际水位高度，利用手增大调节阀门开度，使得进水量增加，实际水位上升，回到期望水位高度。人工液位控制系统框图如图1.7所示。

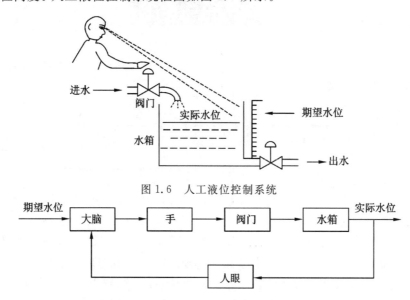

图 1.6　人工液位控制系统

图 1.7　人工液位控制系统框图

　　为了提高劳动生产率和控制精度，用自动控制代替上述的人工控制。自动控制系统必须具有上述三种元件，即测量元件（相当于人眼）、比较元件（相当于人脑）、执行元件（相当于人手和阀门）。可以用图1.8所示的液位自动控制系统取代图1.6所示的人工液位控制系统。

　　液位自动控制工作原理为：当输入流量与输出流量相等时，水位的测量值和给定值相等，系统处于相对平衡状态，电动机无输出，阀门位置不变；当输出流量增加时，系统水位下降，通过浮子检测后带动电位器抽头移动，电动机获得一个正电压，通过齿轮减速器传递，使阀门打开，从而增加入水流量，使水位上升；当水位回到给定值时，电动机的输入电压又会回到零，系统重新达到平衡状态。将液位自动控制系统原理图用反馈控制系统框图表示，如图1.9所示。本书在以后的讨论中常用系统框图的形式表示控制系统原理。

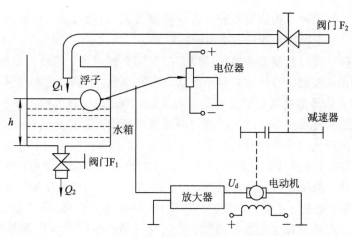

图 1.8 液位自动控制系统

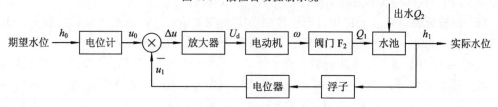

图 1.9 液位自动控制系统框图

1.2.2 反馈控制系统的基本组成和常用术语

为了更好地理解反馈控制系统的基本概念，下面介绍自动控制系统的
基本组成以及控制系统的一些常用术语。

1. 反馈控制系统的基本组成

反馈控制的
基本组成

典型的反馈控制系统的基本组成如图 1.10 所示，它主要由被控对象和
控制装置两大部分组成，其中控制装置是由具有一定职能的各种基本元件组成的。在不同
的系统中，结构完全不同的元部件可以具有相同的功能。

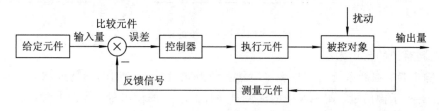

图 1.10 反馈控制系统的基本组成

（1）**被控对象**。被控对象即控制系统所要控制的设备或生产过程，它的输出量就是被
控变量。它可能是一种设备，也可以是一些机器零件的有机组合，其作用是完成某种特定
的操作。图 1.8 中的液位自动控制系统的被控对象就是水箱。

（2）**给定元件**。在常规仪表控制中用给定元件来产生参考输入量或者设定值。设定值
既可以由手动操作设定也可以由自动装置给定。图 1.8 中的液位自动控制系统的给定元件
是电位器。

（3）**控制器**。控制器接收偏差信号或者输入信号，通过一定的控制规律给出控制量，

传送到执行元件。如某种专用运算电路、常规控制仪表（电动仪表、气动仪表）、可编程逻辑控制器（PLC）、工业控制计算机等都属于控制器。

（4）**执行元件**。有时控制器的输出可以直接驱动被控对象，但是大多数情况下被控对象都是大功率级的，控制信号与被控对象的功率级别不等。另外，控制信号一般是电信号，而被控对象的输入信号多是其他形式的非电物理量，因此控制器的输出往往不能直接驱动被控对象。控制信号与被控对象之间实现功率级别转换或者物理量纲转换的装置称为执行元件，又常称为执行机构或者执行器。常见的执行元件有步进电动机、电磁阀、气动阀、各种驱动装置等。1.2.1 小节中的液位自动控制系统的执行元件是电动机、减速器和阀门。

（5）**测量元件**。测量元件又称**传感器**，用于检测被控对象的输出量，如温度、压力、流量、位置、转速等非电量，并将其变换成标准信号（一般是电信号）后作为反馈量传送到控制器。例如各种压力传感器、流量传感器、差压变送器、测速发电机等都属于测量元件。1.2.1 小节中的液位控制系统的测量元件是浮子和电位器。

（6）**比较元件**。比较元件用以产生控制所需的偏差信号。有的系统以标准装置的方式配以专用的比较器，有的系统以隐藏的方式将其合并在其他控制装置中。

在图 1.10 中，用"⊗"表示比较元件，"－"表示负反馈，"＋"表示正反馈。信号从系统输入端沿箭头方向到达系统输出端的通路称为前向通路；系统的输出量经测量元件到系统输入端的通路称为主反馈通路。前向通路和主反馈通路构成主回路。此外，系统内局部前向通路和局部反馈通路构成的回路称为内回路。一个只包含主反馈通路的系统，称为单回路系统；包含两个或两个以上反馈通路的系统，称为多回路系统，如图 1.11 所示。

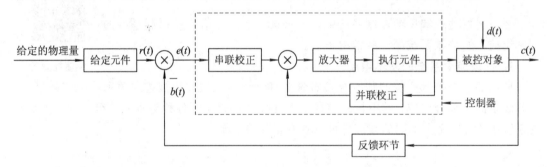

图 1.11 多回路控制系统的基本组成

2. 控制系统的常用术语

（1）**输出量**：控制系统的被控变量，是一种被测量或被控制的量值或状态。本书一般用符号 $c(t)$ 表示输出量。图 1.8 中的液位自动控制系统的输出量是实际水位。

（2）**输入量**：影响被控量的外来信号，分为给定量和扰动量。

① **给定量**：人们期望系统输出按照这种输入的要求而变化的控制量，又称为参考输入或期望输入。本书一般用符号 $r(t)$ 表示给定量。图 1.8 中的液位自动控制系统的给定量是期望水位 h_0 或 u_0。

② **扰动量**：外界或者系统内部影响系统输出而使输出量偏离给定输入量的干扰信号。外部的扰动称为外扰，它是一个系统不希望出现的输入信号。

（3）**反馈量**：与被控量成正比或为某种函数的信号，其物理量纲与参考输入相同。反馈量是从输出量中经过检测变送后返回到输入端参与系统控制的一种信号。图 1.11 中的

$b(t)$ 是反馈量。

　　(4) **偏差量**：系统的参考输入量与反馈量之差，是控制系统中的一个重要参数。一般用 $e(t)$ 表示偏差量。

　　(5) **前向通路**：从输入端到输出端的单向通路。

　　(6) **反馈通路**：从输出端到输入端的反向通路。

1.2.3　自动控制系统的基本控制方式

　　反馈控制是自动控制系统最基本的控制方式，除此之外，还有其他的控制方式。最典型的控制系统有三种，即开环控制系统、闭环控制系统和复合控制系统。

自动控制系统的
基本控制方式

　　1. 开环控制系统

　　如果系统的输出量没有与其参考输入量相比较，即不存在由输出端到输入端的反馈通路，这种控制系统叫作开环控制系统。换句话说，开环系统的输出量不会对系统的控制作用产生影响。如图 1.12 所示的音乐喷泉的自动控制系统为开环控制系统。

图 1.12　音乐喷泉自动控制系统

　　图 1.13 所示为直流电动机转速开环控制系统，其调速原理如图 1.13(a)所示。直流电动机是被控对象；电动机的转速为系统的被控量或输出量；u_r 是系统的给定量或参考输入量；电动机负载转矩是系统的扰动量。

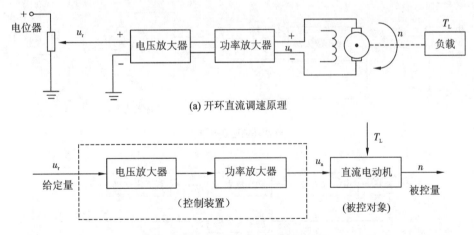

(a) 开环直流调速原理

(b) 直流电动机转速开环控制系统框图

图 1.13　直流电动机转速开环控制系统

　　开环系统的任务是控制他励直流电动机以恒定的速度带动负载运行。其调速系统的控制原理是调节电位器从而获得系统的输入量 u_r，经过放大环节将其转变为电动机的电枢电压 u_a，供电给直流电动机，使之产生一个期望的转速 n，驱动直流电动机带动负载运转。在负载恒定的条件下，电动机的转速 n 与电压 u_a 成正比。显然，只要改变输入量 u_r，便可改变相应的电动机转速 n。但是当电动机的负载变化时，电动机的转速也会随之变化，不再维持 u_r 所期望的转速。图 1.13（b）所示为直流电动机转速开环控制系统框图。

图 1.14 所示为开环控制系统框图。这种控制系统的特点是结构简单，所用元器件少，成本低。然而当系统受到干扰作用后，被控变量一旦偏离原来的平衡状态，系统将无法消除或减小误差，因此开环控制系统无法克服系统受到的干扰。

图 1.14　开环控制系统框图

2. 闭环控制系统

把系统输出量的信息反馈到系统输入端，通过比较输入量与输出量，产生偏差信号，该偏差信号按一定的控制规律产生相应的控制作用，使偏差信号逐渐减小甚至消除，从而使控制系统达到预期的要求。这种控制系统称为闭环控制系统，也称为反馈控制系统。

图 1.15 所示为直流电动机转速闭环控制系统，此系统具有自动抗扰动的功能。在图 1.15(a)所示的闭环调速原理图中，测速发电机是测量元件。当电动机的负载转矩增大时，流进电动机电枢的电流便相应地增大，同时电枢电阻上的压降也变大，从而导致电动机的转速 n 下降，转速 n 的降低使得测速发电机的输出电压 u_f 减小。将 u_f 反馈到系统的输入端，与给定电压信号 u_r 进行比较，得到偏差电压信号 Δu，Δu 经放大器放大后使得电枢电压 u_a 增大，从而使转速上升，直至电动机的实际转速近似恒定于给定转速。闭环控制系统克服了负载转矩增大的干扰。图 1.15(b)所示为直流电动机转速闭环控制系统方框图。由于采用了反馈回路，信号的传输路径形成了闭环回路，使系统输出量（转速）反过来直接影响控制作用。

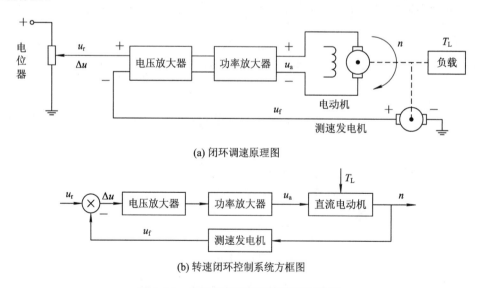

(a) 闭环调速原理图

(b) 转速闭环控制系统方框图

图 1.15　直流电动机转速闭环控制系统

由于闭环控制系统的被控对象的输出（被控量）会反馈回来影响控制器的输出，形成一个或多个闭环回路，故被控对象的输出量对控制作用有直接影响。当系统出现干扰时，一旦有偏差信号，控制器立即发挥其调节作用来减小或消除这个偏差，即系统具有自动抗扰动的功能,控制精度高。

闭环控制系统有正反馈和负反馈之分。若反馈信号与系统约定信号的极性相反,则称为负反馈;若极性相同,则称为正反馈。一般的闭环控制系统都采用负反馈,又称为负反馈控制系统。负反馈控制系统是本课程讨论的重点。

3. 复合控制系统

从系统结构来看,可以分别按扰动控制方式或偏差控制方式来构成系统。按扰动控制方式构成系统在技术上较按偏差控制方式构成系统简单,但它只适用于扰动可测的场合,而且一个补偿装置也只能对一种扰动进行补偿,对其他的扰动没有补偿作用。所以,通常是结合两种控制方式来构成系统,对主要的扰动采用适当的补偿装置实现按扰动控制;同时按偏差控制方式控制来消除其他扰动带来的偏差,从而组成闭环反馈控制系统。这种将按偏差和按扰动方式结合起来构成的控制系统称为复合控制系统。复合控制系统兼有两者的优点,可以构成精度很高的控制系统。直流电动机转速复合控制系统的原理图和方框图如图 1.16 所示。

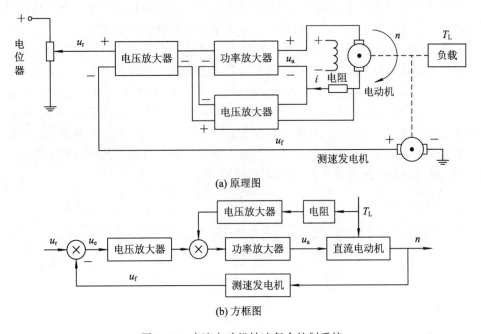

(a) 原理图

(b) 方框图

图 1.16 直流电动机转速复合控制系统

1.3 自动控制系统工程实例

1.3.1 电冰箱制冷控制系统

生活中经常使用的电冰箱由箱体、制冷系统、控制系统和附件构成。制冷系统的主要组成有压缩机、冷凝器、蒸发器和毛细管节流器四部分。这四部分自成一个封闭的循环系统。

电冰箱制冷控制系统工作原理如图 1.17 所示。电冰箱制冷控制系统由箱体、温度控制盒、压缩机、冷却管、蒸发器、继电器等部件组成，其中压缩机一般由壳体、电动机、缸体、活塞、启动器和热保护器等组成。

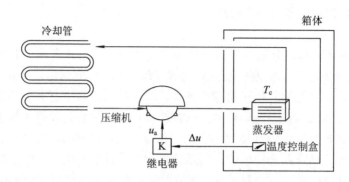

图 1.17　电冰箱制冷控制系统工作原理

系统的任务是保持冰箱内的温度等于设定的温度。温度控制盒通过双金属感温器测量冰箱内的温度，并和要求的温度进行比较。若冰箱内的温度低于设定的温度，则接通继电器、接触器，向电动机输出电压 u_a。温度控制盒起测量、比较、变换的作用。

电动机带动压缩机，将蒸发器中的高温低压氟利昂气态制冷液送至冷却管散热，并对降温后的低温低压制冷液增压，使之以低温高压液态进入蒸发器，并急速降压扩散成气态，此过程会大量吸收箱体内的热量，使冰箱的温度随之下降。然后氟利昂气态再次成为高温低压氟利昂液态，被压缩机从蒸发器中吸出并送入冷却管，如此循环流动，使冰箱达到制冷的效果。系统中的压缩机和蒸发器是执行元件，双金属感温器是测量元件，箱体是被控对象。电冰箱制冷控制系统框图如图 1.18 所示。

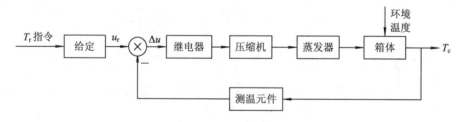

图 1.18　电冰箱制冷控制系统框图

1.3.2　倒立摆控制系统

倒立摆控制系统是典型的机电一体化系统，其中涉及机械设计、电机驱动技术以及控制技术等多项技术。由于空间飞行器姿势稳定的控制和倒立摆系统的控制有很大的相似性，因此倒立摆控制系统是许多重要的宇宙空间应用的一个基础模型。

直线一级倒立摆的系统实物如图 1.19 所示。其中，小车由电机通过同步带驱动，在滑杆上来回运动，保持摆杆的平衡，使得摆杆在垂直方向不倒下；光电编码器向运动控制器反馈小车的位移和摆杆的角位移。倒立摆控制系统中包含 PCI 插槽的兼容微机、电控箱、倒立摆本体、运动控制卡等部件及倒立摆系统实验软件。

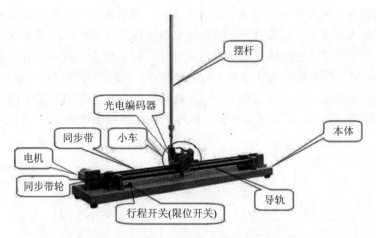

图 1.19 直线一级倒立摆的系统实物

倒立摆系统硬件框图如图 1.20 所示。图中，被控对象为倒立摆本体，执行元件为伺服驱动器和伺服电机，控制器为运动控制卡，测量元件为光电码盘。被控参数是摆杆与垂直向下方向的角度 θ 或者摆杆与垂直向上方向的角度 φ（即摆杆的角度）。

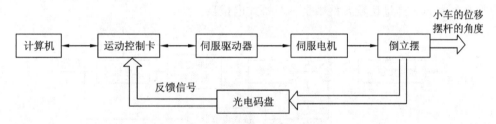

图 1.20 倒立摆系统硬件框图

控制系统的任务是使摆杆垂直向上不倒（详细过程见第 2 章 2.6.1 小节）。计算机通过运动控制卡实时读取数据，确定控制策略（电机的输出力矩）并发送给运动控制卡；运动控制卡经过数字处理器（DSP）内部的控制算法实现该控制决策并产生相应的控制量，使电机转动，带动小车运动，保持摆杆平衡。一级倒立摆控制系统框图如图 1.21 所示。

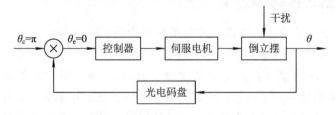

图 1.21 一级倒立摆控制系统框图

1.3.3 位置随动控制系统

随动控制系统是指其参考输入的变化规律是未知的。随动控制系统的任务是使被控量按与输入信号相同的规律变化并使其与输入信号的误差保持在规定范围内。这种系统在军事上应用得最为普遍，如导弹发射架控制系统、雷达天线控制系统等。

自动控制系统
工程实例

位置随动控制系统通常由测量元件、放大元件、伺服电动机、测速发电机、齿轮系以及绳轮等基本环节组成，一般采用负反馈控制原理进行工作。图 1.22 所示为一个位置随动控制系统的工作原理图。在此位置随动控制系统中，如果指令角度 θ_r 变化，而工作机械仍处于原位状态，则工作机械转角 θ_c 不等于指令角度 θ_r，此时 u_s 不等于零，电动机开始工作，带动工作机械按所要求的方向快速偏转，使系统在新的位置上处于与指令同步的平衡工作状态，即完成跟随的任务。该系统是按偏差调节的负反馈控制系统。

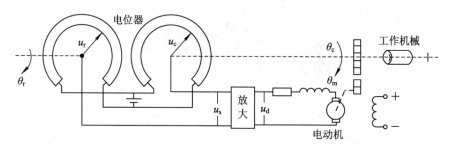

图 1.22 位置随动控制系统的工作原理图

位置随动控制系统方框图如图 1.23 所示。其中，工作机械为被控对象，伺服电机和减速器为执行元件，测量比较元件则是一对桥式电位器。

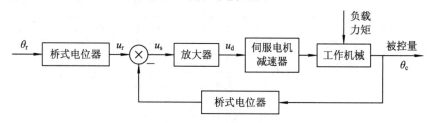

图 1.23 位置随动控制系统方框图

在工程技术中，若需要某个机构(如船闸、轧机、刀架、雷达天线、卡车前轮等)的位置能快速精确地跟随一个指令信号动作，就可以仿照这种随动控制原理来实现。

1.3.4 移动机器人控制系统

图 1.24 是一个简易的移动机器人控制系统实物图。其运动底盘是一个简单的履带式移动小车。该系统由 L298N 电机驱动芯片驱动主动轮上的 12 V 直流电机，从而驱动履带使整个车体运动。移动机器人的运动轨迹主要由 STM32 嵌入式芯片控制，光电编码器用以检测主动轮的电机转速，左右电机转速差控制履带式移动机器人的运动方向，即通过左右两个主动轮的速度之差使机器人前进、后退和转弯。当左右两个主动轮速度相同、方向相同时，机器人走直线；当左右两轮速度相同、方向相反时，机器人原地旋转；当左右两轮速度不同、方向相同或相反时，机器人按一定的半径转弯。当检测到机器人实际位姿与期望位姿之间存在偏差时，系统便会通过 STM32 主控板完成一定的控制算法，从而控制电机驱动小车按预定的轨迹运动。移动机器人位姿控制系统框图如图 1.25 所示。其中，小车车体是被控对象，编码器采集与处理电路是检测元件，STM32 主控板是控制器，直流电机与主动轮是执行元件。

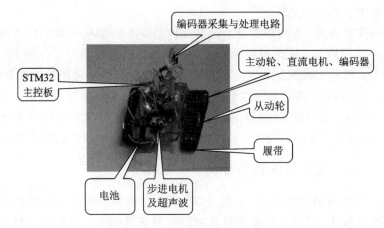

图 1.24 移动机器人控制系统实物图

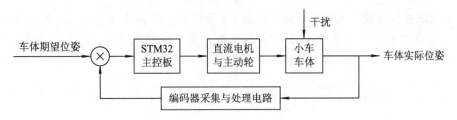

图 1.25 移动机器人位姿控制系统框图

若将高精度超声波模块安装在步进电机上，就可以检测其周围是否有障碍物存在，以及小车与障碍物的距离，再通过内置算法，由 STM32 主控板控制移动小车进行避障。

1.4 自动控制系统分类

自动控制系统可以从不同的角度进行分类：按照描述系统的数学模型的不同，自动控制系统可分为线性系统和非线性系统、定常系统和时变系统；按照系统传输信号性质的不同，自动控制系统可分为连续时间系统和离散时间系统；按照系统元件类型，自动控制系统可分为机电系统、液压系统、气动系统、生物系统等；按照系统的不同功用，自动控制系统分为温度控制系统、位置控制系统等；按照系统输入信号的变化规律不同，自动控制系统分为恒值控制系统、程序控制系统和随动系统。为了全面反映自动控制系统的特点，各种分类方法常常组合应用。

1.4.1 按照描述系统的数学模型分类

通常可以用微分方程来描述控制系统的动态特性。按照描述系统运动的微分方程可将系统分成以下两类：

自动控制系统分类

（1）**线性控制系统**。若组成控制系统的元件都具有线性特性，则称这种系统为线性控制系统。这种控制系统的输入与输出间的关系一般用线性微分方程来描述。若系统中的参数是常数，而不是时间 t 的函数，则称其为线性时不变控制系统；若系统中的参数是时间 t 的函数，则称其为线性时变控制系统。线性系统的特点是可以应用叠加原理，因此在数学上较容易处理。

（2）**非线性控制系统**。若组成控制系统的元件至少有一个具有非线性特性，则称这种系统为非线性控制系统。描述这种系统的微分方程是非线性微分方程。非线性系统一般不能应用叠加原理，因此在数学上处理起来比较困难，至今尚没有通用的处理方法。

严格来说，在实际中，理想的线性系统是不存在的，但是如果对于所研究的问题，非线性的影响不是很严重，则可近似地将系统看成线性系统。同样，实际上理想的线性定常系统也是不存在的，但如果系统参数变化比较缓慢，也可以将其近似地看成线性定常系统。

1.4.2　按照系统传输信号的性质分类

按照系统内部传输信号的性质，系统可以分为连续控制系统和离散控制系统。

（1）**连续控制系统**。若控制系统中各部分的信号都是时间 t 的连续函数，则称这类系统为连续控制系统。

（2）**离散控制系统**。在控制系统各部分中，至少有一处传递的信号是时间的离散信号，则称这类系统为离散控制系统。图 1.26 所示的计算机控制系统就是一种常见的离散控制系统。本章 1.3.4 小节中的移动机器人控制系统也是离散控制系统。

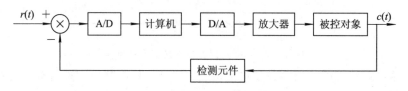

图 1.26　计算机控制系统框图

1.4.3　按照系统输入信号 $r(t)$ 的变化规律分类

按照系统输入信号的性质，系统可以分为恒值控制系统、程序控制系统和随动控制系统。

（1）**恒值控制系统**。如果系统的参考输入信号为恒值或者波动范围很小，系统的输出量也要求保持恒定，这类控制系统称为恒值控制系统。例如本章的液位控制系统就是恒值控制系统。

（2）**程序控制系统**。如果系统的参考输入信号为事先给定的时间函数，则称这类控制系统为程序控制系统。

（3）**随动控制系统**。如果系统的参考输入信号是预先未知的随时间任意变化的函数，则称这类控制系统为随动控制系统。随动控制系统又称为伺服控制系统，其参考输入值在不断地变化，而且变化规律未知。其控制的目的是使得系统的输出量能够准确地跟踪输入量的变化。随动控制系统常用于军事上对机动目标的跟踪，例如雷达-火炮跟踪系统、坦克炮自稳系统等。本章 1.3.3 节的位置随动控制系统就是随动控制系统的典型例子。

1.5　控制系统设计概述

控制系统的设计方法根据实际情况的不同而不同。首先控制系统的设计要符合自动控制系统的基本要求，其次要遵循自动控制系统设计的基本原则。

1.5.1　对控制系统的基本要求

为了实现自动控制的任务，必须要求控制系统的被控量 $c(t)$ 跟随给定值 $r(t)$ 的变化而变化，没有过大的振荡或超调。然而，由于实际系统中总是包含惯性或储能元件，同时由于能源功率的限制，控制系统在受到外作用时，其被控量不可能立即变化，而是有一个跟踪过程。通常把系统受到外作用后，被控量随时间变化的全过程称为**动态过程或过渡过程**。

控制系统的性能可以用动态过程的特性来衡量，考虑到动态过程在不同阶段的特点，工程上常常从稳、快、准三个方面来评价自动控制系统的总体性能。

1. 稳定性

稳定是控制系统正常工作的首要条件。稳定性是指系统处于平衡状态下，受到扰动作用后，系统恢复原有平衡状态的能力。当系统受到某一扰动作用后，被控制量偏离了原来的平衡状态，但当扰动一消失，经过一定的时间，如果系统仍能回到原有的平衡状态，则称**系统是稳定的**，否则就是不稳定的。不稳定的系统无法正常工作，甚至会毁坏设

对控制系统的
基本要求

备，造成重大损失。例如直流电动机的失磁、导弹发射的失控、运动机械的增幅振荡等都属于系统不稳定。所以稳定性是系统能正常运行的必要条件。控制系统的稳定性一般可以用图 1.27 来反映。对于不同的控制系统，稳定性有不同的要求：

(1) 对于恒值控制系统，要求当系统受到扰动后，经过一定时间的调整能够回到原来的期望输入值；

(2) 对于随动控制系统，要求被控量始终跟踪参考输入量的变化。

线性定常系统的稳定性通常由系统结构和参数决定，而与外界因素无关。因为控制系统中的储能元件的能量不能突变，当有干扰信号或是有输入量时，控制过程总存在一定的延迟。

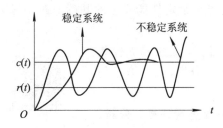
(a) 输入为阶跃信号时的稳定系统和不稳定系统

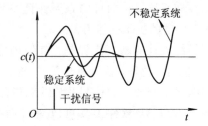
(b) 输入为干扰信号时的稳定系统和不稳定系统

图 1.27　稳定系统和不稳定系统

2. 快速性

快速性是对系统动态响应的要求。**快速性是由动态过程时间的长短来表征的。动态过程时间越短，表明快速性越好**；反之则相反。快速性表明了系统输出对输入响应的快慢程度。系统响应越快，则复现快变信号的能力越强。本书第 3 章用定量指标来衡量系统的快速性。

3. 准确性

准确性是对系统处于稳态时的要求。**准确性是指稳态时系统期望输出量和实际输出量之差**，它反映了系统的稳定精度。稳定的系统在过渡过程结束后所处的状态称为稳态。控制系统的稳态精度通常是用它的稳态误差来表示的。稳态误差越小，控制系统的精度就越高。

对于一个稳定系统，经过一个动态过程，从一个稳态过渡到另一个稳态，系统的输出可能存在一个偏差，这个偏差称为稳态误差。它反映了一个控制系统的控制精度或抗干扰能力，是衡量一个反馈控制系统的稳态性的重要指标。当稳态误差为零时，系统为无差系统，如图 1.28(a)所示；当稳态误差不为零时，系统为有差系统，如图 1.28(b)所示。由于实际工程中的系统实现不可能完全复现理论的设计，故纯粹的无差系统是不存在的。系统的稳态误差可分为扰动稳态误差和给定稳态误差。对于恒值系统，给定值是不变的，故扰动稳态误差就常用于衡量系统的稳态品质，它反映了系统的抗干扰能力；而对于随动控制系统，要求输出按一定的精度来跟随给定量的变化，因此给定稳态误差常用来衡量随动控制系统的稳态品质，它反映了系统的控制精度。

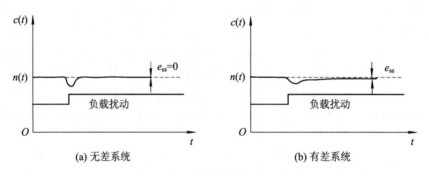

图 1.28　无差系统和有差系统

1.5.2　自动控制系统的设计

自动控制系统设计的目的是要保证系统的输出在给定性能要求的基础上跟踪输入信号，并且有一定的抗干扰能力。

控制系统设计的基本流程是：首先确定设计目标，其次建立控制系统模型(包括传感器、执行机构等)，然后进行系统分析，设计合适的控制器以满足工程要求的控制系统性能指标。

利用 MATLAB 软件工具可以对自动控制系统进行建模、分析、仿真和设计。

自动控制系统的设计是复杂和反复的过程，自动控制原理重点从理论上研究自动控制系统的分析和系统的设计问题。

自动控制系统
设计步骤

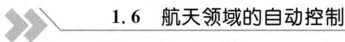
1.6　航天领域的自动控制

控制理论经历了经典控制、现代控制和智能控制三个阶段，航天领域是智能控制理论最高精尖的应用领域，涵盖了航天器的姿态和轨迹控制，包括轨道的保持、变轨、交会对接、再入以及着陆等方面。

载人航天飞船可以看作太空中的智能机器人，通过自动控制系统的引导，能够精准地执行一系列复杂的姿态和轨道控制动作，以确保顺利实施交会对接。神舟八号飞船交会对接的制导、导航与控制（GNC）系统组成及控制系统框图如图 1.29 所示，其闭环控制系统可以归纳为典型控制系统的四大部件。

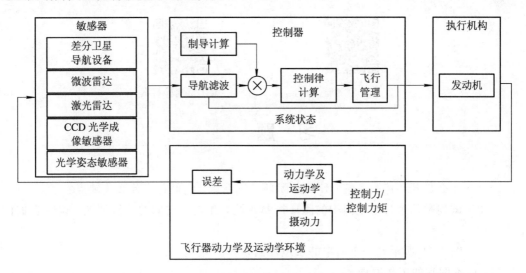

图 1.29　神舟八号交会对接 GNC 系统组成及控制系统框图

1. 被控对象

被控对象主要有飞船本体，涉及力学和运动学环境。

2. 测量元件

（1）陀螺仪和加速度计（惯性测量单元）：用于测量飞船的角速度和加速度，提供飞船的姿态和运动状态信息。

（2）液浮 IMU 和挠性 IMU：不同类型的惯性测量单元，可用于飞船适应不同的运动环境或提高测量精度。

（3）高精度加速度计：提供更准确的加速度测量，对于飞船的动力学分析至关重要。

（4）光学姿态敏感器：包括红外地球敏感器、数字式太阳敏感器、模拟式太阳敏感器以及 0-1 式太阳敏感器，用于测量飞船的姿态信息。

（5）相对导航敏感器：包括差分卫星导航设备、微波雷达、激光雷达、CCD 光学成像敏感器，用于导航和相对定位。

3. 控制器

（1）主控制器和备份控制装置：管理和控制测量元件提供的数据，根据预定的算法和控制策略来调整飞船的姿态和运动状态。

（2）接口装置：包括轨道舱数据综合线路、返回舱接口装置和推进舱接口装置，用于处理和传递各个舱段之间的数据和指令。

4. 执行机构

（1）推进舱和返回舱的喷气执行机构：控制飞船的推进和方向，用于调整轨道和执行航天任务。

（2）太阳帆板驱动机构：用于控制太阳帆板的方向，以获取太阳能，也可用于调整飞船的姿态。

我国载人航天工程从神舟一号飞船起步到如今的神舟十七号已跨越 30 多年的历程，展示了航天人孜孜以求的科学探索和开拓创新精神。中国载人航天工程的成功发展也在国际航天领域赢得了广泛的赞誉。有关神舟飞船的深入研究可查阅相关文献。

第 1 章测验　　　　　　　　　第 1 章测验答案

习　题　一

1-1　什么是开环控制系统？什么是闭环控制系统？它们各有什么优缺点？

1-2　试列举几个日常生活中的闭环控制系统，并画出它们的系统框图，说明它们的工作原理。

1-3　图 1.30 所示是一个简单的水位控制系统。

（1）试说明它的工作原理。

（2）指出系统的被控对象、被控量、给定量（输入信号）。

（3）画出控制系统的方框图。

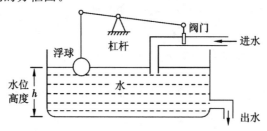

图 1.30　题 1-3 图

1-4　仓库大门自动控制系统如图 1.31 所示，试分析该系统的工作原理，绘制系统的方框图，并指出各实际元件的功能及输入、输出量。

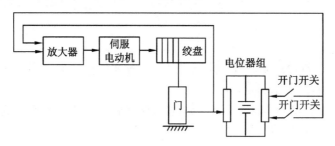

图 1.31　题 1-4 图

1-5 图 1.32 所示为电炉箱恒温自动控制系统。

(1) 画出控制系统框图。

(2) 说明该系统恒温控制的反馈控制原理。

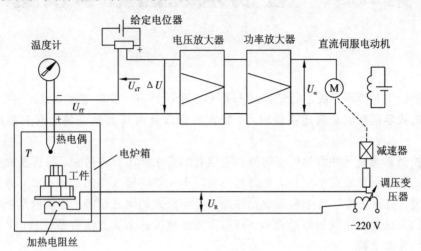

图 1.32 题 1-5 图

第2章　控制系统的数学模型

要从理论上对控制系统进行定性的分析和定量的计算，需要先建立系统的数学模型。**控制系统的数学模型就是描述系统输入、输出变量以及内部其他变量之间关系的数学表达式。**

建立控制系统或元件数学模型的方法主要有解析法和实验法两种。解析法根据元件或系统遵循的基本物理或化学定律，分别列写每一个元件的输入输出的关系式，来建立系统的数学模型。实验法则对实际系统或元件加入一定形式的输入信号，用求取系统或元件的输出响应的方法建立系统的数学模型。利用实验法建模的系统方法有系统辨识，已发展为一门独立的分支学科。

在自动控制理论中，描述系统输入、输出关系的基本数学模型是微分方程，由于**微分方程中的输入、输出变量是关于时间的函数，故称为时域的数学模型**。若在一定条件下，对该**微分方程进行拉普拉斯变换，由此得到的输入、输出关系则称为复数域的数学模型**。时域中常用的数学模型有微分方程(连续系统)、差分方程(离散系统)和状态方程；复数域中常用的数学模型有传递函数、结构图等；频域中常用的数学模型有频率特性等。

2.1　系统的微分方程

微分方程是描述线性系统运动的一种基本数学模型。采用解析法列写系统或元件微分方程的一般步骤如下：

(1) 根据实际工作情况，确定系统和各元件的输入、输出变量；

(2) 从输入端开始，按照信号的传递顺序，依据各变量所遵循的物理(或化学)定律，列出在变化(运动)过程中的动态方程(该动态方程一般为微分方程组)；

(3) 消去中间变量，写出输入、输出变量的微分方程；

(4) 标准化处理，即将与输入有关的各项放在等号右侧，与输出有关的各项放在等号左侧，降幂排列；

(5) 将系数归化为具有一定物理含义的形式。

2.1.1　列写物理系统的微分方程

下面举例说明建立微分方程的步骤和方法。

1. 电气系统

例 2.1　列出图 2.1 所示的 RLC 无源网络串联电路的微分方程。

系统的微分方程

解 设回路电流为 $i(t)$。

(1) 确定 $u_i(t)$ 为输入量，$u_c(t)$ 为输出量。

(2) 由电路基本定律得

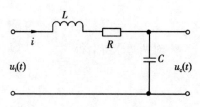

图 2.1 RLC 无源网络串联电路

$$u_i(t) = L\frac{di(t)}{dt} + R \cdot i(t) + u_c(t)$$

$$i(t) = C\frac{du_c(t)}{dt}$$

(3) 消去中间变量 $i(t)$，将步骤(2)中的下式代入上式得

$$u_i(t) = LC\frac{d^2 u_c(t)}{dt^2} + RC\frac{du_c(t)}{dt} + u_c(t)$$

(4) 标准化处理，得

$$LC\frac{d^2 u_c(t)}{dt^2} + RC\frac{du_c(t)}{dt} + u_c(t) = u_i(t) \tag{2.1}$$

式(2.1)是一个线性定常二阶微分方程，它描述了该电路在电压 $u_i(t)$ 的作用下电容两端电压 $u_c(t)$ 的变化规律。

例 2.2 试列出图 2.2 所示的 LRC 串并联电路的微分方程。

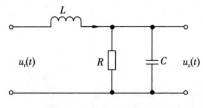

图 2.2 LRC 串并联电路

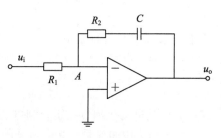

例 2.2 解答

解 设流过电感的电流为 $i_L(t)$，流过电阻的电流为 $i_R(t)$，流过电容的电流为 $i_c(t)$。列写电路的微分方程得

$$LC\frac{d^2 u_c(t)}{dt^2} + \frac{L}{R} \cdot \frac{du_c(t)}{dt} + u_c(t) = u_r(t) \tag{2.2}$$

式(2.2)是一个线性定常二阶微分方程，它描述了该电路在 $u_r(t)$ 作用下电容两端电压 $u_c(t)$ 的变化规律。

例 2.3 试列出图 2.3 所示的有源网络电路的微分方程。

解 设流过电阻 R_1 的电流为 $i_1(t)$，流过电阻 R_2 的电流为 $i_2(t)$。

(1) 确定输入量为 $u_i(t)$，输出量为 $u_o(t)$。

(2) 列出动态关系(由于 A 点虚地，所以 $u_A(t)=0$)：

图 2.3 有源网络电路

$$i_1(t) = \frac{u_i}{R_1} = i_2(t)$$

$$-u_o = R_2 i_2 + \frac{1}{C}\int i_2 \, dt$$

(3) 消去中间变量 i_2，得

$$-u_{\mathrm{o}} = \frac{R_2}{R_1} u_{\mathrm{i}} + \frac{1}{C} \int \frac{u_{\mathrm{i}}}{R_1} \, \mathrm{d}t$$

对两边求导，得

$$-\frac{\mathrm{d}u_{\mathrm{o}}(t)}{\mathrm{d}t} = \frac{R_2}{R_1} \frac{\mathrm{d}u_{\mathrm{i}}(t)}{\mathrm{d}t} + \frac{1}{R_1 C} u_{\mathrm{i}}(t)$$

（4）标准化处理，得

$$\frac{\mathrm{d}u_{\mathrm{o}}(t)}{\mathrm{d}t} = -\frac{R_2}{R_1} \frac{\mathrm{d}u_{\mathrm{i}}(t)}{\mathrm{d}t} - \frac{1}{R_1 C} u_{\mathrm{i}}(t) \tag{2.3}$$

式(2.3)是一个线性定常一阶微分方程，它描述了该电路在 $u_{\mathrm{i}}(t)$ 作用下输出电压 $u_{\mathrm{o}}(t)$ 的变化规律。

例 2.4　试列写图 2.4 所示电枢控制的直流电动机的微分方程。取电枢电压 $U_{\mathrm{d}}(t)$ 为输入量，电动机转角速度 $\omega(t)$ 为输出量。图 2.4 中，R_{a}、L_{a} 分别是电枢电路的电阻和电感，M_{L} 是电动机轴上的负载转矩。

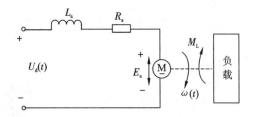

图 2.4　电枢控制的直流电动机

解　电枢控制直流电动机的工作实质是将输入的电能转换为机械能。当电枢两端加上电压 U_{d} 后，将产生电流 i_{a}，随即获得电磁转矩 M_{m}，驱动电枢克服阻力矩带动负载转动，同时在电枢两端产生反电势 E_{a}，削弱外电压的作用，从而保持电机做恒速转动。

（1）列写电枢回路电压平衡方程：

$$U_{\mathrm{d}}(t) = L_{\mathrm{a}} \frac{\mathrm{d}i_{\mathrm{a}}(t)}{\mathrm{d}t} + R_{\mathrm{a}} i_{\mathrm{a}}(t) + E_{\mathrm{a}} \tag{2.4}$$

$$E_{\mathrm{a}} = C_{\mathrm{e}} \omega(t) \tag{2.5}$$

式中，反电势 E_{a} 方向与 $U_{\mathrm{d}}(t)$ 相反，C_{e} 是反电势系数。

（2）列写电磁转矩方程：

$$M_{\mathrm{m}}(t) = C_{\mathrm{m}} i_{\mathrm{a}}(t) \tag{2.6}$$

式中，C_{m} 是电动机转矩系数。

（3）列写电动机轴上的转矩平衡方程：

$$J_{\mathrm{m}} \frac{\mathrm{d}\omega(t)}{\mathrm{d}t} + f_{\mathrm{m}} \omega(t) = M_{\mathrm{m}}(t) - M_{\mathrm{L}}(t) \tag{2.7}$$

式中，J_{m} 是电动机和负载折合到电动机轴上的转动惯量，f_{m} 是集中黏性摩擦系数。

（4）消去中间变量。由式(2.4)～(2.7)可得以 $\omega(t)$ 为输出量、$U_{\mathrm{d}}(t)$ 为输入量的直流电动机微分方程为

$$\frac{L_{\mathrm{a}} J_{\mathrm{m}}}{C_{\mathrm{m}}} \frac{\mathrm{d}^2 \omega(t)}{\mathrm{d}t^2} + \left(\frac{L_{\mathrm{a}} f_{\mathrm{m}}}{C_{\mathrm{m}}} + \frac{R_{\mathrm{a}} J_{\mathrm{m}}}{C_{\mathrm{m}}} \right) \frac{\mathrm{d}\omega(t)}{\mathrm{d}t} + \left(C_{\mathrm{e}} + \frac{R_{\mathrm{a}} f_{\mathrm{m}}}{C_{\mathrm{m}}} \right) \omega(t) = U_{\mathrm{d}}(t) - \frac{L_{\mathrm{a}}}{C_{\mathrm{m}}} \frac{\mathrm{d}M_{\mathrm{L}}}{\mathrm{d}t} - \frac{R_{\mathrm{a}}}{C_{\mathrm{m}}} M_{\mathrm{L}}$$

$$\tag{2.8}$$

式(2.8)是一个线性定常二阶微分方程,它描述了直流电动机在 $U_d(t)$ 作用下角速度 $\omega(t)$ 的变化规律。式(2.8)等号左边后两项表示负载转矩带来的扰动。

(5) 在大电机中,黏性摩擦力矩相对较小,可忽略不计($f_m=0$),则式(2.8)可简化为

$$T_m T_L \frac{d^2\omega(t)}{dt^2} + T_m \frac{d\omega(t)}{dt} + \omega(t) = \frac{1}{C_e}U_d - \frac{T_m T_L}{J_m}\frac{dM_L}{dt} - \frac{T_m}{J_m}M_L \qquad (2.9)$$

式中, $T_m=\dfrac{J_m R_a}{C_e C_m}$,称为机电时间常数; $T_L=\dfrac{L_a}{R_a}$,称为电枢电磁时间常数。

在工程应用中,由于电枢电路的电感 L_a 较小,通常忽略不计,即 $L_a=0$,因而式(2.9)可简化为

$$T_m \frac{d\omega(t)}{dt} + \omega(t) = \frac{1}{C_e}U_d - \frac{T_m}{J_m}M_L \qquad (2.10)$$

此式为一阶微分方程。

如果电枢电阻 R_a 和电动机的转动惯量 J_m 都很小,可忽略不计,则式(2.10)可进一步简化为

$$\omega(t) = \frac{1}{C_e}U_d(t) \qquad (2.11)$$

这时电动机的转动角速度 $\omega(t)$ 与电枢电压 $U_d(t)$ 成正比。此时,电动机可作为测速发电机使用。

2. 机械系统

做直线运动的物体要遵循的基本力学定律是牛顿第二定律,即

$$\sum F = m\frac{d^2 x(t)}{dt^2} \qquad (2.12)$$

也即

$$\sum F = ma$$

例 2.5　弹簧-质量块-阻尼器的机械位移系统如图 2.5 所示。试列写质量块 M 在外力 $F(t)$ 作用下(其中重力略去不计)的位移 $y(t)$ 的微分方程。

解　设质量块 M 的质量为 m ,其相对于初始状态的位移、速度、加速度分别为 $y(t)$ 、 $\dfrac{dy(t)}{dt}$ 、 $\dfrac{d^2 y(t)}{dt^2}$ 。由牛顿第二定律有

$$m\frac{d^2 y(t)}{dt^2} = F(t) - F_1(t) - F_2(t)$$

式中, $F_1(t) = ky(t)$ 是弹簧的弹力,其方向与运动方向相反,其大小与位移成比例,其中 k 是弹簧系数; $F_2(t) = f\cdot\dfrac{dy(t)}{dt}$ 是阻尼器的阻尼,其方向与运动方向相反,大小与运动速度成比例。整理后得该系统的微分方程为

$$m\frac{d^2 y(t)}{dt^2} + f\frac{dy(t)}{dt} + ky(t) = F(t) \qquad (2.13)$$

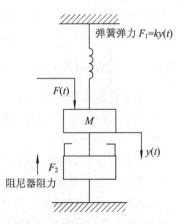

图 2.5　弹簧-质量块-阻尼器机械位移系统

式(2.13)是一个线性定常二阶微分方程,它描述了该

系统在外力 $F(t)$ 作用下质量块移动的位移 $y(t)$ 的变化规律。

3. 液位系统

如图 2.6 所示的液位系统中，两个容器相互影响。导管的液阻定义为产生单位流量变化所必需的液位差（即两个容器的液面位置之差）的变化量，即

$$R = \frac{\text{液位差变化(m)}}{\text{流量变化(m}^3/\text{s)}} \tag{2.14}$$

在图 2.6 中，$\overline{Q}$ 为稳态流量；$\overline{H_1}$、$\overline{H_2}$ 分别为容器 1、容器 2 的稳态液位；q、q_i 为输入、输出流量对其稳态值的微小偏差（m^2/s）；$h_i(i=1,2)$ 为水龙头对其稳态值的微小偏差（m）。

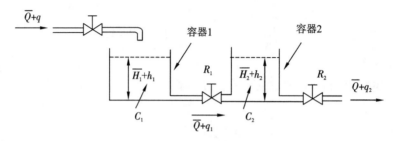

图 2.6 液位系统

例 2.6 试列写流量 q 在输入作用下，输出流量 q_2 的微分方程。其中，R_i、C_i 分别是液阻、液容，它们是常数，$i=1,2$。

解 列写微分方程得

$$R_1 C_1 R_2 C_2 \frac{\mathrm{d}^2 q_2(t)}{\mathrm{d}t^2} + (R_1 C_1 + R_2 C_2 + R_2 C_1)\frac{\mathrm{d}q_2(t)}{\mathrm{d}t} + q_2(t) = q(t)$$

$$\tag{2.15}$$

式(2.15)是一个线性定常二阶微分方程。

例 2.6 解答

观察上述各种系统的微分方程可以发现，不同类型的系统可以具有形式相同的数学模型。例如，例 2.1 的 RLC 串联电路，例 2.2 的 LRC 串并联电路，例 2.4 的直流电动机，例 2.5 的机械系统和例 2.6 的液位系统的数学模型均是二阶线性微分方程。称这些物理系统**为相似系统**。相似系统揭示了不同物理现象间的相似关系，有利于用一个简单系统模型去研究与其相似的复杂系统，为控制系统的计算机仿真提供了基础。

2.1.2 控制系统微分方程的建立

建立控制系统的微分方程时，一般先由系统原理图画出各个子系统的结构图，然后写出各个子系统满足输入输出关系的微分方程组，最后消去中间变量求得整个控制系统输入输出关系的微分方程。

控制系统的运动比较复杂，其微分方程的表现形式多样。如线性的与非线性形式的，定常系数的与时变系数形式的，集中参数的与分布参数形式的等。本章主要描述单输入单输出线性定常系统的数学模型。若线性定常控制系统的输入量是 $r(t)$，系统的输出量是 $c(t)$，则线性定常系统的微分方程的一般形式可以表述如下：

$$a_0 \frac{\mathrm{d}^n c(t)}{\mathrm{d}t^n} + a_1 \frac{\mathrm{d}^{n-1} c(t)}{\mathrm{d}t^{n-1}} + \cdots + a_{n-1} \frac{\mathrm{d}c(t)}{\mathrm{d}t} + a_n c(t)$$

$$= b_0 \frac{\mathrm{d}^m(t)}{\mathrm{d}t^m} + b_1 \frac{\mathrm{d}^{m-1}r(t)}{\mathrm{d}t^{m-1}} + \cdots + b_{m-1} \frac{\mathrm{d}r(t)}{\mathrm{d}t} + b_m r(t) \quad (n \geqslant m) \tag{2.16}$$

或

$$\sum_{i=0}^{n} a_i c^{(n-i)}(t) = \sum_{j=0}^{m} b_j r^{(m-j)}(t) \quad (n \geqslant m) \tag{2.17}$$

式中，$c^{(n-i)}(t)(i=0,1,2,\cdots,n)$ 为输出信号的各阶导数，a_i 为输出信号各阶导数的常系数；$r^{(m-j)}(t)(j=0,1,2,\cdots,m)$ 为输入信号各阶导数，b_j 为输入信号各阶导数的常系数。在实际物理系统中，系数 a_i 和 b_j 均为实数。

通常情况下，$n \geqslant m$，这是因为一般物理系统均有质量、惯性或滞后的储能元件。

一般来说，满足叠加原理的系统为线性系统。设系统的输入为 $r_1(t)$ 时，系统的输出为 $c_1(t)$；系统的输入为 $r_2(t)$ 时，系统的输出为 $c_2(t)$。如果

$$r(t) = k_1 r_1(t) + k_2 r_2(t) \tag{2.18}$$

时系统的输出保持线性可加性，即

$$c(t) = k_1 c_1(t) + k_2 c_2(t) \tag{2.19}$$

则称这类系统为线性系统。反之，不满足以上叠加定理的系统称为非线性系统。

2.1.3　非线性微分方程的线性化

严格来说，实际物理元件或系统都是非线性的，对系统元件的特性，特别是静特性几乎都具有不同程度的非线性关系。只是在多数情况下，其非线性特性较弱，所以近似将其看作线性特性，并由此列写出线性动态数学模型——线性微分方程。只是有一些元部件，其非线性程度比较严重，如果简单地当作线性处理，其处理结果与实际相差很大，甚至得到的结论是错误的。

当系统或元件具有非线性特性时，其动态数学模型常为非线性微分方程。非线性微分方程的求解是比较困难的，且由于非线性特性类型不同而没有通用的解析求解方法。虽然利用计算机可以计算出具体的非线性问题的结果，但仍然难以求得符合各类非线性系统的普遍规律。因此在理论研究时总是力图将非线性问题在合理、可能的条件下简化为线性问题处理，即所谓线性化。

小偏差法是常用的线性化方法之一。小偏差法将非线性特性在某工作点附近的邻域内作泰勒级数展开，忽略二阶及二阶以上的各项，仅取一次项近似式，从而得到以偏量表示的线性化增量方程。

设连续变化的非线性函数为 $y = f(x)$，如图 2.7 所示。在给定工作点 (x_0, y_0) 附近，将 $y = f(x)$ 用泰勒级数展开为

$$y = f(x)$$
$$= f(x_0) + \frac{\mathrm{d}f}{\mathrm{d}x}\Big|_{x=x_0}(x-x_0) + \frac{1}{2!}\frac{\mathrm{d}^2 f}{\mathrm{d}x^2}\Big|_{x=x_0}(x-x_0)^2 + \cdots \tag{2.20}$$

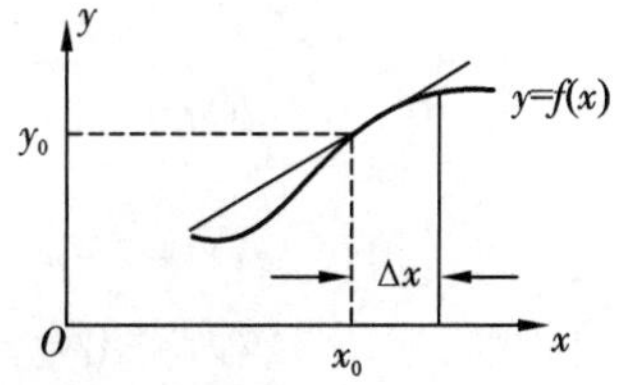

图 2.7　非线性特性的线性化

当增量 $x \to x_0$ 时，略去其高次幂项，则有

$$y - y_0 = f(x) - f(x_0) = \frac{\mathrm{d}f}{\mathrm{d}x}\Big|_{x=x_0}(x-x_0) \tag{2.21}$$

令

$$\Delta y = y - y_0, \Delta x = x - x_0, k = \frac{\mathrm{d}f}{\mathrm{d}x}\bigg|_{x=x_0} \qquad (2.22)$$

则

$$\Delta y = k \cdot \Delta x \qquad (2.23)$$

式(2.23)就是 $y = f(x)$ 的线性化方程。

　　小偏差法对于控制系统的大多数工作状态都是可行的。在建立控制系统的数学模型时，通常是将系统的稳定工作状态作为起始状态，仅仅研究小偏差的运动情况，这正是增量线性化方程所描述的系统特性。

2.2 传递函数

　　2.1节已经讲述了线性定常控制系统的微分方程，它是一种时域描述，即以时间 t 为自变量。对系统进行分析时，根据所得的微分方程，求解控制系统的微分方程的时域解，可以得到确定的初始条件及外作用下系统输出的响应表达式，并据此作出时间响应曲线，从而直观地反映出系统的动态过程。如果系统的参数发生变化，则微分方程及其解均会随之变化。为了解参数的变化对动态响应的影响，就需要进行多次重复的计算，微分方程的阶次越高，这种计算也越繁杂。因此仅采用微分方程这一数学模型来进行系统的分析设计比较烦琐，有必要去寻求在应用上更为方便的数学模型——传递函数。

　　传递函数是基于拉普拉斯变换(简称拉氏变换)得到的。拉氏变换将时域函数变换为复频域函数，从而简化了系统的函数，同时将时域的微分、积分运算等简化为代数运算。基于上述两种简化，系统在时域的微分方程描述就可简化为复数域的传递函数描述。有关拉普拉斯变换的一些知识详见附录 A。

2.2.1 传递函数的概念和求取

　　例 2.1 中已建立了 RLC 网络的数学模型——微分方程，现用拉氏变换法对其微分方程进行变换。图 2.1 所示 RLC 网络的微分方程为

传递函数

$$LC\frac{\mathrm{d}^2 u_c(t)}{\mathrm{d}t^2} + RC\frac{\mathrm{d}u_c(t)}{\mathrm{d}t} + u_c(t) = u_r(t)$$

将上式两边进行拉氏变换得

$$LC[s^2 U_c(s) - su_c(0) - \dot{u}_c(0)] + RC[sU_c(s) - u_c(0)] + U_c(s) = U_r(s)$$

若上式中 $u_c(t)$ 在 $t=0$ 时刻的值 $u_c(0)$ 和它的一阶导数 $\dot{u}_c(0)$ 都为零，则上式可变换为

$$\frac{U_c(s)}{U_r(s)} = \frac{1}{LCs^2 + RCs + 1} \qquad (2.24)$$

这时称式(2.24)为输出电压 $U_c(s)$ 对输入电压 $U_r(s)$ 的传递函数，可以记为

$$G(s) = \frac{U_c(s)}{U_r(s)} = \frac{1}{LCs^2 + RCs + 1}$$

　　由此可见，输出与输入的象函数之比只与电路的结构参数 R、L、C 有关，它可以用来表征电路本身的特性，图 2.8 所示描述了 RLC 电路的输入拉氏变换、输出拉氏变换与传递函数三者之间的关系。此概念可推广到一般情况。

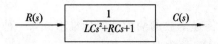

图 2.8　RLC 电路的传递函数方框图

1. 传递函数的定义

在零初始条件下，线性定常系统输出量的拉氏变换与输入量的拉氏变换之比，称为系统或元件的传递函数。

线性定常系统的微分方程一般式为

$$a_0 \frac{\mathrm{d}^n c(t)}{\mathrm{d}t^n} + a_1 \frac{\mathrm{d}^{n-1} c(t)}{\mathrm{d}t^{n-1}} + \cdots + a_{n-1} \frac{\mathrm{d}c(t)}{\mathrm{d}t} + a_n c(t)$$

$$= b_0 \frac{\mathrm{d}^m r(t)}{\mathrm{d}t^m} + b_1 \frac{\mathrm{d}^{m-1} r(t)}{\mathrm{d}t^{m-1}} + \cdots + b_{m-1} \frac{\mathrm{d}r(t)}{\mathrm{d}t} + b_m r(t) \quad (n \geqslant m)$$

在初始条件为零的情况下，对上式进行拉氏变换，取输出的拉氏变换 $C(s)$ 与输入的拉氏变换 $R(s)$ 之比，即得到系统或元件传递函数的一般形式为

$$G(s) = \frac{C(s)}{R(s)} = \frac{b_0 s^m + b_1 s^{m-1} + \cdots + b_{m-1} s + b_m}{a_0 s^n + a_1 s^{n-1} + \cdots + a_{n-1} s + a_n} \tag{2.25}$$

于是有

$$C(s) = G(s) \cdot R(s) \tag{2.26}$$

式(2.26)表明输出拉氏变换 $C(s)$ 是一个函数，是以 s 为变量的代数方程，它等于复数域的输入信号与传递函数之积。这个关系式也可以用图 2.9 所示的方框图(也称为结构图)形象地表示。依据例 2.2～例 2.4 所建立的微分方

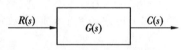

图 2.9　传递函数的方框图

程，根据传递函数的定义，容易求得它们的传递函数。读者可自行完成。

2. 传递函数的性质

由传递函数的定义和式(2.25)可知，传递函数有如下几点性质：

(1) 传递函数是经拉氏变换导出的，而拉氏变换是一种线性积分运算，因此传递函数的概念只适用于线性定常系统。

(2) 传送函数中各项系数值完全取决于系统的结构和参数，而且和微分方程中各项系数相对应，这表明传递函数可以作为系统动态的另一形式的数学模型。由于传递函数包含了微分方程式的所有系数，因而根据微分方程就能直接写出其对应的传递函数，即把微分算子 $\mathrm{d}/\mathrm{d}t$ 用复变量 s 表示，把 $c(t)$ 和 $r(t)$ 转换为相应的象函数 $C(s)$ 和 $R(s)$。反之亦然。

(3) 传递函数是在零初始条件下定义的，即在零时刻之前，系统对所给定的平衡工作点是处于相对静止状态的。因此，传递函数原则上不能反映系统在非零初始条件下的全部运动规律(主要指的是起始过渡分量)。

(4) 传递函数分子多项式的阶次总是低于或等于分母多项式的阶次，即 $m \leqslant n$，这是由于系统中总是含有较多的惯性元件以及受到能源的限制所造成的。

(5) 一个传递函数只能表示一个输入对应一个输出之间的关系，同一个传递函数无法全面反映信号传递通道中的中间变量。如果是多输入多输出系统，就不能用一个传递函数来表征该系统各变量间的关系，而要用传递函数矩阵来表示。

3. 传递函数的标准形式

本书在后续章节将用到传递函数的两种不同标准形式,一种是传递函数的零极点型表达式,另一种是传递函数的时间常数型表达式。

(1) 传递函数的零极点型表达式:

$$G(s) = \frac{K^*(s+z_1)(s+z_2)\cdots(s+z_m)}{(s+p_1)(s+p_2)\cdots(s+p_n)} = K^* \frac{\prod\limits_{j=1}^{m}(s+z_j)}{\prod\limits_{i=1}^{m}(s+p_i)}, \quad n \geqslant m \quad (2.27)$$

式(2.27)为传递函数的零极点型表达式,也称为首
"1"型。其中 K^* 为常数,称为根轨迹增益;传递函数
分子多项式方程的 m 个根 $-z_1, -z_2, \cdots, -z_m$ 称为传
递函数的零点,分母多项式方程的 n 个根 $-p_1, -p_2$,
$\cdots, -p_n$ 称为传递函数的极点。显然,零点、极点的数
值完全取决于系统的结构参数。一般 $-p_i, -z_j$ 可为实
数,也可为复数,若为复数,必共轭成对出现。将零
点、极点标在复平面上,则得传递函数的零极点分布
图。图2.10所示为零极点分布图的一个实例。图中,
零点用"。"表示,极点用"×"表示。

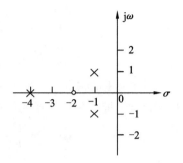

图2.10 $G(s) = \dfrac{2(s+2)}{(s+4)(s^2+2s+2)}$
零极点分布

(2) 传递函数的时间常数型表达式:

$$G(s) = \frac{K \prod\limits_{k=1}^{m_1}(\tau_k s+1) \prod\limits_{l=1}^{m_2}(\tau_l^2 s^2 + 2\zeta\tau_l s+1)}{s^v \prod\limits_{i=1}^{n_1}(T_i s+1) \prod\limits_{j=1}^{n_2}(T_j^2 s^2 + 2\zeta T_j s+1)}$$
$$m = m_1 + 2m_2, n = v + n_1 + 2n_2 \quad (2.28)$$

式(2.28)为传递函数的时间常数型表达式,也称为尾"1"型。其中 K 为常数,称为系统的
开环增益或稳态增益;传递函数分子、分母的系数 τ_k、τ_l、T_i、T_j 称为时间常数。

4. 传递函数的求取方法

传递函数的求取方法有很多种,其中最直接的方法是列写系统的微分方程,利用传递
函数的定义求取。但对复杂的系统来说,这种求取方法过程烦琐。此时,可应用2.3和2.5
节中的结构图和信号流图两种方法求取。

关于电路系统传递函数的另一种求取方法是复阻抗法。在电路的基本理论中,线性元
件的阻抗关系是依据线性元件的电压-电流关系而成立的,在时域上所遵循的是欧姆定律,
在复数域中也有相同的形式。其基本线性元件有三种,即电阻 R、电容 C 和电感 L,如图
2.11所示,其电压-电流关系式为

$$u_R(t) = Ri_R(t), \ u_C(t) = \frac{1}{C} \cdot \int i_C(t)\mathrm{d}t, \ u_L(t) = L\frac{\mathrm{d}i_L(t)}{\mathrm{d}t} \quad (2.29)$$

令初始条件为零,对式(2.29)两边取拉氏变换,得到三种基本线性元件的复数阻抗为

$$Z_R(s) = \frac{U_R(s)}{I_R(s)} = R \quad (2.30)$$

$$Z_C(s) = \frac{U_C(s)}{I_C(s)} = \frac{1}{Cs} \qquad (2.31)$$

$$Z_L(s) = \frac{U_L(s)}{I_L(s)} = Ls \qquad (2.32)$$

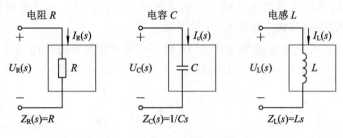

图 2.11　线性元件的复阻抗

由式 (2.30)~式 (2.32) 可以看到，它们均满足 s 域的欧姆定律，在广义欧姆定律的基础上，称其为复数阻抗。电路网络的传递函数可以利用线性元件的复数阻抗法方便地求得。无源网络电路如图 2.12 所示，图中 $Z_1(s)$、$Z_2(s)$ 为复数阻抗，流过复数阻抗的电流 $I(s)$ 相等，则电路的传递函数为

$$G(s) = \frac{U_c(s)}{U_r(s)} = \frac{U_c(s)/I(s)}{U_r(s)/I(s)} = \frac{Z_2}{Z_1 + Z_2} \qquad (2.33)$$

理想反相运算有源网络电路如图 2.13 所示，图中 $Z_i(s)$、$Z_f(s)$ 分别为输入复数阻抗、反馈复数阻抗，A 点虚地即 $U_A(s)=0$，则流过复阻抗 $Z_i(s)$ 和 $Z_f(s)$ 的电流 $I(s)$ 相等，理想运算放大器输出电压 $U_o(s)$ 的极性与输入电压 $U_i(s)$ 极性相反，因而电路的传递函数为

$$G(s) = \frac{U_o(s)}{U_i(s)} = -\frac{U_o(s)/I(s)}{U_i(s)/I(s)} = -\frac{Z_f}{Z_i} \qquad (2.34)$$

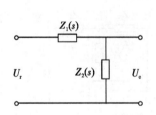
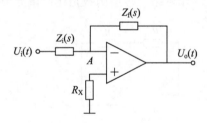

图 2.12　无源网络电路　　　　　图 2.13　理想反相运算有源网络电路

例 2.7　试用复数阻抗法求取图 2.1~ 图 2.3 所示网络的传递函数。

解　(1) 因为图 2.1 中的 $Z_1(s)=R+Ls$，$Z_2(s)=\dfrac{1}{Cs}$，所以图 2.1 所示网络的传递函数为

$$G(s)=\frac{U_c(s)}{U_i(s)}=\frac{U_c(s)/I(s)}{U_i(s)/I(s)}=\frac{Z_2}{Z_1+Z_2}=\frac{1}{LCs^2+RCs+1}$$

(2) 因为图 2.2 中的 $Z_1(s)=Ls$，$Z_2(s)=R\,/\!/\,\dfrac{1}{Cs}=\dfrac{R}{RCs+1}$，所以图 2.2 所示网络的传递函数为

$$G(s)=\frac{U_c(s)}{U_r(s)}=\frac{U_c(s)/I(s)}{U_r(s)/I(s)}=\frac{Z_2}{Z_1+Z_2}=\frac{1}{LCs^2+\dfrac{L}{R}s+1}$$

（3）因为图 2.3 中的 $Z_i(s)=R_1$，$Z_f(s)=R_2+\dfrac{1}{Cs}$，所以图 2.3 所示网络的传递函数为

$$G(s)=\frac{U_o(s)}{U_i(s)}=-\frac{U_o(s)/I(s)}{U_i(s)/I(s)}=-\frac{Z_f}{Z_i}=-\left(\frac{R_2}{R_1}+\frac{1}{R_1Cs}\right)$$

上式的负号表示运算放大器的电压输出与输入的极性相反。图 2.3 所示网络的传递函数是比例积分调节器的传递函数，简称为 PI 调节器。

例 2.8　试用复数阻抗法求取如图 2.14 所示有源 PD 网络的传递函数。

解　将图 2.14 有源网络的电路图改为如图 2.15 所示的电路图，由图 2.15 得

$$I_1=I_2，\quad I_2=I_3+I_4，\quad I_1=\frac{U_r}{Z_1}$$

又因为

$$I_2=\frac{-U_B}{Z_2}，\quad I_3=\frac{U_B}{Z_3}，\quad I_4=\frac{U_B-U_c}{Z_4}$$

则

$$G(s)=\frac{U_c(s)}{U_r(s)}=-\frac{Z_3Z_4+Z_2Z_4+Z_2Z_3}{Z_1Z_3} \tag{2.35}$$

$$Z_1=R_1，\quad Z_2=R_2，\quad Z_3=\frac{1}{Cs}，\quad Z_4=R_3$$

所以

$$G(s)=\frac{U_c(s)}{U_r(s)}=-\frac{\dfrac{R_2}{Cs}+R_2R_3+\dfrac{R_3}{Cs}}{\dfrac{R_1}{Cs}}=-\frac{R_2+R_3+R_2R_3Cs}{R_1}$$

图 2.14 所示网络的传递函数是比例微分调节器的传递函数，简称为 PD 调节器。

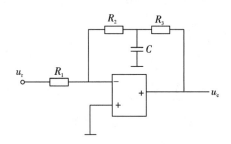
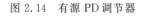
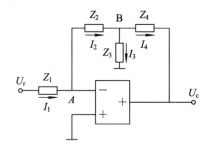

图 2.14　有源 PD 调节器　　　　图 2.15　图 2.14 的改进图

2.2.2　单位脉冲响应

如果系统的输入是一单位阶跃函数，即 $r(t)=1(t)$，则系统的输出称为**单位阶跃响应**。如果系统的输入是一单位理想脉冲函数，即 $r(t)=\delta(t)$，则系统的输出称为**单位脉冲响应**。由于 $R(s)=\mathcal{L}[\delta(t)]=1$，由图 2.9 所示传递函数的结构图知 $C(s)=G(s)$，则系统的单位脉冲响应函数为

单位脉冲响应

$$g(t)=\mathcal{L}^{-1}[G(s)] \tag{2.36}$$

即系统的单位脉冲响应就是系统传递函数的拉普拉斯反变换。

如果系统的单位脉冲响应为 $g(t)$，则可以根据卷积积分求解系统在任意输出 $r(t)$ 作用

下的输出响应，即

$$c(t) = g(t) * r(t) = \int_0^t g(t-\tau)r(\tau)\,\mathrm{d}\tau = \int_0^t g(\tau)r(t-\tau)\mathrm{d}\tau \qquad (2.37)$$

或

$$c(t) = \mathscr{L}^{-1}[G(s) \cdot R(s)] \qquad (2.38)$$

例 2.9　已知零初始条件下，系统的单位脉冲响应为

$$g(t) = \delta(t) - \mathrm{e}^{-t} + 2\mathrm{e}^{-2t} \quad (t \geqslant 0)$$

试求系统的传递函数和零初始条件下的单位阶跃响应。

2.2.3　典型环节的传递函数和单位阶跃响应

例 2.9 解答

控制系统通常是由若干个基本部件组合构成的，这些基本部件又称为典型环节。掌握了典型环节的传递函数的求取，就可以利用典型环节方便地组合成复杂的控制系统。

典型环节传递函数

1. 比例环节

具有比例运算关系的元件称为比例环节，其输入量 $r(t)$ 与输出量 $c(t)$ 的运算关系为

$$c(t) = Kr(t) \qquad (2.39)$$

式中 K 为比例常数。其传递函数为

$$G(s) = \frac{C(s)}{R(s)} = K \qquad (2.40)$$

其单位阶跃响应为

$$c(t) = \mathscr{L}^{-1}[G(s) \cdot R(s)] = \mathscr{L}^{-1}\left[K \cdot \frac{1}{s}\right] = K \qquad (2.41)$$

显然，如图 2.16 所示的模拟电路图就是比例环节。

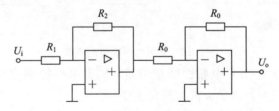

图 2.16　比例环节的模拟电路图

变阻器式角位移检测器如图 2.17 所示，变阻器最大角位移为 θ_{max}，变阻器所加电压为 U_+，所以其灵敏度为

$$K_0 = \frac{U_+}{\theta_{max}}$$

两变阻器角差为

$$\Delta\theta = \theta_2(t) - \theta_1(t)$$

则其传递函数为

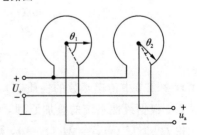

图 2.17　变阻器式角位移检测器

$$G(s) = \frac{U_a(s)}{\Delta\theta(s)} = K_0$$

其他经常使用的比例环节装置还有放大器、减速器、杠杆和测速发电机(转动角速度为输入量,电压为输出量)等。

2. 惯性环节

一阶惯性环节的微分方程是一阶的,且输出响应需要经过一定的时间才能达到稳态值,其输出、输入关系满足一阶微分方程:

$$T\frac{dc(t)}{dt} + c(t) = Kr(t) \tag{2.42}$$

其传递函数为

$$G(s) = \frac{C(s)}{R(s)} = \frac{K}{Ts+1} \tag{2.43}$$

式中 T 为惯性时间常数。其单位阶跃响应为

$$c(t) = \mathscr{L}^{-1}\left[\frac{K}{Ts+1} \cdot \frac{1}{s}\right] = K \cdot \mathscr{L}^{-1}\left[\frac{1}{s} - \frac{T}{Ts+1}\right]$$

$$c(t) = K(1 - e^{-\frac{1}{T}t}) \tag{2.44}$$

一阶惯性环节的单位阶跃响应曲线是一条单调上升曲线,第 3 章的时域响应将对其详细讨论。如图 2.18(a)所示的 RC 滤波电路、图 2.18(b)所示的有源电路以及运放组合的电路和温度控制系统等,都是常见的一阶惯性环节。

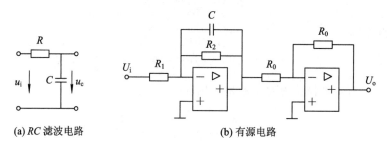

(a) RC 滤波电路　　　　　　　　(b) 有源电路

图 2.18　常见的一阶惯性环节

例 2.10　若忽略例 2.4 中黏性摩擦力矩,试求电枢控制直流电动机的传递函数 $\Omega(s)/U_d(s)$ 和 $\Omega(s)/M_L(s)$(Ω 是 ω 的大写角速度)。

解　例 2.4 中已求得电枢控制直流电动机的微分方程为

$$T_m\frac{d\omega(t)}{dt} + \omega(t) = \frac{1}{C_e}u_d(t) - \frac{T_m}{J_m}M_L(t)$$

$$K_1 = \frac{1}{C_e}, \quad K_2 = \frac{T_m}{J_m}$$

由本章 2.2 节中传递函数的性质(5)知:一个传递函数只能表示一个输入对一个输出之间的关系。根据线性系统的叠加原理,可以分别求 $u_d(t)$ 到 $\omega(t)$ 和 $M_L(t)$ 到 $\omega(t)$ 的传递函数。为求得 $\Omega(s)/U_d(s)$,令 $M_L(t)=0$,则有

$$T_m\frac{d\omega(t)}{dt} + \omega(t) = K_1u_d(t)$$

在零初始条件下,对上式两边取拉普拉斯变换,可得 $u_d(t)$ 到 $\omega(t)$ 的传递函数为

$$G(s) = \frac{\Omega(s)}{U_d(s)} = \frac{K_1}{T_m s + 1} \quad\quad (2.45)$$

同理可得 $M_L(t)$ 到 $\omega(t)$ 的传递函数为

$$G_m(s) = \frac{\Omega(s)}{M_L(s)} = \frac{-K_2}{T_m s + 1} \quad\quad (2.46)$$

由此可知,在忽略黏性摩擦力矩时,电枢控制直流电动机是一个惯性环节。

根据线性系统的叠加原理,由式(2.45)和式(2.46)可以求得电动机的转速 $\omega(t)$ 在电枢电压 $U_d(t)$ 和负载转矩 $M_L(t)$ 同时作用下的响应为

$$
\begin{aligned}
\omega(t) &= \mathscr{L}^{-1}[\Omega(s)] = \mathscr{L}^{-1}[\Omega_1(s) + \Omega_2(s)] \\
&= \mathscr{L}^{-1}\left[\frac{K_1}{T_m s + 1} \cdot U_d(s)\right] + \mathscr{L}^{-1}\left[\frac{-K_2}{T_m s + 1} \cdot M_L(s)\right] \\
&= \omega_1(t) + \omega_2(t)
\end{aligned}
$$

3. 积分环节

能够实现积分运算关系的环节称为积分环节,其运算关系为

$$c(t) = K\int_0^t r(\tau)\,\mathrm{d}\tau \quad\quad (2.47)$$

$$\frac{\mathrm{d}c(t)}{\mathrm{d}t} = Kr(t) \qu\quad (2.48)$$

其传递函数为

$$G(s) = \frac{C(s)}{R(s)} = \frac{1}{Ts} \qu\quad (2.49)$$

式中 $T = 1/K$ 为积分时间常数,其单位阶跃响应为

$$c(t) = \mathscr{L}\left[\frac{1}{Ts} \cdot \frac{1}{s}\right] = \frac{1}{T}t \qu\quad (2.50)$$

积分环节的单位阶跃响应曲线是一条过原点的直线,在 T 时刻达到单位阶跃输入值 1。它的特点是输出量为输入量对时间的累加,输出幅值呈线性增长,对于输入的突变,输出要等于 T 后才能等于输入,故它有滞后和缓冲的作用。在一段时间的积累后,即使输入变零,输出也将保持原值不变,即具有记忆作用。只有反向输入,输出才反向下降至零或负。图 2.19 所示为典型的积分调节器,图 2.20 所示为积分调节器的单位阶跃响应。

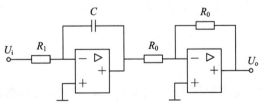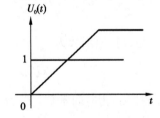

图 2.19 典型的积分调节器　　　　　图 2.20 积分调节器的单位阶跃响应

电动机的转动角位移 $\theta(t)$ 等于角速度 $\omega(t)$ 对时间的积分,即

$$\theta(t) = \int_0^t \omega(\tau)\,\mathrm{d}\tau \quad 或 \quad \omega(t) = \frac{\mathrm{d}\theta(t)}{\mathrm{d}t}$$

其传递函数为

$$G(s) = \frac{\theta(s)}{\Omega(s)} = \frac{1}{s}$$

自动控制原理

4. 微分环节

能够实现微分运算关系的环节称为微分环节，其运算关系满足微分方程：

$$c(t) = K\frac{\mathrm{d}r}{\mathrm{d}t} \tag{2.51}$$

其传递函数为

$$G(s) = \frac{C(s)}{R(s)} = Ks \tag{2.52}$$

其单位阶跃响应为

$$c(t) = \mathscr{L}\left[Ks \cdot \frac{1}{s}\right] = K \cdot \delta(t) \tag{2.53}$$

微分环节的单位阶跃响应是一面积为 K、脉冲宽度为零、幅值为无穷大的理想脉冲。

第 1 章闭环直流调速控制系统中的测速发电机原理如图

2.21 所示，其输出端电压 $u(t) = K\omega(t) = K\dfrac{\mathrm{d}\theta}{\mathrm{d}t}$，则相应的传

递函数为 $G(s) = \dfrac{U(s)}{\theta(s)} = Ks$。

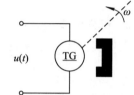

测速发电机是在位置及速度控制中应用相当广泛的元

件。在位置控制系统中，测速发电机被当作一个并联校正元   图 2.21　直流测速发电机原理图

件组成局部反馈——速度反馈，以改善系统的动态特性，此时的测速发电机是一个微分环

节；在速度控制系统中，测速发电机作为主反馈元件，用于检测系统的输出速度，并把速

度量转换成电量再反馈到输入端，形成一个闭环控制系统。图 1.15 所示的闭环速度控制系

统便是一个例子，此时的测速发电机是一个比例环节。还可以用此测速发电机指示一个转

轴的转速。

5. 振荡环节

振荡环节是输入输出由二阶微分方程描述的系统，其微分方程形式为

$$T^2\frac{\mathrm{d}^2 c(t)}{\mathrm{d}t^2} + 2T\zeta\frac{\mathrm{d}c(t)}{\mathrm{d}t} + c(t) = Kr(t)$$

其时间常数型的传递函数为

$$G(s) = \frac{C(s)}{R(s)} = \frac{K}{T^2 s^2 + 2T\zeta s + 1} \tag{2.54}$$

其零极点型的传递函数为

$$G(s) = \frac{C(s)}{R(s)} = K \cdot \frac{\omega_n^2}{s^2 + 2\zeta\omega_n s + \omega_n^2} \tag{2.55}$$

式中：$T = 1/\omega_n$ 为时间常数，K 为放大系数，ζ 为阻尼比（$0 < \zeta < 1$），ω_n 为无阻尼自然振荡
频率。

振荡环节的单位阶跃响应为

$$C(t) = K\left[1 - \frac{1}{\sqrt{1 - \zeta^2}}\mathrm{e}^{-\zeta\omega_n t}\sin\left(\omega_n\sqrt{1 - \zeta^2}\,t + \arctan\frac{\sqrt{1 - \zeta^2}}{\zeta}\right)\right] \quad (t \geqslant 0) \tag{2.56}$$

二阶振荡环节的单位阶跃响应将在第 3 章进行详细分析。

本章 2.1 节讲述的 RLC 电路、直流电动机、弹簧-质量-阻尼器、两容器液位系统都是
常见的二阶振荡环节。电枢控制的直流电动机在空转（$M_L = 0$）时的传递函数也是典型的二

阶振荡环节，即

$$G(s)=\frac{\Omega(s)}{U_{\mathrm{d}}(s)}=\frac{\dfrac{1}{C_{\mathrm{e}}}}{T_{\mathrm{m}}T_{\mathrm{L}}s^2+T_{\mathrm{m}}s+1}$$

6. 纯滞后环节

具有纯时间延迟传递关系的环节称为纯滞后环节或延迟环节，其传输关系为

$$c(t)=r(t-\tau) \tag{2.57}$$

其传递函数为

$$G(s)=\frac{C(s)}{R(s)}=\mathrm{e}^{-\tau s} \tag{2.58}$$

其单位阶跃响应为

$$c(t)=1(t-\tau) \tag{2.59}$$

延迟环节出现在许多控制系统中。在如图 2.22 所示的控制系统中，轧钢测厚传输时间延迟、液体流量检测时间延迟等纯滞后环节都会给系统带来许多不良的影响。

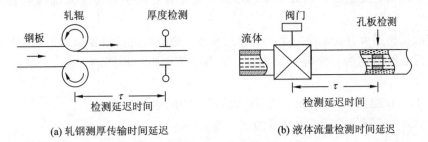

(a) 轧钢测厚传输时间延迟 　　　　　　　(b) 液体流量检测时间延迟

图 2.22 带有纯滞后环节的控制系统

2.3 结 构 图

求取系统传递函数时，需要消除输入、输出的代数方程组的中间变量，但是如果方程组的子方程数较多，消除中间变量比较麻烦，且消除中间变量后，仅剩输入、输出两个变量，信号中间的传递过程就得不到反映。采用动态结构图可以方便地求取系统传递函数，同时能形象直观地表明输入信号在系统或元件中的传递过程。动态结构图作为一种数学模型，在控制理论中具有广泛的应用。

2.3.1 结构图的组成和绘制

动态结构图又称为方框图，它是一种网络拓扑条件下的有向线段，由以下几部分组成：

结构图的组成

（1）**信号线**。信号线指带有箭头的直线，箭头表示信号的传递方向，直线旁标记信号的时间函数或传递函数，如图 2.23(a)所示。

（2）**信号的引出点**（或测量点）。信号的引出点（或测量点）表示信号引出或测量的位置和传递方向。同一信号线上引出的信号，其性质、大小完全一样，如图 2.23(b)所示。

（3）**函数方框**（或环节）。函数方框具有运算功能，方框里写入元件或系统的传递函

数，方框的输出变量就等于方框的输入变量与传递函数的乘积，此时的变量为 s 域，如图 2.23(c)所示。

（4）**求和点**（比较点、综合点）。求和点用符号"$\otimes$"及相应的信号箭头表示，箭头旁边的"＋"或"－"表示加上此信号或减去此信号，一般"＋"可以省略不写，如图 2.23(d)所示。

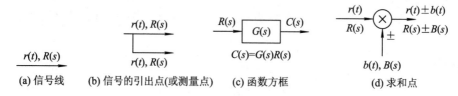

图 2.23　结构图的基本组成单元

系统结构图实质上是系统原理图与数学方程两者的综合。在结构图上，用标有传递函数的方框取代了系统原理图上的元部件，同时摒弃了元部件的具体结构，将其抽象为数学模型。这样既补充了原理图所缺少的变量之间的定量关系，又避免了抽象的纯数学描述；既把复杂原理图的绘制简化为方框图的绘制，又能直观地了解每个元部件对系统性能的影响。

系统的结构图可方便地确定系统的传递函数，这是因为任何复杂的系统结构图，通过等效变换后总能简化为一个等效结构图。下面举例说明结构图的绘制过程。

例 2.11　试绘制图 2.24 所示的 RC 无源网络的结构图。

解　（1）列出网络的运动方程式为

$$I(s) = \frac{U_r(s) - U_c(s)}{R}$$

$$U_c(s) = \frac{1}{Cs} \cdot I(s)$$

图 2.24　RC 无源网络

（2）画出上述两式对应的方框图，分别如图 2.25(a)和图 2.25(b)所示。

（3）把各方框图按信号的流向依次连接，得到如图 2.25(c)所示的该 RC 网络的结构图。

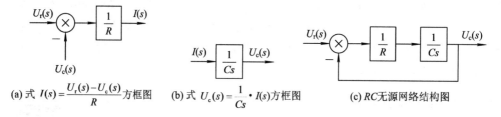

图 2.25　RC 网络的结构图

例 2.12　试绘制图 1.22 所示的位置随动控制系统的方框图。

解　图 1.22 中的位置随动控制系统是按照参考轴的角位移 θ_r 来控制负载的角位移 θ_c 的。图中两个线性电位器分别把输入角位移和输出角位移变为与之成比例的电信号。

（1）列出比较环节方程式为

$$U_s = K_p(\theta_r - \theta_c) \tag{2.60}$$

式中 K_p 为电位器的灵敏系数，单位为 V/rad。

误差信号 U_s 经放大器(设放大器系数为 K_A)放大后,给直流电动机供电,使之带动传动比为 j 的齿轮组和负载一起转动,使角位移 θ_c 跟踪 θ_r。

(2) 列出放大环节方程式为

$$U_d = K_A \cdot U_s \tag{2.61}$$

(3) 直流电动机。如果不考虑电动机的电感 L_a,由例 2.4 知,式(2.4)可以变换为

$$U_d(t) = R_a \cdot i_a(t) + E_a$$

$$E_a = C_e \omega(t)$$

$$J_m \frac{\mathrm{d}\omega(t)}{\mathrm{d}t} + f_m \omega(t) = M_m(t) - M_L(t) = C_m i_a(t) - M_L(t)$$

将上式经拉普拉斯变换得

$$I_a(s) = \frac{1}{R_a}[U_d(s) - C_e \Omega(s)] \tag{2.62}$$

$$\Omega(s) = \frac{1}{J_m s + f_m}[C_m I_a(s) - M_L(s)] \tag{2.63}$$

由式(2.62)和式(2.63)可画出其结构图如图 2.26(a)所示。

(4) 角位移 θ_m 与角速度 $\omega(t)$ 的关系有

$$\omega(t) = \frac{\mathrm{d}\theta_m}{\mathrm{d}t}$$

则

$$\theta_m(s) = \frac{1}{s} \cdot \Omega(s) \tag{2.64}$$

(5) 设减速器(齿轮组)的传动比为 j,则

$$\theta_c(s) = j \cdot \theta_m(s) \tag{2.65}$$

将(1)~(5)用方框图连接起来,即可得到如图 2.26(b)所示的位置随动控制系统的结构图。

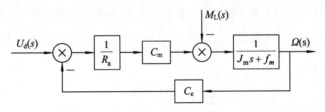

(a) 直流电动机的结构图

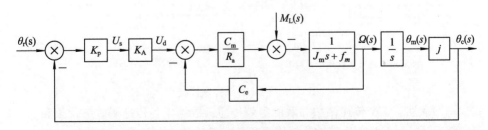

(b) 位置随动控制系统的结构图

图 2.26　例 2.12 结构图

2.3.2　方框图的基本连接与等效变换

结构图的等效变换

为了进一步分析系统的动态过程性能，需要对系统的结构图进行运算和变换，求出总的传递函数。这种运算和变换就是设法将结构图简化为一个等效的方框图，而方框图中的数学表达式即为系统总传递函数。变换的实质相当于对方程组进行消元，从而求出系统输入量对输出量的总关系式。

任何复杂的系统结构图，各方框图之间的基本连接方式只有串联、并联和反馈连接三种。结构图的运算和变换应按等效原理进行。**所谓等效，即对结构图的任一部分进行变换时，交换前后输入、输出总的数学关系应保持不变。另外，运算和变换应尽量简单易行。**

1.　串联连接

方框与方框首尾相连，前一个方框的输出作为后一个方框的输入，这种结构形式的连接称为串联连接。图 2.27(a)所示为两个环节串联连接的结构图，其等效环节的传递函数为

$$G(s) = \frac{C(s)}{R(s)} = G_1(s)G_2(s) \tag{2.66}$$

可以将其简化为如图 2.27(b)所示的结构图。

(a) 两个环节串联连接结构图　　　　**(b) 简化后的结构图**

图 2.27　两个环节串联连接

一般情况下，任意 n 个传递函数依次串联，其等效传递函数等于 n 个传递函数的乘积。

2.　并联连接

两个或多个方框具有同一个输入，而以各方框输出的代数和作为总输出，这种结构形式称为并联连接。图 2.28(a)所示为三个环节并联的结构图，其等效传递函数为

$$\frac{C(s)}{R(s)} = G(s) = G_1(s) + G_2(s) + G_3(s) \tag{2.67}$$

可以将其简化为如图 2.28(b)所示的结构图。

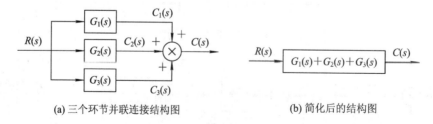

(a) 三个环节并联连接结构图　　　　**(b) 简化后的结构图**

图 2.28　三个环节并联连接

式(2.67)表明，三个传递函数并联的等效传递函数等于各传递函数的代数和。

一般情况下，n 个方框并联的等效传递函数应等于这 n 个传递函数的代数和。

3.　反馈连接

将一个方框的输出输入到另一个方框，得到的输出再返回作用于前一个方框的输入

端，这种结构称为反馈连接，如图 2.29(a)所示，其等效的结构图如图 2.29(b)所示。由图 2.29(a)可得

$$C(s) = G(s)E(s) = G(s)[R(s) \pm B(s)]$$
$$= G(s)R(s) \pm G(s)H(s)C(s) \tag{2.68}$$

将等号右边第二项移到等号左边合并，则求得图 2.29(a)所示反馈连接的等效传递函数为

$$\Phi(s) = \frac{C(s)}{R(s)} = \frac{G(s)}{1 \mp G(s)H(s)} \tag{2.69}$$

式(2.69)称为系统的闭环传递函数，式中分母上的加号对应于负反馈，减号对应于正反馈。

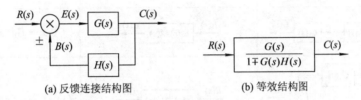

图 2.29　环节反馈连接

现对反馈连接的一些术语进行定义：

(1) 开环传递函数：反馈引入点断开时，系统反馈量 $B(s)$ 与误差信号 $E(s)$ 的比值，即

$$\frac{B(s)}{E(s)} = G(s)H(s) \tag{2.70}$$

(2) 前向通道传递函数：断开反馈环后，输出信号 $C(s)$ 与输入信号 $R(s)$ 之比，即

$$\frac{C(s)}{R(s)} = G(s) \tag{2.71}$$

(3) 反向通道传递函数：系统主反馈量 $B(s)$ 与输出信号 $C(s)$ 之比，即

$$\frac{B(s)}{C(s)} = H(s) \tag{2.72}$$

(4) 闭环传递函数：输出信号 $C(s)$ 与输入信号 $R(s)$ 之比，即

$$\Phi(s) = \frac{C(s)}{R(s)} = \frac{G(s)}{1 \mp G(s)H(s)} \tag{2.73}$$

(5) 单位反馈：$H(s)=1$，其闭环传递函数为

$$\Phi(s) = \frac{C(s)}{R(s)} = \frac{G(s)}{1 \mp G(s)} \tag{2.74}$$

4. 比较点和引出点的移动

在系统方框图简化过程中，除进行方框的串联、并联和反馈连接的等效变换外，还需要移动比较点和引出点的位置。这时，应注意在移动前后保持信号的等效性，同一位置引出的信号大小和性质要求完全一样。下面给出引出点后移的变换过程，图 2.30 所示为引出点后移的等效变换结果。

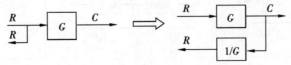

图 2.30　引出点后移的等效变换结果

由图 2.30 得

$$C(s) = G(s)R(s)$$

$$R(s) = R(s) \cdot G(s) \cdot \frac{1}{G(s)} = R(s) \qquad (2.75)$$

引出点的前移、比较点的前移和后移的方框图等效变换的基本法则参见表 2.1。

表 2.1　方框图等效变换的基本法则

序号	变换方式	变换前	变换后	等　式
1	串联	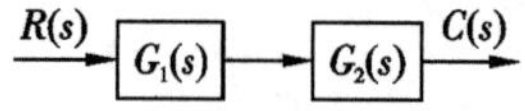 $R(s) \to G_1(s) \to G_2(s) \to C(s)$	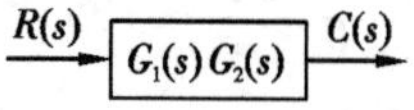 $R(s) \to G_1(s)G_2(s) \to C(s)$	$C(s) = G_1(s)G_2(s)R(s)$
2	并联	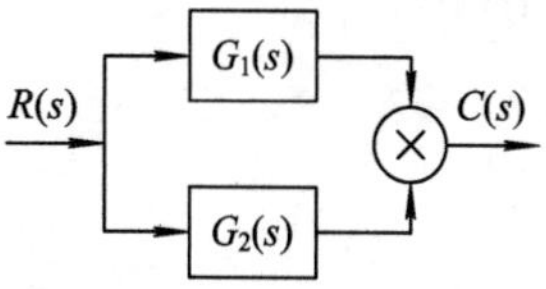	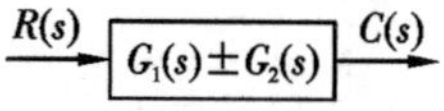 $R(s) \to G_1(s) \pm G_2(s) \to C(s)$	$C(s) = [G_1(s) \pm G_2(s)]R(s)$
3	反馈	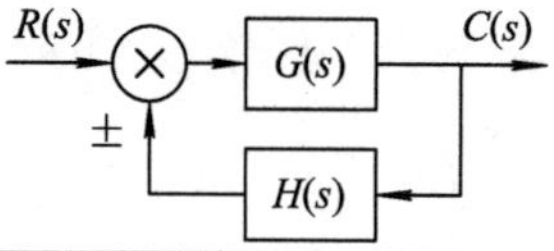	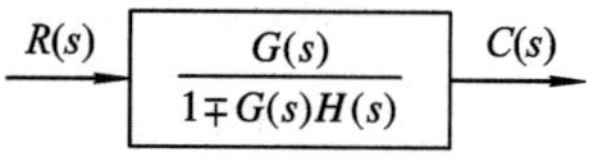 $R(s) \to \dfrac{G(s)}{1 \mp G(s)H(s)} \to C(s)$	$C(s) = \dfrac{G(s)}{1 \mp G(s)H(s)}R(s)$
4	非单位反馈转为单位反馈	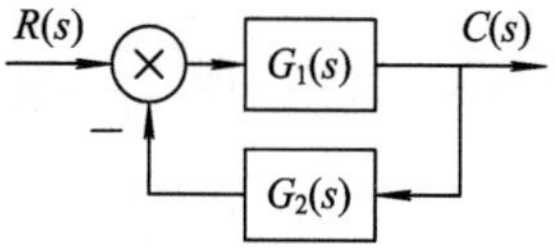	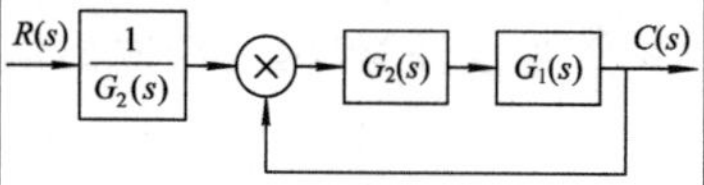	$C(s) = \dfrac{G_1(s)}{1 + G_1(s)G_2(s)}R(s)$
5	引出点前移	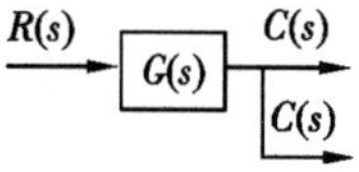	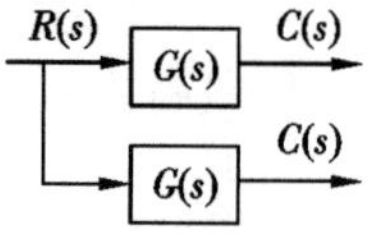	$C(s) = G(s)R(s)$
6	引出点后移	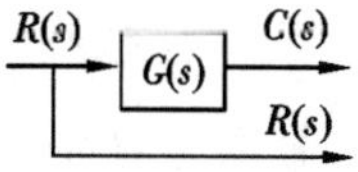	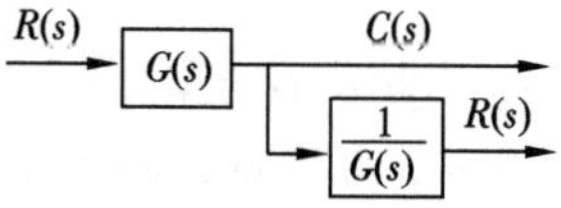	$C(s) = G(s)R(s)$
7	引出点交换	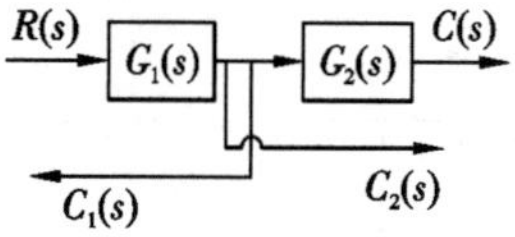	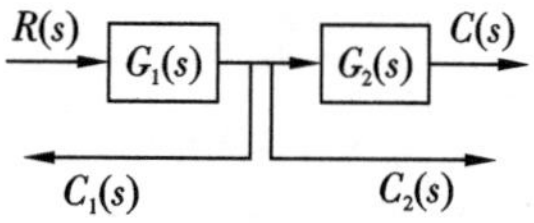	$C(s) = G_1(s)G_2(s)R(s)$ $C_1(s) = C_2(s) = G_1(s)R(s)$

序号	变换方式	变换前	变换后	等　式
8	比较点前移	$R_1(s)$ $G(s)$ $C(s)$ $R_2(s)$	$R_1(s)$ $G(s)$ $C(s)$ $R_2(s)$ $\dfrac{1}{G(s)}$	$C(s)=G(s)R_1(s)+R_2(s)$
9	比较点后移	$R_1(s)$ $G(s)$ $C(s)$ $R_2(s)$	$R_1(s)$ $G(s)$ $C(s)$ $R_2(s)$ $G(s)$	$C(s)=G(s)[R_1(s)+R_2(s)]$
10	比较点交换	$R_1(s)$ $C(s)$ $R_2(s)$ $R_3(s)$	$R_1(s)$ $C(s)$ $R_3(s)$ $R_2(s)$	$C(s)=R_1(s)+R_2(s)+R_3(s)$

例 2.13　试简化图 2.31 所示的结构图，并求传递函数 $\dfrac{C(s)}{R(s)}$。

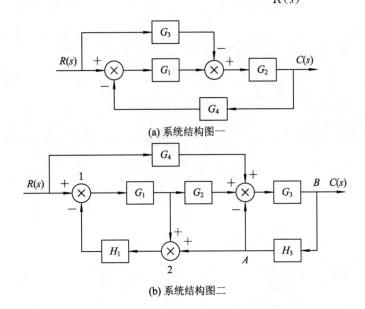

(a) 系统结构图一

(b) 系统结构图二

图 2.31　系统的结构图

解　(1) 把图 2.31(a)中的第一个综合点后移，并与第二个综合点交换得到如图 2.32(a)～(c)所示的等效变换图。

则求得其传递函数为

$$\frac{C(s)}{R(s)}=\frac{G_2(G_1-G_3)}{1+G_1G_2G_4}$$

(2) 把图 2.31(b)中的第二个综合点移向 H_1 前方，并与第一个综合点交换；再把引出

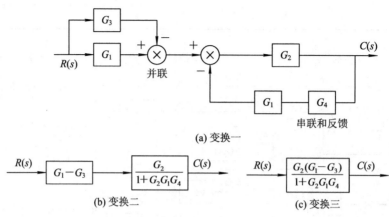

(a) 变换一

(b) 变换二　　　　　　　　　(c) 变换三

图 2.32　图 2.31(a)的等效变换图

点 A 移向 H_3 的后面，并与引出点 B 交换。图 2.33(a)～(c)所示为图 2.31(b)的等效变换图。

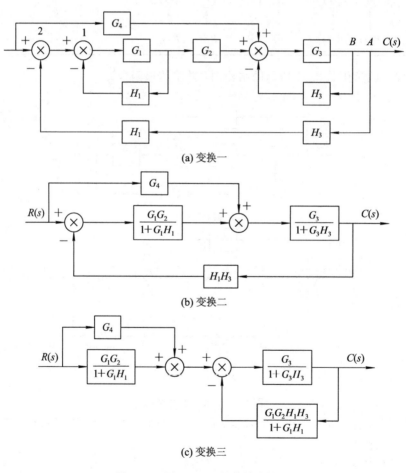

(a) 变换一

(b) 变换二

(c) 变换三

图 2.33　图 2.31(b)的等效变换图

其系统传递函数为

$$\frac{C(s)}{R(s)} = \frac{G_1 G_2 G_3 + G_3 G_4 (1 + G_1 H_1)}{1 + G_1 H_1 + G_3 H_3 + G_1 G_2 G_3 H_1 H_3 + G_1 G_3 H_1 H_3}$$

2.4　控制系统的传递函数

　　自动控制系统在工作过程中经常会受到两类外作用信号的影响：一类是有用信号，常称为给定信号、输入信号、参考输入等，本书用 $r(t)$ 表示；另一类则是扰动信号，或称为干扰信号，常用 $d(t)$ 或 $n(t)$ 表示。给定信号 $r(t)$ 通常加在系统的输入端，而扰动信号 $d(t)$ 一般作用在被控对象上，但也可能出现在其他元部件上，甚至夹杂在给定信号中。一个闭环控制系统的典型结构可用图 2.34 表示，图中 $R(s)$ 为参考输入，$D(s)$ 为扰动信号。以下给出控制系统中几种常用传递函数的命名和求法。

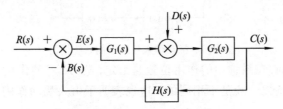

图 2.34　闭环控制系统的典型结构

2.4.1　系统的开环传递函数

　　在图 2.34 中，将 $H(s)$ 的反馈通路断开，即断开系统的主反馈通路，系统反馈量 $B(s)$ 与误差信号 $E(s)$ 的比值就是开环传递函数，即

$$\frac{B(s)}{E(s)} = G_1(s) G_2(s) H(s) \tag{2.76}$$

断开反馈环后，输出信号 $C(s)$ 与输入信号 $R(s)$ 之比为前向通道传递函数，即

$$\frac{C(s)}{R(s)} = G_1(s) G_2(s) \tag{2.77}$$

反向通道传递函数为

$$\frac{B(s)}{C(s)} = H(s) \tag{2.78}$$

控制系统的
传递函数

2.4.2　系统的闭环传递函数

1. 给定输入作用下的闭环传递函数

　　令 $D(s)=0$，图 2.34 可简化为图 2.35 所示的系统框图，则给定信号 $R(s)$ 作用下的闭环传递函数为

$$\Phi_{cr}(s) = \frac{C(s)}{R(s)} = \frac{G_1(s) G_2(s)}{1 + G_1(s) G_2(s) H(s)} \tag{2.79}$$

当系统中只有 $R(s)$ 输入信号作用时，系统的输出 $C(s)$ 完全取决于 $\Phi_{cr}(s)$ 及 $R(s)$ 的形式。

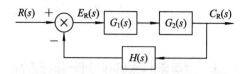

图 2.35　输入作用下的系统框图

2. 扰动输入作用下的闭环传递函数

为研究扰动信号对系统的影响，需要求出 $C(s)$ 对 $D(s)$ 之间的传递函数。令 $R(s)=0$，图 2.34 可简化为图 2.36 所示的系统框图，则扰动信号 $D(s)$ 作用下的闭环传递函数为

$$\Phi_{cd}(s) = \frac{C(s)}{D(s)} = \frac{G_2(s)}{1 + G_1(s)G_2(s)H(s)} \tag{2.80}$$

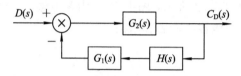

图 2.36　扰动输入作用下的系统框图

由于扰动信号 $D(s)$ 在系统中的作用位置与给定信号 $R(s)$ 的作用点不一定在同一个位置，故两个闭环传递函数一般是不相同的，这也表明了引入扰动作用下系统闭环传递函数的必要性。

3. 系统的总输出

当给定信号和扰动信号同时作用于系统时，根据线性叠加原理，线性系统总的输出等于各外作用信号引起的输出总和，即

$$C(s) = \frac{G_1(s)G_2(s)}{1 + G_1(s)G_2(s)H(s)} R(s) + \frac{G_2(s)}{1 + G_1(s)G_2(s)H(s)} D(s) \tag{2.81}$$

2.4.3　系统的误差传递函数

在分析一个实际系统时，不仅要掌握输出量的变化规律，还要考虑控制过程中误差的变化规律。误差的大小直接反映了系统工作的精度，因此得到误差与系统的给定信号 $R(s)$ 及扰动信号 $D(s)$ 之间的数学模型是非常必要的。在此定义误差为给定信号与反馈信号之差，即

$$E(s) = R(s) - B(s) \tag{2.82}$$

1. 给定输入作用下的误差传递函数

令 $D(s)=0$，图 2.34 可简化为图 2.35，则给定信号 $R(s)$ 作用下的误差传递函数为

$$\Phi_{er}(s) = \frac{E(s)}{R(s)} = \frac{R(s) - B(s)}{R(s)} = 1 - H(s)\frac{C(s)}{R(s)}$$

$$\Phi_{er(s)} = \frac{1}{1 + G_1(s)G_2(s)H(s)} \tag{2.83}$$

2. 扰动输入作用下的误差传递函数

令 $R(s)=0$，图 2.34 可简化为图 2.36，有

$$E(s) = E_d(s) = 0 - B(s) = -B(s)$$

则扰动信号 $D(s)$ 作用下的误差传递函数为

$$\Phi_{ed}(s) = \frac{-B(s)}{D(s)} = -H(s)\frac{C(s)}{D(s)} \tag{2.84}$$

$$\Phi_{ed}(s) = \frac{-G_2(s)H(s)}{1 + G_1(s)G_2(s)H(s)} \tag{2.85}$$

3. 系统的总误差

当给定信号和扰动信号同时作用于系统时，根据线性叠加原理，线性系统总的误差等于各外作用信号引起的误差总和，即

$$E(s) = \frac{1}{1 + G_1(s)G_2(s)H(s)}R(s) + \frac{-G_2(s)H(s)}{1 + G_1(s)G_2(s)H(s)}D(s) \tag{2.86}$$

例 2.14　试求图 2.26(b)所示结构图的传递函数 $\theta_c(s)/\theta_r(s)$ 和 $\theta_c(s)/M_L(s)$。

解　将第二个综合点后移可得简化后的结构图，如图 2.37 所示。

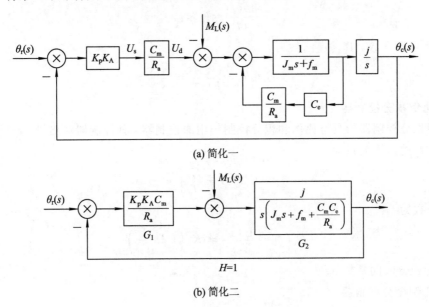

(a) 简化一

(b) 简化二

图 2.37　图 2.26(b)的简化结构图

所以

$$\frac{\theta_c(s)}{\theta_r(s)} = \frac{G_1 G_2}{1 + G_1 G_2} = \frac{K}{J_m s^2 + FS + K}$$

$$\frac{\theta_c(s)}{M_L(s)} = \frac{-j}{J_m s^2 + FS + K}$$

其中

$$F = f_m + \frac{C_m C_e}{R_a}, \quad K = \frac{K_P K_A C_m j}{R_a}$$

2.4.4　常用控制器的传递函数

通过第 2 章的建模，可以将第 1 章中图 1.10 或图 1.11 所示的控制系统的基本组成转化为图 2.34 所示的典型结构图。设 $G_c(s) = G_1(s)$ 为控制器的传递函数，控制器输出量用 $u(t)$ 表示，控制器输入量为作用误差信号，用 $e(t)$ 表示。

1. 比例控制器

比例控制器指具有比例控制作用的控制器，其控制器输出量 $u(t)$ 与作用误差信号 $e(t)$ 的运算关系为

$$u(t) = K_p e(t)$$

式中 K_p 为比例增益。其传递函数为

$$G_c(s) = \frac{U(s)}{E(s)} = K_p \tag{2.87}$$

2. 积分控制器

积分控制器指具有积分控制作用的控制器，其控制器输出量 $u(t)$ 与作用误差信号 $e(t)$ 的运算关系为

$$\frac{\mathrm{d}u(t)}{\mathrm{d}t} = K_i e(t)$$

式中 K_i 为可调常数，其传递函数为

$$G_c(s) = \frac{U(s)}{E(s)} = \frac{K_i}{s} \tag{2.88}$$

3. 比例积分控制器

比例积分控制器指具有比例和积分控制作用的控制器，其控制器输出量 $u(t)$ 与作用误差信号 $e(t)$ 的运算关系为

$$u(t) = K_p e(t) + \frac{K_p}{T_i}\int_0^t e(\tau)\,\mathrm{d}\tau$$

其传递函数为

$$G_c(s) = \frac{U(s)}{E(s)} = K_p\left(1 + \frac{1}{T_i s}\right) \tag{2.89}$$

其中 T_i 为积分时间常数。

4. 比例微分控制器

比例微分控制器指具有比例和微分控制作用的控制器，其控制器输出量 $u(t)$ 与作用误差信号 $e(t)$ 的运算关系为

$$u(t) = K_p e(t) + K_p T_d \frac{\mathrm{d}e(t)}{\mathrm{d}t}$$

式中 T_d 为微分时间常数。其传递函数为

$$G_c(s) = \frac{U(s)}{E(s)} = K_p(1 + T_d s) \tag{2.90}$$

5. 比例积分微分控制器

比例积分、微分控制器指具有比例、积分和微分控制作用的控制器，其控制器输出量 $u(t)$ 与作用误差信号 $e(t)$ 的运算关系为

$$u(t) = K_p e(t) + \frac{K_p}{T_i}\int_0^t e(\tau)\,\mathrm{d}\tau + K_p T_d \frac{\mathrm{d}e(t)}{\mathrm{d}t}$$

其传递函数为

$$G_c(s) = \frac{U(s)}{E(s)} = K_p\left(1 + \frac{1}{T_i s} + T_d s\right) \tag{2.91}$$

2.5　信号流图

信号流图是表示控制系统各变量之间相互关系的另一种图示方法。将信号流图用于控制理论中，不必求解方程或进行预先的等效变换就可得到各变量间的关系。因此，当系统方框图比较复杂时，可以直接利用信号流图的方法结合梅森(S. J. Mason)公式求解系统的传递函数。

信号流图在应用于线性系统时，必须先将系统的微分方程组变成以 s 为变量的代数方程组，且把每个方程改写为下列的因果形式：

$$X_j(s) = \sum_{k=1}^{n} G_{kj}(s) X_k(s) \qquad (j = 1, 2, \cdots, n) \tag{2.92}$$

信号流图的基本组成单元有两个：节点和支路。节点在图中用"○"表示，它表示系统中的变量；两变量间的因果关系用支路的有向线段来表示。箭头表示信号的传输方向，两变量间的因果关系叫作增益(控制系统中为传递函数)，标明在相应的支路旁。

例如一个线性方程为

$$x_2 = a_{12} x_1 \tag{2.93}$$

式中，x_1 为输入变量，x_2 为输出变量，a_{12} 为两个变量间的增益，其对应的方框图和信号流图如图 2.38 所示。

(a) 方框图　　　　　**(b) 信号流图**

图 2.38　$x_2 = a_{12} x_1$ 对应的方框图和信号流图

图 2.39(a)所示为控制系统的典型结构图，其变量有 $R(s)$、$E(s)$、$M(s)$、$C(s)$，则其线性方程组为

$$\left. \begin{array}{l} E(s) = R(s) - C(s)H(s) \\ M(s) = D(s) + E(s)G_1(s) \\ C(s) = M(s)G_2(s) \end{array} \right\} \tag{2.94}$$

将图 2.39(a)所示的控制系统典型结构方框图转化为对应的信号流图形式，如图2.39(b)所示。

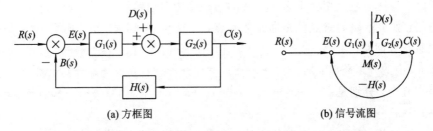

(a) 方框图　　　　　　　　**(b) 信号流图**

图 2.39　控制系统典型结构方框图与其对应的信号流图

2.5.1　信号流图的术语

下面结合图 2.40(a)说明信号流图中的定义和术语(图 2.40(b)所示是其对应的控制系统方框图)。

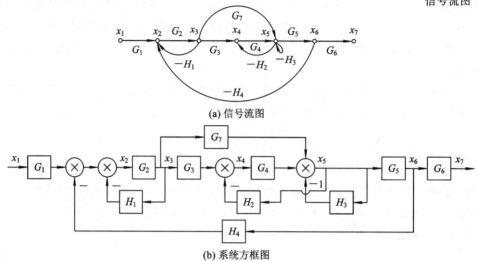

(a) 信号流图

(b) 系统方框图

图 2.40　不接触回路的信号流图和系统方框图

(1) 节点:用以表示变量或信号的点称为节点,用符号"○"表示。节点代表系统中的变量,并等于所有流入该节点的信号之和。图 2.40 中的 x_1,x_2,…,x_7 都是节点。

(2) 支路:连接两个节点并标有信号流向的定向线段称为支路。

(3) 源点:只有输出支路的节点称为源点或输入节点。

(4) 阱点:只有输入支路的节点称为阱点或输出节点。

(5) 混合节点:既有输入支路也有输出支路的节点称为混合节点。

(6) 传输:两节点间的增益或传递函数。

图 2.40 中的支路 $x_1—x_2$ 的传输为 G_1,支路 $x_3—x_2$ 的传输为 $-H_1$。x_1 是输入节点,x_7 是输出节点,x_2、x_3、x_4、x_5、x_6 是混合节点。

(7) 通路:从某一节点开始沿支路箭头方向经过各相连支路到另一节点(或同一节点)构成的路径称为通路。

开通路:与任一节点相交不多于一次的通路称为开通路。

闭通路:如果通路的终点就是通路的起点,并且与任何其他节点相交不多于一次的通路称为闭通路或回路。

图 2.40 中的开通路有:$x_1 \to x_2 \to x_3 \to x_4 \to x_5 \to x_6 \to x_7$,$x_1 \to x_2 \to x_3 \to x_5 \to x_6 \to x_7$。

回路有五个,分别是:$x_2 \to x_3 \to x_2$,$x_4 \to x_5 \to x_4$,$x_5 \to x_5$,$x_2 \to x_3 \to x_4 \to x_5 \to x_6 \to x_2$,$x_2 \to x_3 \to x_5 \to x_6 \to x_2$。

(8) 回路增益:回路中各支路传输的乘积称为回路增益(或传输)。

图 2.40 中的回路增益有五个:$-G_2 H_1$,$-G_4 H_2$,$-H_3$,$-G_2 G_3 G_4 G_5 H_4$,$-G_2 G_7 G_5 H_4$。

（9）前向通路：从源头开始并终止于阱点，且与其他节点相交不多于一次的通路。该通路的各传输乘积称为前向通路增益。

图 2.40 中的前向通路增益有：$G_1G_2G_3G_4G_5G_6$，$G_1G_2G_7G_5G_6$。

（10）不接触回路：如果信号流图有多个回路，各回路之间没有任何公共节点，就称为不接触回路，反之称为接触回路。

图 2.40 中的不接触回路有：$x_2 \rightarrow x_3 \rightarrow x_2$ 和 $x_4 \rightarrow x_5 \rightarrow x_4$，$x_2 \rightarrow x_3 \rightarrow x_2$ 和 $x_5 \rightarrow x_5$。

2.5.2　信号流图的基本性质

信号流图的基本性质描述如下：

（1）信号流图只适用于线性系统。

（2）支路表示一个信号对另一个信号的函数关系；信号只能沿着支路上的箭头指向传递。

（3）在节点上可以把所有输入支路的信号叠加，并把相加后的信号传送到所有的输出支路。

（4）具有输入和输出支路的混合节点，可以通过增加一个具有单位增益的支路，把它作为输出节点来处理。

（5）对于一个给定的系统，其信号流图不是唯一的。

2.5.3　梅森增益公式的应用

梅森公式

对一个复杂的系统信号流图或系统方框图，若应用梅森公式，不需要简化处理而是通过对信号流图或系统方框图的分析和观察，便可直接得到系统的传递函数。在信号流图或方框图中，计算从输入节点到输出节点传递函数的梅森公式为

$$\Phi(s) = \frac{1}{\Delta} \sum P_k \Delta_k \tag{2.95}$$

式中，k 为前向通路的总数；Φ 为总增益（控制系统方框图中为传递函数）；P_k 为第 k 条前向通路的增益；Δ 为信号流图的特征式，即

$$\Delta = 1 - \sum L_i + \sum L_j L_q - \sum L_m L_n L_r + \cdots \tag{2.96}$$

式中，$\sum L_i$ 为所有单回路增益之和；$\sum L_j L_q$ 为每两个不接触回路增益乘积之和；$\sum L_m L_n L_r$ 为每 3 个不接触回路增益乘积之和。Δ_k 为在 Δ 中除去与第 k 条前向通路相接触回路增益后的剩余特征式，称为第 k 条前向通路特征式的余因子。

例 2.15　试求图 2.41 所示控制系统的传递函数 $\dfrac{C(s)}{R(s)}$。

解　图 2.41 有两条前向通路，即

$$P_1 = G_1G_2G_3 , \quad P_2 = G_4G_3$$

有五个回路，即

$$L_1 = -G_1H_1 , \quad L_2 = -G_3H_3 , \quad L_3 = -G_1G_2G_3H_3H_1$$

$$L_4 = -G_4G_3 , \quad L_5 = -G_1G_2G_3$$

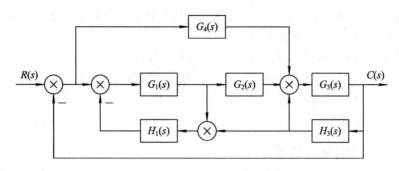

图 2.41　例 2.15 的控制系统方框图

有两个互不接触回路，即

$$L_1L_2 = -G_1H_1(-G_3H_3) = G_1G_3H_1H_3$$
$$L_1L_4 = -G_1H_1(-G_4G_3) = G_1G_3G_4H_1$$

则其特征式为

$$\Delta = 1 + G_1H_1 + G_3H_3 + G_1G_2G_3H_3H_1 + G_4G_3 + G_1G_2G_3 + G_1G_3H_1H_3 + G_1G_3G_4H_1$$

第一条前向通路均与回路相接触，故 $\Delta_1 = 1$；

第二条前向通路与第一条回路不接触，故 $\Delta_2 = 1 + G_1H_1$。

所以系统的传递函数为

$$\Phi(s) = \frac{C(s)}{R(s)} = \frac{1}{\Delta}(P_1\Delta_1 + P_2\Delta_2)$$

$$= \frac{G_1G_2G_3 + G_4G_3(1 + G_1H_1)}{1 + G_1H_1 + G_3H_3 + G_1G_2G_3H_3H_1 + G_4G_3 + G_1G_2G_3 + G_1G_3H_1H_3 + G_1G_3G_4H_1}$$

例 2.16　利用梅森公式求如图 2.42 所示控制系统的各典型传递函数：$\dfrac{C(s)}{R(s)}$，$\dfrac{E(s)}{R(s)}$，$\dfrac{C(s)}{N(s)}$，$\dfrac{E(s)}{N(s)}$，$\dfrac{C(s)}{F(s)}$ 和 $\dfrac{E(s)}{F(s)}$。

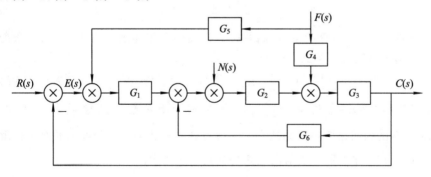

图 2.42　例 2.16 的控制系统方框图

例 2.16 解答

2.6　控制系统建模实例

直线一级倒立摆控制系统由直线运动控制模块和一级摆体组件组成，详见第 1 章图 1.19 和图 1.20。

2.6.1　一级倒立摆系统的建模

在忽略了空气阻力和各种摩擦之后,可将直线一级倒立摆系统抽象成小车和匀质杆组成的系统,如图 2.43 所示。

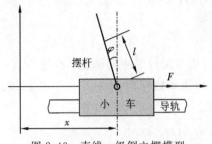

控制系统建模
实例的推导

图 2.43　直线一级倒立摆模型

一级倒立摆系统的符号参数和单位如表 2.2 所示。

表 2.2　一级倒立摆系统的符号参数和单位

符　号	含　　　义	取值(或单位)
x	小车相对初始位置的位移	m
φ	摆杆与竖直向上方向的夹角	rad
θ	摆杆与竖直向下方向的夹角	rad
F	作用在倒立摆系统上的控制量(力)	N
M	小车质量	1.0 kg
m	一级摆杆的质量	0.1 kg
l	摆杆转动轴心到杆质心的长度	0.5 m
I	一级摆杆的转动惯量	0.0083 kg·m²

图 2.44 所示为系统中小车和摆杆的受力分析图。

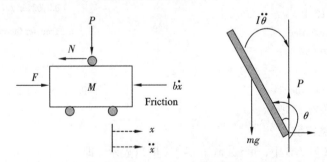

图 2.44　小车及摆杆受力分析

将表 2.2 的参数代入,得到系统的实际模型,可参见控制系统建模实例推导的二维码。即摆杆角度和小车位移的传递函数为

$$\frac{\Phi(s)}{X(s)} = \frac{0.02725s^2}{0.0102125s^2 - 0.26705} \tag{2.97}$$

摆杆角度和小车加速度之间的传递函数为

$$\frac{\Phi(s)}{V(s)} = \frac{0.027\ 25}{0.0102125s^2 - 0.26705} \tag{2.98}$$

摆杆角度和小车所受外界作用力的传递函数为

$$\frac{\Phi(s)}{U(s)} = \frac{2.356\ 55s}{s^3 + 0.0883167s^2 - 27.9169s - 2.30942} \tag{2.99}$$

2.6.2 用 MATLAB 处理数学模型

控制系统的数学模型是对系统进行分析和设计的主要依据。在用 MATLAB 分析和设计系统时,常用的数学模型有四种形式:传递函数模型(tf 对象)、零极点增益模型(ZPK 对象)、状态空间模型(SS 对象)和动态框图。

1. 传递函数模型

令系统的传递函数为

$$G(s) = \frac{\text{num}(s)}{\text{den}(s)} = \frac{b_m s^m + b_{m-1} s^{m-1} + \cdots + b_1 s + b_0}{a_n s^n + a_{n-1} s^{n-1} + \cdots + a_1 s + a_0},\ n \geqslant m$$

在 MATLAB 建立传递函数时,需将其分子与分母多项式的系数写成两个矢量,并用 tf( )函数给出,即

sys=tf(num,den)

在 MATLAB 中可以方便地由分子和分母各项系数构成的两个向量唯一地确定传递函数,这两个向量常用 num 和 den 表示。即

num=$[b_m, b_{m-1}, \cdots, b_1, b_0]$, den=$[a_n, a_{n-1}, \cdots, a_1, a_0]$

例 2.17 试用 MATLAB 表示式(2.97)~式(2.99)的传递函数。

解 在 MATLAB 命令窗口键入:

num1=$[0.02725\ 0\ 0]$;

den1=$[0.0102125\ 0\ -0.26705]$;

sys1=tf(num1,den1)

num2=$[0.02725]$;

den2=$[0.0102125\ 0\ -0.26705]$;

sys2=tf(num2,den2)

num3=$[2.35655\ 0]$;

den3=$[1\ 0.0883167\ -27.9169\ -2.30942]$;

sys3=tf(num3,den3)

运行结果如图 2.45 所示。

Transfer function:

$$\frac{0.02725\ s\text{^}2}{0.01021\ S\text{^}2 - 0.2671}$$

Transfer function:

$$\frac{0.02725}{0.01021\ s\text{^}2 - 0.2671}$$

Transfer function:

$$\frac{2.357\ s}{s\text{^}3 + 0.08832\ s\text{^}2 - 27.92s - 2.309}$$

图 2.45 例 2.17MA7LAB 运行结果

2. 零极点增益模型

该模型在 MATLAB 中,可用$[z, p, k]$矢量组表示,即

z=$[z_1, z_2, \cdots, z_m]$; p=$[p_1, p_2, \cdots, p_n]$; k=$[K]$

在 MATLAB 中输入零极点增益形式的传递函数模型建立函数:sys=zpk(z, p, k)。这个零极点增益模型便在 MATLAB 平台中被建立。

2.6.3 不同形式模型之间的相互转换

不同形式之间模型转换的函数如下:

(1) tf2zp:多项式传递函数模型转换为零极点增益模型。格式为

$[z,p,k]$=tf2zp(num,den)

(2) zp2tf：零极点增益模型转换为多项式传递函数模型。格式为

$[num,den]$=zp2tf(z,p,k)

例如在 MATLAB 命令窗口输入：

$[z,p,k]$=tf2zp(num1,den1)

$[z,p,k]$=tf2zp(num2,den2)

$[z,p,k]$=tf2zp(num3,den3)

则可得零极点型的传递函数如下：

$$\frac{\Phi(s)}{X(s)}=\frac{0.02725s^2}{0.0102125s^2-0.26705}=\frac{2.6683s^2}{(s+5.1136)(s-5.1136)}$$

$$\frac{\Phi(s)}{V(s)}=\frac{0.02725}{0.0102125s^2-0.26705}=\frac{2.6683}{(s+5.1136)(s-5.1136)}$$

$$\frac{\Phi(s)}{U(s)}=\frac{2.35655s}{s^3+0.0883167s^2-27.9169s-2.30942}$$

$$=\frac{2.35655s}{(s+5.2865)(s-5.2809)(s+0.0827)}$$

2.7 小 结

本章介绍了用微分方程、传递函数和结构图来建立控制系统数学模型的方法。

小结 第 2 章测验 第 2 章测验答案

习 题 二

2-1 试建立图 2.46 所示各系统的微分方程，并说明这些微分方程之间有什么特点，其中电压 $u_r(t)$ 为输入量，电压 $u_c(t)$ 为输出量。

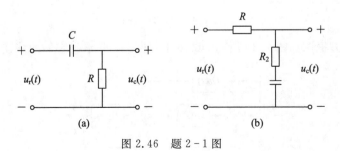

图 2.46 题 2-1 图

2-2 试求图 2.47 所示电子网络的传递函数。

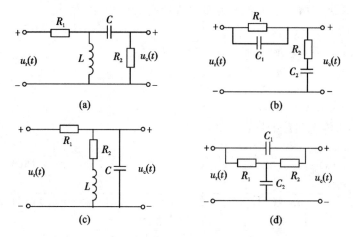

图 2.47 题 2-2 图

2-3 系统的微分方程组为

$$x_1(t) = r(t) - c(t)$$

$$T_1 \frac{\mathrm{d}x_2(t)}{\mathrm{d}t} = k_1 x_1(t) - x_2(t)$$

$$x_3(t) = x_2(t) - k_3 c(t)$$

$$T_2 \frac{\mathrm{d}c(t)}{\mathrm{d}t} + c(t) = k_2 x_3(t)$$

式中 T_1、T_2、k_1、k_2、k_3 均为正的常数，系统的输入为 $r(t)$，输出为 $c(t)$，试画出动态结构图，并求出传递函数 $G(s) = \dfrac{C(s)}{R(s)}$。

2-4 用运算放大器组成的有源电子网络如图 2.48 所示，试采用复阻抗法写出它们的传递函数。

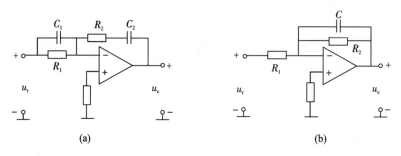

图 2.48 题 2-4 图

2-5 系统方框图如图 2.49 所示，试简化方框图，并求出它们的传递函数 $\dfrac{C(s)}{R(s)}$。

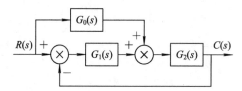

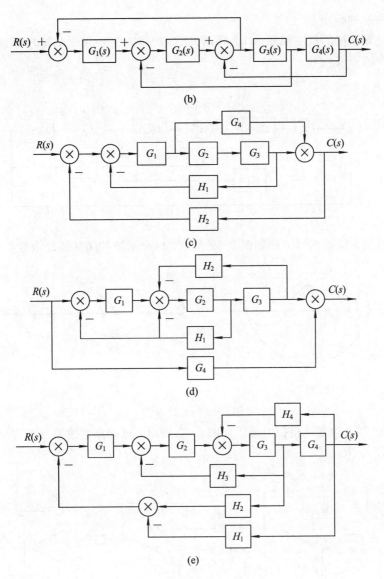

图 2.49 题 2-5 图

2-6 已知系统方框图如图 2.50 所示，试求传递函数 $\dfrac{C(s)}{R(s)}$，$\dfrac{C(s)}{N(s)}$。

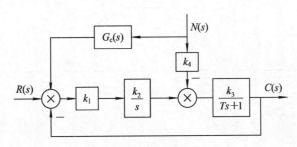

图 2.50 题 2-6 图

2-7 一系统在零初始条件下，其单位阶跃响应为 $c(t)=1(t)-2\mathrm{e}^{-4t}+\mathrm{e}^{-t}$，试求系统

的传递函数和脉冲响应。

2-8　已知系统的框图如图 2.51 所示，$E(s)=R(s)-C(s)$，试求系统的传递函数 $C(s)/R(s)$ 和 $E(s)/D(s)$。

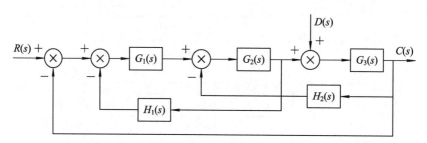

图 2.51　题 2-8 图

2-9　已知系统的信号流图如图 2.52 所示，试求系统的闭环传递函数 $C(s)/R(s)$。

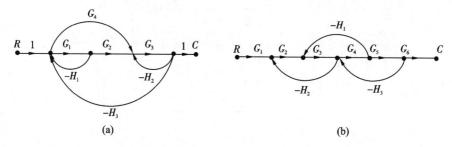

图 2.52　题 2-9 图

2-10　已知二阶系统模拟电路图如图 2.53 所示，试画出二阶系统的方框图并求系统的传递函数 $C(s)/R(s)$。

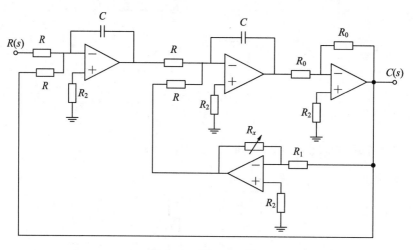

图 2.53　题 2-10 图

第3章　线性控制系统的时域分析法

控制系统的数学模型建立之后，就可以采用不同的方法来分析系统的性能。对于线性定常系统，常用的工程分析方法有时域分析法、根轨迹分析法和频域分析法。其中时域分析法具有直观、物理概念清晰、分析较准确、能提供系统时间响应的全部信息、对于复杂或高阶系统容易借助计算机求解等特点，故常作为分析系统的入门手段。

所谓系统的时域分析法，就是对一个特定的输入信号，通过拉氏变换求取系统的输出响应，根据系统的响应来分析系统的控制品质。由于系统的输出量是时间 t 的函数，故称这种响应为时域响应。在时间域的范围内讨论系统的性能称为时域分析法。

3.1　系统时间响应的性能指标

一个控制系统的时域响应 $c(t)$ 不仅取决于系统本身的结构和参数(即系统的传递函数 $G(s)$)，而且还和系统的初始状态以及系统的输入信号有关。为方便研究，规定系统在外加输入信号之前是相对静止的，即为零初始状态。

控制系统的实际输入信号往往是未知的，为了便于对系统进行分析和设计，常需要一些输入函数作为测试信号，根据测试信号响应情况，对系统的性能作出评价。选取的测试信号应具有下列特点：

(1) 能反映系统工作时的实际情况；

(2) 易于在实验室中获得；

(3) 数学表达形式简单，以便进行分析和处理。

3.1.1　典型输入信号

1. 阶跃输入信号

阶跃输入信号表示参考输入量的一个瞬间突变过程，如图 3.1(a)所示。其数学表达式为

$$r(t) = \begin{cases} 0 & (t < 0) \\ R_0 & (t \geqslant 0) \end{cases} \tag{3.1}$$

当阶跃输入信号的幅值为 1，即 $R_0 = 1$ 时，称为单位阶跃信号。

实际工作中，如开关的转换、负载的突变、电源的通断等都可视作阶跃输入信号。对系统而言，阶跃信号是最常用的一种输入形式。

2. 斜坡输入信号

斜坡输入信号表示由零值开始随时间 t 作线性增长的信号，如图 3.1(b)所示。其数学表达式为

$$r(t) = \begin{cases} 0 & (t < 0) \\ v_0 t & (t \geqslant 0) \end{cases} \tag{3.2}$$

当 $v_0 = 1$ 时，称为单位斜坡输入信号。

斜坡输入信号又称等速度输入信号。实际工作中，如随动系统中位置作等速移动的指令信号、数控机床加工斜面时的进给指令、轧钢机压下装置的移棍信号、大型船闸匀速升降的信号等都可视为斜坡输入信号。

3. 等加速度输入信号

等加速度输入信号是一种抛物线函数，其函数值随时间 t 的变化以等加速度增长，如图 3.1(c)所示。其数学表达式为

$$r(t) = \begin{cases} 0 & (t < 0) \\ \dfrac{1}{2} a_0 t^2 & (t \geqslant 0) \end{cases} \tag{3.3}$$

当 $a_0 = 1$ 时，称为单位等加速度输入信号。

实际工作中，如随动系统中位置作等加速度移动的指令信号，它可以用两个积分器的串联来模拟。

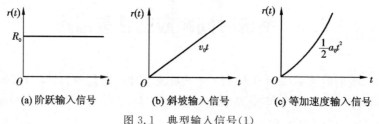

(a) 阶跃输入信号　　(b) 斜坡输入信号　　(c) 等加速度输入信号

图 3.1　典型输入信号(1)

4. 脉冲输入信号

脉冲输入信号可视为一个持续时间极短的信号，如图 3.2(a)所示。其数学表达式为

$$r(t) = \begin{cases} 0 & (t < 0, \ t > \varepsilon) \\ \dfrac{h}{\varepsilon} & (0 < t < \varepsilon) \end{cases} \tag{3.4}$$

当持续时间 ε 趋于零时，高度 H/ε 趋于无穷大，但是脉冲下的面积仍为 H。

当 $H = 1$ 时，称为单位脉冲输入信号，记为 $\delta_\varepsilon(t)$。如果令 $\varepsilon \to 0$，则称为单位理想脉冲信号，如图 3.2(b)所示，并用 $\delta(t)$ 表示，即

$$\delta(t) = \lim_{\varepsilon \to 0} \delta_\varepsilon(t) \tag{3.5}$$

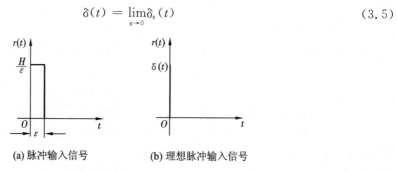

(a) 脉冲输入信号　　　　(b) 理想脉冲输入信号

图 3.2　典型输入信号(2)

单位理想脉冲信号的面积(又称脉冲强度)为

$$\int_{-\infty}^{\infty} \delta(t)\mathrm{d}t = 1$$

脉冲信号只是数学上的概念，工程上不可能发生。但是时间很短的冲击力、脉冲电压、天线上的阵风扰动、大气湍流等都可近似看成脉冲作用信号。

5. 正弦输入信号

正弦输入信号的数学表达式为

$$r(t) = A\sin\omega t \tag{3.6}$$

实际工作中，如电源的波动、机械振动、元件的噪声干扰、海浪对舰艇的扰动力等均可视为正弦作用信号。另外，还可以用不同频率的正弦输入得到系统的频率特性，据此来判断系统的性能。

在分析控制系统时究竟采用哪一种输入信号，取决于系统正常工作时最常见、最不利的输入情况。但是无论选用哪一种输入信号，系统表现出来的性能是一样的。

3.1.2　动态性能与稳态性能

控制系统的设计首先要求系统可以稳定可靠地工作，其次要求系统的输出能准确地跟踪指令输入，响应过程做到快而稳，对扰动作用的影响要及时进行调节，尽量使输出少受影响。稳定性、控制精度、良好的动态特性和抗扰动性能是衡量控制系统性能的主要指标。

性能指标

1）稳定性

稳定性是控制系统分析和设计中最为重要的概念；是对控制系统性能的最基本的要求；是控制系统在各种非理想条件下能够可靠工作，对外部扰动有自我调节能力的前提条件。

2）控制精度

系统的控制精度通常用稳态误差来衡量。稳态误差 e_{ss} 指稳态响应的期望值与实际值的差值。若系统输入为单位阶跃信号，则

$$e_{ss} = 1 - c(\infty)$$

若稳态误差 $e_{ss} = 0$，则称系统是无静差的，反之称系统是有静差的。

3）动态性能

稳定是控制系统能够运行的首要条件，因此，只有当动态过程收敛时研究系统的动态性能才有意义。通常认为系统的输出能准确地跟踪或复现阶跃输入是较为严格的工作条件，所以评价系统时域性能指标通常是根据系统的单位阶跃响应来确定的。系统的阶跃响应有衰减振荡和单调变化两种类型，在零初始条件下系统的两种单位阶跃响应 $c(t)$ 如图 3.3 所示。

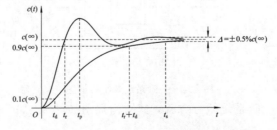

图 3.3　系统的两种单位阶跃响应

其动态性能指标如下：

（1）**延迟时间t_d**：阶跃响应曲线从零到第一次至稳态值的10%所需的时间。

（2）**上升时间t_r**：阶跃响应曲线从零到第一次上升至稳态值所需的时间。若阶跃响应曲线为过阻尼的单调变化状态，且其响应不超过稳态值，则定义阶跃响应曲线从稳态值的10%上升到90%所需的时间为上升时间。

（3）**峰值时间t_p**：阶跃响应曲线超过稳态值到达第一个峰值所需的时间。

（4）**调节时间t_s**：阶跃响应曲线到达并保持在其稳态值允许的误差范围（即误差带）内所需的时间，通常把误差范围定义为$\pm 5\% c(\infty)$或$\pm 2\% c(\infty)$。

（5）**超调量$M_p\%$**：阶跃响应曲线的最大值c_{max}和其稳态值$c(\infty)$之差与稳态值的百分比，即

$$M_p\% = \frac{c(t_p) - c(\infty)}{c(\infty)} \times 100\%$$

上述指标中，上升时间和峰值时间反映了系统的响应速度；超调量反映了系统过渡过程的平稳性；而调节时间则表明系统响应过渡过程的总持续时间，它同时反映了系统的响应速度和阻尼程度。

衡量控制系统性能的各项指标间往往是相互制约、相互矛盾的。在控制工程中，常以超调量、调节时间及稳态误差三项指标评价系统的稳、快、准。

3.2 控制系统的时域分析

一阶系统时域分析

3.2.1 一阶系统时域分析

用一阶微分方程式描述的控制系统称为一阶系统，一阶系统也称为惯性环节。它是工程中最基本、最简单的系统，如RC电路、热处理器、体温计等均为一阶系统的实例。

1. 一阶系统的数学模型

下面以图3.4(a)所示的一阶RC电路为例建立数学模型，其数学描述为

$$T \frac{\mathrm{d}c(t)}{\mathrm{d}t} + c(t) = r(t) \tag{3.7}$$

式中，$c(t)$为电路的输出电压，$r(t)$为电路的输入电压，$T = RC$为时间常数。

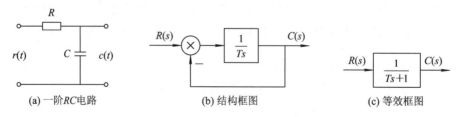

(a) 一阶RC电路　　　　(b) 结构框图　　　　(c) 等效框图

图3.4　一阶系统及结构框图

式(3.7)是典型的一阶系统微分方程，其结构框图如图3.4(b)所示，零初始条件下，其传递函数为

$$\frac{C(s)}{R(s)} = G(s) = \frac{1}{Ts+1} \tag{3.8}$$

其等效框图如图 3.4(c)所示。

2. 一阶系统的时域响应

1) 单位阶跃响应

设 $r(t)$ 为单位阶跃输入，即 $r(t)=1(t)$，$R(s)=1/s$，零初始条件下一阶系统单位阶跃响应的拉氏变换为

$$C(s) = \frac{1}{Ts+1} \cdot R(s) = \frac{1}{s(Ts+1)} = \frac{1}{s} - \frac{T}{Ts+1} \tag{3.9}$$

对上式取拉氏反变换，得

$$c(t) = 1 - e^{-\frac{1}{T}t} \tag{3.10}$$

由式(3.10)可见，一阶系统的单位阶跃响应包含两个分量："1"为稳态分量，$c(t)$ 的终值是由 $R(s)$ 的极点形成；$e^{-\frac{1}{T}t}$ 为暂态分量，当 $t\to\infty$ 时，$e^{-\frac{1}{T}t}\to 0$，暂态分量是由传递函数的极点形成。一阶系统的单位阶跃响应是一单调上升的指数曲线，如图 3.5 所示。

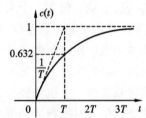

图 3.5　一阶系统的单位阶跃响应曲线

一阶系统的单位阶跃响应具有以下两个特征：

(1) 时间常数 T 为表征响应特性的唯一参数。

$c(0)=0$，$c(T)=0.632$，$\cdots$，$c(4T)=0.982$，可见当系统响应达到终值的 63.2% 的时间，就是该系统的时间常数 T。

(2) 响应曲线的初始上升斜率为 $1/T$。

其物理意义表明：如 $c(t)$ 一直按初始速度增长，则在 $t=T$ 时，输出达到稳态值，如图 3.5 所示。可见**系统响应无超调，调节时间为 $(3\sim4)T$，系统稳态误差为零**，即 $M_p\%=0$；$t_s=3T(\pm5\%$误差)或 $t_s=4T(\pm2\%$误差)；$e_{ss}=0$。

2) 单位脉冲响应

设 $r(t)$ 为单位脉冲输入，即 $r(t)=\delta(t)$，$R(s)=1$，则系统的输出响应 $c(t)$ 就是该系统的脉冲响应。为了区别于其他的响应，把系统的脉冲响应记作 $g(t)$。零初始条件下一阶系统单位脉冲响应的拉氏变换为

$$C(s) = \frac{1}{Ts+1} \cdot R(s) = \frac{1}{Ts+1} \tag{3.11}$$

对上式取拉氏反变换，得

$$c(t) = \frac{1}{T}e^{-\frac{1}{T}t} = g(t) \tag{3.12}$$

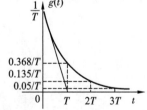

图 3.6　一阶系统单位
脉冲响应曲线

可见，单位脉冲响应 $g(t)$ 即为传递函数的拉氏反变换。一阶系统单位脉冲响应曲线如图 3.6 所示。

脉冲输入在零时刻的幅值为无穷大(具有无穷大的功率)，一阶系统的单位脉冲响应在零时刻发生了由零到 $1/T$ 的跳变，之后开始单调衰减，初始的衰减速率为 $-1/T^2$，$t=T$ 时，$g(T)=0.368/T$。t 趋于无穷时 $g(t)$ 衰减到零，T 越小，$g(t)$ 的衰减越快，过渡过程持续的时间越短。

3) 单位斜坡响应

设 $r(t) = t \cdot 1(t)$，$R(s) = 1/s^2$，零初始条件下一阶系统单位斜坡响应的拉氏变换为

$$C(s) = \frac{1}{Ts+1} \cdot R(s) = \frac{1}{Ts+1} \cdot \frac{1}{s^2} \qquad (3.13)$$

对上式取拉氏反变换，得

$$c(t) = t - T(1 - \mathrm{e}^{-\frac{1}{T}t}) \qquad (3.14)$$

由式(3.14)可见，一阶系统的单位斜坡响应包含稳态分量$(t-T)$和暂态分量 $T\mathrm{e}^{-\frac{1}{T}t}$ 两个分量。由于 $e_{\mathrm{ss}} = \lim\limits_{t \to \infty} e(t) = T$，说明一阶系统虽然能够跟踪斜坡输入信号，但存在稳态误差。从图 3.7 不难看出，在稳态时，系统的输入、输出信号的变化率完全相等，但由于系统存在惯性，对应的输出信号在数值上要滞后于输入信号一个常量 T，这就是稳态误差产生的原因。显然，减小时间常数不仅可以加快系统暂态响应的速度，而且还能减小系统跟踪斜坡信号的稳态误差。

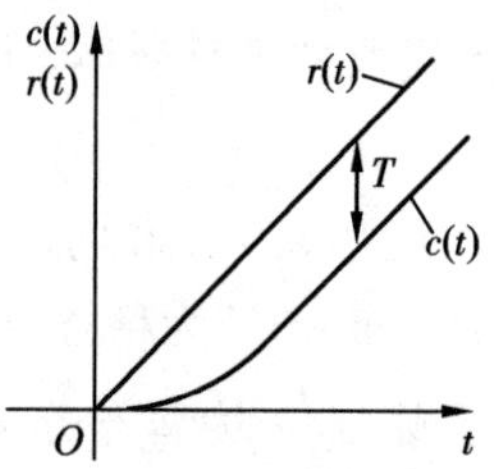

根据一阶系统对上述三种典型信号的时域响应，不难看出线性定常系统的一个重要性质：一个输入信号导数的时域响应等于该输入信号时域响应的导数；一个输入信号积分的时域响应等于该输入信号时域响应的积分。基于上述的性质，对线性定常系统只需要讨论一种典型信号的响应就可推知其他。因此，在以后对二阶系统和高阶系统的讨论中，主要研究系统的单位阶跃响应。

图 3.7　一阶系统的单位斜坡响应曲线

3.2.2　二阶系统时域分析

用二阶微分方程式描述的控制系统称为二阶系统。 在控制工程中，二阶系统非常普遍，如电机系统、小功率随动系统等，而且许多高阶系统在一定的条件下可用二阶系统近似等效。因此，着重研究二阶系统的特性及分析计算的方法具有较大的实际意义。

1. 二阶系统的数学模型

位置随动系统原理图如图 3.8 所示，系统中的负载角位移能跟随输入手柄角位移的变化而变化。图中两个线性电位器分别把输入和输出的角位移转变为与之成比例的电信号并

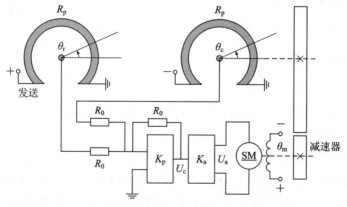

图 3.8　位置随动系统原理图

进行比较，其差值经过电压和功率放大器放大后给直流伺服电机供电，使之带动传动比为 j 的齿轮组合负载一起转动，以使角位移的误差减小到零。

设 J 和 f_0 分别为电动机轴上的等效转动惯量和等效阻尼系数，不考虑电动机电枢的电感和负载系数，则图 3.8 所示系统的框图如图 3.9 所示。

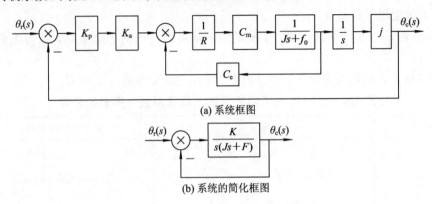

(a) 系统框图

(b) 系统的简化框图

图 3.9 位置随动系统框图

由图 3.9(b)可见，位置随动系统在简化情况下是一个二阶系统，由一个积分环节和一个惯性环节串联组成，其开环传递函数和闭环传递函数分别为

$$G(s) = \frac{K}{s(Js+F)} \tag{3.15}$$

$$\frac{\theta_c(s)}{\theta_r(s)} = \frac{K}{Js^2+Fs+K} \tag{3.16}$$

式中，阻尼系数 $F = f_0 + \dfrac{C_m C_e}{R}$，开环增益 $K = K_p K_a \dfrac{C_m j}{R}$。

为了使研究的结果具有普遍的意义，可将式(3.16)改写为二阶系统的标准形式，即

$$\frac{C(s)}{R(s)} = \frac{\omega_n^2}{s^2 + 2\zeta\omega_n s + \omega_n^2} \tag{3.17}$$

式中，ζ 为系统的阻尼比，ω_n 为系统的无阻尼自然振荡角频率。

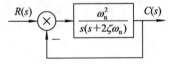

该标准形式的二阶系统框图如图 3.10 所示。

显然，任何一个具有类似于图 3.9(b)结构的二阶系统，它们的闭环传递函数都可以化成式(3.17)所示的标

图 3.10 标准形式的二阶系统框图

准形式。因此，只要分析标准形式二阶系统的性能与其参数 ζ、ω_n 的关系，就能方便地求得任何二阶系统的性能。

2. 二阶系统的单位阶跃响应

由式(3.17)可知，二阶系统的特征方程式为

$$s^2 + 2\zeta\omega_n s + \omega_n^2 = 0$$

其特征方程的特征根为

$$s_{1,2} = -\zeta\omega_n \pm \omega_n \sqrt{\zeta^2 - 1}$$

当 $\zeta > 1$ 时，$s_{1,2}$ 是两个不相等的负实根，称为**过阻尼二阶**

二阶系统的数学模型和
阶跃响应分析

系统。

当 $\zeta=1$ 时，$s_{1,2}$ 是两个相等的负实根，称为**临界阻尼**的二阶系统。过阻尼和临界阻尼的二阶系统实际可以看成是两个一阶系统的乘积，其阶跃响应均无振荡和超调。

当 $0<\zeta<1$ 时，$s_{1,2}$ 是一对实部为负的共轭复根，系统的单位阶跃响应呈现衰减振荡的特性，称为**欠阻尼**二阶系统。

当 $\zeta=0$ 时，$s_{1,2}$ 是一对纯虚根，系统的时间响应为持续的等幅振荡，称为**无阻尼**二阶系统。

二阶系统在不同的阻尼比下，根及根在 s 平面的分布如表 3.1 所示。

表 3.1　二阶系统不同阻尼比下根及根在 s 平面的分布

阻尼比	根	根在 s 平面上的分布
$\zeta>1$	$s_{1,2}=-\zeta\omega_n\pm\omega_n\sqrt{\zeta^2-1}$	
$\zeta=1$	$s_{1,2}=-\omega_n$	
$0<\zeta<1$	$s_{1,2}=-\zeta\omega_n\pm j\omega_n\sqrt{1-\zeta^2}$	
$\zeta=0$	$s_{1,2}=\pm j\omega_n$	

由表 3.1 可见，二阶系统特征根的性质与阻尼比 ζ 有关，当 ζ 为不同值时，所对应的单位阶跃响应会有不同的形式。下面分别研究欠阻尼、临界阻尼和过阻尼二阶系统的单位阶跃响应。

1）欠阻尼（$0<\zeta<1$）

欠阻尼二阶系统在实际中最为常见，由于 $0<\zeta<1$，则特征方程式为

$$s^2+2\zeta\omega_n s+\omega_n^2=0$$

其两个特征根为一对共轭复根，即

$$s_{1,2}=-\zeta\omega_n\pm j\omega_n\sqrt{1-\zeta^2}=-\zeta\omega_n\pm j\omega_d$$

式中，$\omega_d=\omega_n\sqrt{1-\zeta^2}$ 称为系统的阻尼振荡角频率。

当 $R(s)=\dfrac{1}{s}$ 时，由式(3.17)得

$$C(s)=\frac{\omega_n^2}{s^2+2\zeta\omega_n s+\omega_n^2}\cdot\frac{1}{s}=\frac{1}{s}-\frac{s+\zeta\omega_n}{(s+\zeta\omega_n)^2+\omega_d^2}-\frac{\zeta\omega_n}{(s+\zeta\omega_n)^2+\omega_d^2}$$

对上式进行拉氏反变换，求得单位阶跃响应为

$$c(t) = 1 - \mathrm{e}^{-\xi\omega_n t}\left(\cos\omega_d t + \frac{\zeta}{\sqrt{1-\zeta^2}}\sin\omega_d t\right)$$

$$= 1 - \frac{1}{\sqrt{1-\zeta^2}}\mathrm{e}^{-\zeta\omega_n t}\sin(\omega_d t + \beta) \quad (t \geqslant 0) \tag{3.18}$$

式中，$\beta = \arctan\dfrac{\sqrt{1-\zeta^2}}{\zeta} = \arccos\zeta$ 称为阻尼角。

式(3.18)表明，欠阻尼二阶系统的阶跃响应由两部分组成：稳态分量为 1，表明二阶系统在单位阶跃信号作用下不存在稳态误差；瞬态分量为随时间衰减振荡的过程，振荡频率为 ω_d。当 $\zeta = 0$ 时，系统具有一对共轭虚根 $s_{1,2} = \pm\mathrm{j}\omega_n$，对应的单位阶跃响应为

$$c(t) = 1 - \cos\omega_n t \tag{3.19}$$

式(3.19)表明系统在无阻尼时，其瞬态响应呈等幅振荡，振荡频率为 ω_n。不同阻尼比 ζ 值时的二阶系统单位阶跃响应曲线如图 3.11 所示。

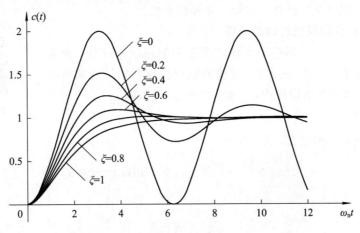

图 3.11　二阶系统单位阶跃响应曲线

2）临界阻尼($\zeta=1$)

当 $\zeta=1$ 时，系统具有两个相等的负实根，即 $s_{1,2} = -\omega_n$。此时系统输出的拉氏变换为

$$c(s) = \frac{\omega_n^2}{s(s+\omega_n)^2} = \frac{1}{s} - \frac{\omega_n}{(s+\omega_n)^2} - \frac{1}{s+\omega_n}$$

对上式进行拉氏反变换，得临界阻尼二阶系统的单位阶跃响应为

$$c(t) = 1 - \mathrm{e}^{-\omega_n t}(1 + \omega_n t) \quad (t \geqslant 0) \tag{3.20}$$

式(3.20)表明系统的瞬态响应是一条单调上升的指数曲线。

3）过阻尼($\zeta>1$)

当 $\zeta>1$ 时，系统具有两个不相等的负实根，即 $s_{1,2} = -\zeta\omega_n \pm \omega_n\sqrt{\zeta^2-1}$。此时系统输出的拉氏变换为

$$C(s) = \frac{\omega_n^2}{s(s^2 + 2\zeta\omega_n + \omega_n^2)} = \frac{A_1}{s} + \frac{A_2}{s + \zeta\omega_n - \omega_n\sqrt{\zeta^2-1}} + \frac{A_3}{s + \zeta\omega_n + \omega_n\sqrt{\zeta^2-1}}$$

对上式进行拉氏反变换，得过阻尼二阶系统的单位阶跃响应为

$$c(t) = 1 + A_2\mathrm{e}^{-(\zeta - \sqrt{\zeta^2-1})\omega_n t} + A_3\mathrm{e}^{-(\zeta + \sqrt{\zeta^2-1})\omega_n t} \quad (t \geqslant 0) \tag{3.21}$$

式中，$A_1 = 1$，$A_2 = \dfrac{-1}{2\sqrt{\zeta^2-1}(\zeta-\sqrt{\zeta^2-1})}$，$A_3 = \dfrac{1}{2\sqrt{\zeta^2-1}(\zeta+\sqrt{\zeta^2-1})}$。

式(3.21)表明二阶系统在过阻尼时的单位阶跃响应也是一条单调上升的指数曲线，但其响应速度比临界阻尼时缓慢。曲线上有一拐点，如图 3.12 所示。随着 ζ 值的增大，极点 s_1 向虚轴靠近，极点 s_2 则远离虚轴。这样，极点 s_2 所对应瞬态分量的衰减速度远快于极点 s_1 所对应瞬态分量的衰减速度，故此时二阶系统的瞬态响应主要由极点 s_1 确定，因而二阶系统可视为一阶系统。

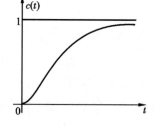

图 3.12　二阶系统 $(\zeta > 1)$ 单位阶跃响应曲线

由此可见：

(1) 当 $\zeta = 0$ 时，系统不能正常工作，输出为等幅振荡。

(2) 当 $\zeta \geqslant 1$ 时，系统响应过程较慢，输出为单调上升。

(3) 当 $0 < \zeta < 1$ 时，系统能稳定工作，响应时间也较快，输出为衰减振荡，此时系统最具有实际意义和代表性。

3. 二阶系统欠阻尼时的动态分析

在控制工程中，除了那些不容许产生振荡响应的系统外，通常都希望控制系统具有适度的阻尼、较快的响应速度和较短的调节时间，因此，在二阶系统的设计中，一般取 $\zeta = 0.4 \sim 0.8$。

二阶系统动态分析 1

1) 上升时间 t_r

根据上升时间 t_r 的定义，得

$$c(t_r) = 1 - \frac{1}{\sqrt{1-\zeta^2}} e^{-\zeta\omega_n t_r} \sin(\omega_d t + \beta) = 1$$

由上式求得

$$t_r = \frac{\pi - \beta}{\omega_d} \tag{3.22}$$

式中，$\beta = \arctan\dfrac{\sqrt{1-\zeta^2}}{\zeta}$，即阻尼比 ζ 一定，阻尼角 β 不变时，系统的响应速度与阻尼振荡频率 ω_d 成反比；而当阻尼振荡角频率 ω_d 一定时，阻尼比越小，上升时间越短。

2) 峰值时间 t_p

将式(3.18)对 t 求导，并令其导数等于零，即

$$\frac{dc(t)}{dt} = -\frac{1}{\sqrt{1-\zeta^2}}[-\zeta\omega_n e^{-\zeta\omega_n t_p} \sin(\omega_d t_p + \beta) + \omega_d e^{-\zeta\omega_n t_p} \cos(\omega_d t_p + \beta)] = 0$$

化简上式，求得

$$\tan(\omega_d t_p + \beta) = \frac{\sqrt{1-\zeta^2}}{\zeta}$$

因为 $\tan\beta = \dfrac{\sqrt{1-\zeta^2}}{\zeta}$，所以 $\omega_d t_p = \pi, 2\pi, 3\pi, \cdots$，峰值时间是其中最小的解，故有

$$t_p = \frac{\pi}{\omega_d} \tag{3.23}$$

显然峰值时间 t_p 与系统的阻尼振荡角频率 ω_d 成反比。

3) 超调量 $M_p\%$

由式(3.18)、式(3.23)得

$$c(t_p) = 1 - \frac{1}{\sqrt{1-\zeta^2}} e^{-\frac{\pi\zeta}{\sqrt{1-\zeta^2}}} \sin(\pi + \beta)$$

按超调量的定义有

$$M_p\% = c(t_p) - 1 = e^{-\frac{\pi\zeta}{\sqrt{1-\zeta^2}}} \times 100\% \qquad (3.24)$$

即超调量 $M_p\%$ 只是阻尼比 ζ 的函数,而与无阻尼自然振荡角频率 ω_n 无关,阻尼比越大超调量越小,如图 3.13 所示。其中 $\zeta = 0.707$ 称为最佳阻尼比,此时 $M_p\% = 4.3\% < 5\%$。

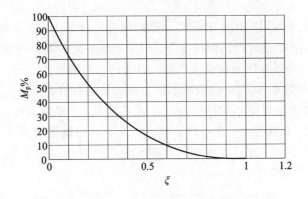

图 3.13　欠阻尼下的 $M_P\%$ 与 ζ 的关系

4) 调节时间 t_s

对于欠阻尼二阶系统单位阶跃响应式(3.18),其指数曲线是对称于 $c(\infty) = 1$ 的一对包络线,如图 3.14 所示。

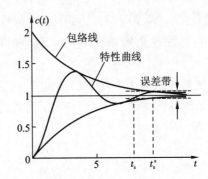

图 3.14　欠阻尼二阶系统单位阶跃响应的指数曲线

则调节时间的计算公式为

$$t_s = \frac{3}{\zeta\omega_n},\ \text{误差带}\ \Delta = \pm 5\% \qquad (3.25)$$

$$t_s = \frac{4}{\zeta\omega_n},\ \text{误差带}\ \Delta = \pm 2\% \qquad (3.26)$$

即调节时间与特征根的实部值成反比,在阻尼比一定的条件下,与自然振荡角频率成反比。

5）稳态误差 e_{ss}

根据稳态误差的定义，图 3.10 所示的二阶系统的误差为

$$E(s)=\frac{1}{1+G(s)}R(s)=\frac{s(s+2\zeta\omega_n)}{s^2+2\zeta\omega_n s+\omega_n^2}R(s)$$

在单位阶跃信号 $r(t)=1$ 作用下，稳态误差为零，即

$$e_{ss}=\lim_{s\to0}sE(s)=\lim_{s\to0}s\frac{s(s+2\zeta\omega_n)}{s^2+2\zeta\omega_n s+\omega_n^2}\frac{1}{s}=0$$

若令输入为单位斜坡信号 $r(t)=t$，则

$$e_{ss}=\lim_{s\to0}sE(s)=\frac{2\zeta}{\omega_n} \tag{3.27}$$

为有差系统，稳态误差与阻尼比 ζ 成正比，与 ω_n 成反比。当阻尼比 ζ 减小时，稳态精度提高，但超调量增加，系统过渡的稳定性变差。可见控制系统的动态性能和稳态性能互相矛盾，解决这一矛盾的有效办法是在系统中加入合适的校正装置。

二阶振荡环节参数 ζ、ω_n 与单位阶跃响应特性的关系总结如下：

二阶系统动态分析 2

（1）平稳性：增大阻尼比 ζ，超调量减小，振荡减弱，平稳性变好；反之，减小阻尼比 ζ，振荡变强，平稳性变差。$\zeta<0.7$ 时超调量和调节时间会明显增大；$\zeta=0$ 时，特征方程有一对共轭虚根 $s_{1,2}=\pm j\omega_n$，响应为振荡频率是 ω_n 的等幅振荡。

（2）快速性：在一定阻尼比条件下，因为 $\omega_d=\omega_n\sqrt{1-\zeta^2}$，$\omega_n$ 越大，振荡频率 ω_d 也越高，响应速度加快，因此增大自然振荡频率对提高系统的快速性是有利的。ζ 过大，例如当 ζ 接近 1 时，系统响应迟钝，调节时间 t_s 长，快速性差；ζ 过小，虽然响应的起始速度快，但振荡强烈，超调量大且瞬态过程衰减缓慢，调节时间也长。

快速性和稳定性是一对矛盾的特性。当取 $\zeta=0.707$ 时，二者可以得到较好的折中，这时超调量 $M_p\%=4.3\%<5\%$，调节时间 t_s 达到最短，故称 $\zeta=0.707$ 为最佳阻尼比。而且，对于给定的 ζ，无阻尼自然振荡角频率 ω_n 越大，调节时间 t_s 就越短，而超调量 M_p 指标不变。

另外，二阶振荡系统对阶跃输入不存在稳态误差。

例 3.1 某负反馈系统框图如图 3.15(a)所示，系统的单位阶跃响应曲线如图 3.15(b)所示。试求系统的参数 K、T、α。

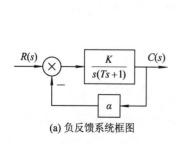

(a) 负反馈系统框图

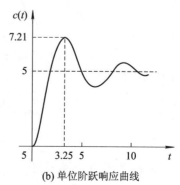

(b) 单位阶跃响应曲线

图 3.15　负反馈系统框图及其单位阶跃响应曲线

解　负反馈系统的闭环传递函数为

$$\Phi(s)=\frac{\dfrac{K}{s(Ts+1)}}{1+\dfrac{K\alpha}{s(Ts+1)}}=\frac{K}{Ts^2+s+K\alpha}=\frac{\dfrac{K}{T}}{s^2+\dfrac{1}{T}s+\dfrac{K\alpha}{T}}$$

与二阶系统标准传递函数比较,可见

$$\frac{\alpha K}{T}=\omega_n^2,\quad \frac{1}{T}=2\zeta\omega_n$$

由图 3.15(b)可见,系统单位阶跃响应的稳态值为 5,应用终值定理有

$$c_{ss}=\lim_{s\to 0}s\,\frac{\dfrac{K}{T}}{s^2+\dfrac{1}{T}s+\dfrac{K\alpha}{T}}\,\frac{1}{s}=\lim_{s\to 0}\frac{\dfrac{K}{T}}{s^2+\dfrac{1}{T}s+\dfrac{K\alpha}{T}}=\frac{1}{\alpha}=5$$

则得到反馈系数 $\alpha=0.2$。另由图 3.15(b)可见,系统的超调量为

$$M_p\%=e^{-\frac{\zeta\pi}{\sqrt{1-\zeta^2}}}\times100\%=\frac{7.21-5}{5}=44.2\%$$

由此得到系统阻尼比 $\zeta=0.252$。系统的峰值时间为

$$t_p=\frac{\pi}{\omega_n\sqrt{1-\zeta^2}}=3.25\ \text{s}$$

由此得到系统无阻尼自然振荡角频率 $\omega_n=1$。从而求得系统参数 $K=9.9$、$T=1.98$。

4. 二阶系统性能的改善

在改善二阶系统性能的方法中,比例-微分控制和测速反馈控制是两种常用的方法。

1) 比例-微分控制

采用比例-微分控制的二阶系统框图如图 3.16 所示。图中 $E(s)$ 为误差信号,τ_d 为微分时间常数。由图可见,系统的输出量同时受误差信号及其速率的双重作用。因此,比例-微分控制是一种早期控制,可以在出现误差位置前,提前产生修正作用,从而达到改善系统性能的目的。

二阶系统的动态
性能改善

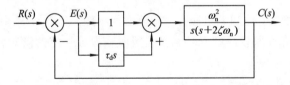

图 3.16　采用比例-微分控制的二阶系统框图

图 3.16 所示系统的开环传递函数为

$$G(s)=\frac{C(s)}{E(s)}=\frac{K(\tau_d s+1)}{s\left(\dfrac{s}{2\zeta\omega_n}+1\right)} \tag{3.28}$$

式中,开环增益 $K=\omega_n/2\zeta$。它与标准二阶系统的开环增益相同,其闭环传递函数为

$$\frac{C(s)}{R(s)}=\frac{\omega_n^2(\tau_d s+1)}{s^2+2\zeta_d\omega_n s+\omega_n^2} \tag{3.29}$$

式中，ζ_d 为等效阻尼比，$\zeta_d = \zeta + \dfrac{\tau_d \omega_n}{2}$。

因此，可以得到以下结论：

（1）比例-微分控制可以不改变自然振荡角频率 ω_n，但可增大系统的阻尼比。

（2）由于 $\zeta_d = \zeta + \dfrac{\tau_d \omega_n}{2}$，因此可通过适当选择微分时间常数 τ_d，改变 ζ_d 阻尼的大小。

（3）$K = \omega_n / 2\zeta$，由于 ζ 与 ω_n 均与 K 有关，所以应适当选择开环增益，以使系统在斜坡输入信号输入时的稳态误差减小，单位阶跃信号输入时有满意的动态性能（响应快速、超调小）。这种控制方法工业上称为 PD 控制，由于 PD 控制相当于给系统增加一个闭环零点，即 $-z = -\dfrac{1}{\tau_d}$，故比例-微分控制的二阶系统称为有零点的二阶系统。

（4）由于微分时对噪声有放大作用（高频噪声），所以输入噪声较大时，不宜采用这种控制方法。

比例-微分控制可用 RC 网络或模拟运算放大器带外围电路来实现，如果是数字系统则可用软件来实现。

例 3.2 设单位反馈系统开环传递函数为

$$G(s) = \frac{K(\tau_d s + 1)}{s(1.67s + 1)}$$

式中，K 为开环增益。已知系统在单位斜坡信号输入时，稳态误差 $e_{ss}(\infty) \leqslant 0.2$ rad，$\zeta_d = 0.5$，试确定 K 与 τ_d 的数值，并定性分析在阶跃信号输入作用下系统的动态性能。

解 根据稳态误差 $e_{ss}(\infty) = 1/K \leqslant 0.2$ rad 的要求，取 $K = 5$。设 $\tau_d = 0$，可得无零点二阶系统闭环特征方程式为

$$s^2 + 0.6s + 3 = 0$$

因此得 $\zeta = 0.173$，$\omega_n = 1.732$ rad/s。此时，系统单位阶跃响应的动态性能指标为

$$t_r = 1.02 \text{ s}, \quad t_p = 1.84 \text{ s}, \quad M_p\% = 57.6\%, \quad t_s = 11.7 \text{ s}$$

当 $\tau_d \neq 0$ 时，$\zeta_d = 0.5$，由式(3.29)可知：

$$\tau_d = \frac{1}{z} = \frac{2(\zeta_d - \zeta)}{\omega_n} = 0.38 \text{ s}$$

此时，系统的阻尼比增大，使超调量减小，调节时间缩短，且不影响系统的自然频率。由于采用微分控制后，允许选取较高的开环增益，因而在保证一定的动态性能下减小了系统的稳态误差。

2）测速反馈控制

输出量的导数同样可以用来改善系统的性能，将输出的速度信号反馈到系统的输入端，并与误差信号比较，其效果与比例-微分控制相似，可以通过增大系统阻尼来改善系统的性能。

采用测速反馈控制的二阶系统如图 3.17 所示，图中 $E(s)$ 为误差信号，K_d 为微分时间常数。由图可见，系统的输出量同时受误差信号及其速率的双重作用。因此，比例-微分控制是一种早期控制，可以在出现误差位置前，提前产生修正作用，从而达到改善系统性能的目的。

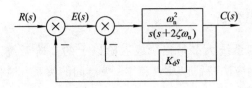

图 3.17　采用测速反馈控制的二阶系统

图 3.17 所示系统的开环传递函数为

$$G(s) = \frac{C(s)}{E(s)} = \frac{\omega_n^2}{s(s + 2\zeta\omega_n + \omega_n^2 K_d)} = \frac{\dfrac{\omega_n}{2(\zeta + \omega_n K_d/2)}}{s\left[\dfrac{s}{2(\zeta + \omega_n K_d/2)\omega_n} + 1\right]} \tag{3.30}$$

式中，开环增益 $K = \dfrac{\omega_n}{2(\zeta + \omega_n K_d/2)}$。

系统的闭环传递函数为

$$\frac{C(s)}{R(s)} = \frac{\omega_n^2}{s^2 + 2(\zeta + K_d\omega_n/2)\omega_n s + \omega_n^2} = \frac{\omega_n^2}{s^2 + 2\zeta_t\omega_n s + \omega_n^2} \tag{3.31}$$

式中，ζ_t 为等效阻尼比，$\zeta_t = \zeta + \dfrac{K_d\omega_n}{2}$。

显然，和没有引入速度负反馈时的系统相比，引入速度负反馈后，系统的阻尼比增大了，可见，$K_d s$ 的设置改善了系统的平稳性，亦可在原系统阻尼较小的情况下实现过阻尼，从而消除振荡。

通过以上分析可得出以下结论：

(1) 由式(3.30)知，速度反馈会降低系统的开环增益，从而加大系统在斜坡输入时的稳态误差。

(2) 由式(3.31)知，速度反馈不影响系统的自然振荡频率。

(3) 速度反馈可增大系统的阻尼比。

(4) 测速反馈不形成闭环零点。

例 3.3　有一个位置随动系统，其结构图如图 3.18(a)所示，其中 $K = 4$。求：

(1) 系统的 ω_n、ζ、M_p 和 t_s；

(2) 若要求 $\zeta = 0.707$，应怎样改变系统的放大系数 K 值？

(3) 若 $K = 4$ 不变，要使 $M_p \leqslant 5\%$，引入微分负反馈，如图 3.18(b)所示，则 τ 应为多少？

例 3.3 解答

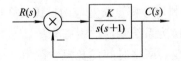 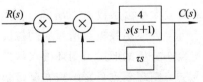

(a) 位置随动系统结构图　　(b) 引入微分负反馈的位置随动系统的结构图

图 3.18　例 3.3 图

3.2.3　高阶系统时域分析

高阶系统的
阶跃响应

在工程实际中，控制系统大多是三阶或三阶以上的高阶系统。所以，了解高阶系统时域响应的特征以及它和零、极点间的关系，将有助于对控制系统的分析和综合。

1. 高阶系统的阶跃响应

设 n 阶系统的闭环传递函数为

$$\frac{C(s)}{R(s)} = \frac{b_0 s^m + b_1 s^{m-1} + \cdots + b_{m-1} s + b_m}{a_0 s^n + a_1 s^{n-1} + \cdots + a_{n-1} s + a_n} \quad (n \geqslant m) \tag{3.32}$$

如果式(3.32)用零、极点的形式表达，则

$$\frac{C(s)}{R(s)} = \frac{K^*(s + z_1)(s + z_2)\cdots(s + z_m)}{(s + p_1)(s + p_2)\cdots(s + p_n)} = \frac{K^* \prod\limits_{j=1}^{m}(s + z_j)}{\prod\limits_{i=1}^{n}(s + p_i)} \quad (n \geqslant m) \tag{3.33}$$

式中，$-z_j$ 为闭环零点，$-p_i$ 为闭环极点，它们或者是实数根，或者是共轭成对出现的复根，$K^* = b_0/a_0$ 称为根轨迹增益。假设系统所有的零、极点互不相同，这在实际工程问题中并不失一般性。

设系统的输入信号为单位阶跃信号，则有

$$C(s) = \frac{K^* \prod\limits_{i=1}^{m}(s + z_i)}{s \prod\limits_{j=1}^{q}(s + p_j) \prod\limits_{k=1}^{r}(s^2 + 2\zeta_k \omega_{nk} s + \omega_{nk}^2)} \quad (n \geqslant m) \tag{3.34}$$

式中，$n = q + 2r$，q 为实数极点的个数，r 为复数极点的个数。

将式(3.34)用部分分式展开得

$$C(s) = \frac{A_0}{s} + \sum_{j=1}^{q} \frac{A_j}{s + p_j} + \sum_{k=1}^{r} \frac{B_k(s + \zeta_k \omega_{nk}) + C_k \omega_{nk} \sqrt{1 - \zeta_k^2}}{s^2 + 2\zeta_k \omega_{nk} s + \omega_{nk}^2}$$

对上式取拉氏反变换，系统的阶跃响应为

$$c(t) = A_0 + \sum_{j=1}^{q} A_j e^{-p_j t} + \sum_{k=1}^{r} B_k e^{-\zeta_k \omega_{nk} t} \cos\omega_{nk}\sqrt{1 - \zeta_k^2}\, t$$

$$+ \sum_{k=1}^{r} C_k e^{-\zeta_k \omega_{nk} t} \sin\omega_{nk} \sqrt{1 - \zeta_k^2}\, t \quad (t \geqslant 0) \tag{3.35}$$

由式(3.35)可知：

（1）高阶系统的时域响应瞬态分量是由一阶惯性环节和二阶振荡环节的响应分量合成，各分量的对应大小由系数 A_j、B_k 和 C_k 决定。控制信号极点所对应的拉氏反变换为系统响应的稳态分量，传递函数极点所对应的拉氏反变换为系统响应的瞬态分量。

（2）系统瞬态分量的形式由闭环极点的性质决定，调整时间的长短主要取决于最靠近虚轴的闭环极点，闭环零点只影响瞬态分量幅值的大小和正负极性。

（3）如果所有闭环极点均具有负实部，则所有的瞬态分量将随着时间的增长而不断衰减，当时间 $t \to \infty$ 时，输出只剩下由控制信号极点所对应的稳态分量 A_0 项，说明系统过渡过程结束后，系统的被控制量仅与控制量有关。闭环极点均位于 s 左半平面系统，称为稳

定系统。

（4）如果闭环极点中有一对（或一个）极点距离虚轴最近，且其附近没有闭环零点，而其他闭环极点与虚轴的距离都比该极点与虚轴距离大 5 倍以上，则称此对极点为**系统的主导极点**。

例 3.4　已知一高阶系统的闭环传递函数为

$$\frac{C(s)}{R(s)} = \frac{5(s+2)(s+3)}{(s+4)(s^2+2s+2)}$$

试求：

（1）单位阶跃响应；

（2）当改变其闭环传递函数，使实数极点 $p_1 = -4$ 靠近虚轴时，将极点改为 $p_1 = -0.5$，但增益因子不变时的单位阶跃响应；

（3）当改变其闭环传递函数，使实数零点 $z_1 = -2$ 靠近虚轴时，将零点改为 $z_1 = -1$，但增益因子不变时的单位阶跃响应。

解　（1）当 $R(s) = \frac{1}{s}$ 时，系统输出量的拉氏变换式为

$$C(s) = \frac{5(s+2)(s+3)}{s(s+4)(s^2+2s+2)}$$

采用部分分式法，并经过拉氏反变换，求得高阶系统的单位阶跃响应为

$$c(t) = \frac{1}{4}\left[12 - e^{-4t} - 10\sqrt{2}e^{-t}\cos(t + 352°)\right]$$

其单位阶跃响应如图 3.19 中的曲线 1 所示。

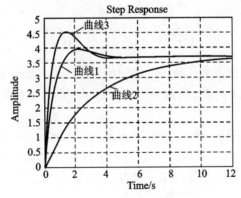

图 3.19　高阶系统的单位阶跃响应

（2）当实数极点 $p_1 = -4$ 改为 $p_1 = -0.5$ 时，系统的闭环传递函数为

$$\frac{C(s)}{R(s)} = \frac{0.625(s+2)(s+3)}{(s+0.5)(s^2+2s+2)}$$

其单位阶跃响应如图 3.19 中的曲线 2 所示，可见系统响应速度变慢，没有超调了，即闭环极点增大了系统的阻尼。

（3）当实数零点 $z_1 = -2$ 改为 $z_1 = -1$ 时，系统的闭环传递函数为

$$\frac{C(s)}{R(s)} = \frac{10(s+1)(s+3)}{(s+4)(s^2+2s+2)}$$

其单位阶跃响应如图 3.19 中的曲线 3 所示，当闭环零点靠近虚轴时，使系统响应速度加

快，超调量增大，即闭环零点的大小影响了系统的阻尼。

2. 闭环主导极点

在高阶系统中，把那些距离虚轴最近且附近没有闭环零点的闭环极点称为主导极点。主导极点可以是实数极点，也可以是共轭复数极点，或者是它们的组合。在实际工程中，除主导极点外，如果其他极点的实部比主导极点的实部大 $4 \sim 5$ 倍，或者它们附近有闭环零点存在，则这些闭环极点对系统动态响应的影响都可以忽略不计。

在控制工程中，主导极点往往被设置成一对共轭复数极点，以使系统具有较高的响应速度和适当的阻尼。

例 3.5 已知一系统的闭环传递函数为

$$\frac{C(s)}{R(s)} = \frac{30}{(s+15)(s^2+2s+2)}$$

求系统的输出。

解 该系统有一对靠近虚轴的复数极点 $s_{1,2} = -1 \pm \text{j}1$ 和一个远离坐标原点的实轴点 $s_s = -15$。

在单位阶跃输入下，系统输出量的拉氏变换式为

$$C(s) = \frac{30}{s(s+15)(s^2+2s+2)}$$

由拉氏反变换得

$$c(t) = 1 - 0.01\text{e}^{-15t} - 1.51\text{e}^{-t}\cos(t-49.07°)$$

显然，由极点 $s_s = -15$ 所产生的瞬态分量不仅幅值小，而且衰减快，因而对系统输出响应的影响很小，可忽略不计。于是，系统的输出可近似用下式来表示：

$$c(t) = 1 - 1.51\text{e}^{-t}\cos(t-49.07°)$$

3. 闭环偶极子

如果某对靠近的闭环极点和闭环零点之间的距离比起它们与其他零、极点之间的距离小一个数量级，则称该对闭环零、极点为闭环偶极子。远离坐标原点的偶极子对系统响应的影响很小。

应用主导极点和偶极子的概念，在分析系统时可以将高阶系统近似成低阶系统来处理。同样，在系统设计中，除了通过设置系统的主导极点来规定系统的性能外，还常常通过设置闭环偶极子来削弱特性不佳的闭环极点对系统性能的影响。

3.3 线性系统稳定性分析

稳定是自动控制系统正常运行的必要条件，也是系统的一个重要性能。分析系统的稳定性及如何使系统稳定运行是控制系统设计的基本任务之一。

3.3.1 稳定性的基本概念

1. 稳定的概念

设一线性定常系统原处于某一平衡状态，当受到扰动作用（如负载的变化、电网电压

的波动等)时，系统输出偏离了原来的平衡状态，但扰动消失后，在经过足够长的时间后能恢复原来的平衡状态，则称系统是稳定的(或称系统具有稳定性)，如图 3.20(a)所示。反之，当扰动消失后，偏离量随着时间的推移不断增大，系统不能回到原来的平衡状态，则称系统是不稳定的，如图 3.20(b)所示。

稳定性的基本概念

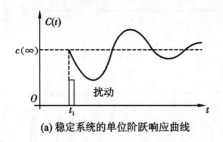
(a) 稳定系统的单位阶跃响应曲线

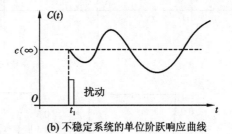
(b) 不稳定系统的单位阶跃响应曲线

图 3.20　稳定与不稳定系统的单位阶跃响应曲线

造成控制系统不稳定的物理因素主要是系统中存在各种不同性质的惯性环节(如机械惯性、电磁惯性等)或延迟环节(如晶闸管触发、齿轮传动间隙等)，使信号传输产生时间上的滞后，形成正反馈，从而使系统由稳定变成不稳定。

2. 系统稳定的充分必要条件

基于上述，稳定性反映了系统在扰动撤销后的自恢复能力，可用系统的单位脉冲响应来描述这种特性。设系统的初始状态为零，在单位理想脉冲函数作用下，其输出响应为 $g(t)$，它表示在扰动作用下，系统输出量偏离了原有平衡状态的情况。如果系统的单位脉冲响应 $g(t)$ 是收敛的，即 $\lim\limits_{t \to 0} g(t) = 0$，则表示系统能回到原来的平衡状态，即该系统是稳定的。由此可见，系统的稳定性与其脉冲响应函数的收敛性是相一致的。

当 $r(t) = \delta(t)$，$R(s) = 1$ 时，$c(t) = g(t)$，则式(3.34)可改写为

$$G(s) = C(s) = \frac{K^* \prod\limits_{i=1}^{m}(s + z_i)}{\prod\limits_{j=1}^{q}(s + p_j) \prod\limits_{k=1}^{r}(s^2 + 2\zeta_k \omega_{nk} s + \omega_{nk}^2)}$$

把上式用部分分式展开，并对其进行拉氏反变换后得

$$g(t) = \sum_{j=1}^{q} A_j \mathrm{e}^{-p_j t} + \sum_{k=1}^{r} B_k \mathrm{e}^{-\zeta_k \omega_{nk} t} \cos \omega_{nk} \sqrt{1 - \zeta_k^2}\, t +$$
$$\sum_{k=1}^{r} C_k \mathrm{e}^{-\zeta_k \omega_{nk} t} \sin \omega_{nk} \sqrt{1 - \zeta_k^2}\, t \quad (t \geqslant 0)$$

由此可见：

(1) 当 $-p_j$、$-\zeta_k \omega_{nk}$ 均为负数时，$g(\infty) = 0$ 为收敛的。即当系统特征方程的根均为负实根，或共轭复根具有负的实部时，系统在扰动消失后能恢复到原平衡状态(零状态)，则系统是稳定的。

(2) 当 $-p_j$ 或 $-\zeta_k \omega_{nk}$ 中有一个为正数(正实根，或共轭复根具有正的实部)时，$g(t)$ 是发散的，则系统不稳定。

（3）当$-\zeta_k\omega_{nk}=0$（一对纯虚根），或$-p_j=0$时，$g(t)$为等幅振荡，或$g(t)=A_j$（不回到原来的平衡状态），则系统为临界稳定（临界稳定视为不稳定）。

系统的闭环极点与单位脉冲响应曲线的关系如图 3.21 所示。

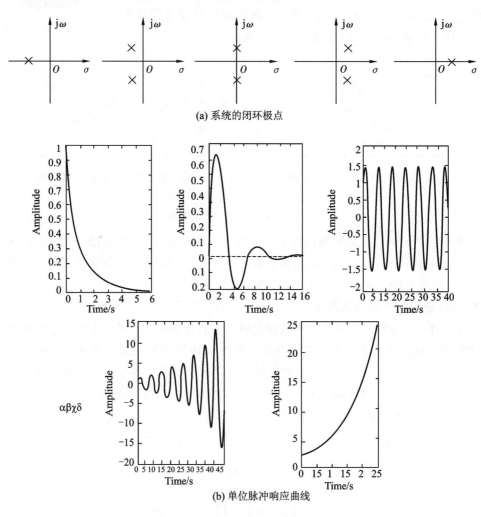

图 3.21　系统的闭环极点与单位脉冲响应曲线的关系

由此可见，**控制系统稳定与否完全取决于其本身的结构和参数，**即取决于系统特征方程式根实部的符号，与初始条件、输入信号均无关。

综合上述分析可得出线性系统稳定的充分必要条件为：**系统的所有特征根均具有负实部；或者说所有特征根均位于 s 左半平面，即 $\text{Re}[s_i]<0(i=1,2,\cdots,n)$。**

如果根据稳定的充分必要条件判别线性系统的稳定性，需要解出系统的全部特征根。但对于高阶系统，求根工作量很大。所以一般不用直接求特征根的方法，而用一种间接判别系统特征根是否具有全部负实根的方法，这种方法称为代数稳定判据。

3.3.2　劳斯(Routh)稳定判据

代数稳定判据是一种利用特征方程的系数，根据代数运算来确定特征方程根在 s 平面的位置，并判断系统稳定性的方法。代数稳定判据有劳斯(Routh)稳定判据和古尔维茨(Hurwith)稳定判据两种。这里仅介绍劳斯(Routh)稳定判据。

设系统特征方程为

$$a_0 s^n + a_1 s^{n-1} + \cdots + a_{n-1} s + a_n = 0$$

将上式中的各项系数，按下面的格式排成劳斯表：

劳斯稳定判据 1

$$
\begin{array}{cccccc}
s^n & a_0 & a_2 & a_4 & a_6 & \cdots \\
s^{n-1} & a_1 & a_3 & a_5 & a_7 & \cdots \\
s^{n-2} & b_1 & b_2 & b_3 & b_4 & \cdots \\
s^{n-3} & c_1 & c_2 & c_3 & c_4 & \cdots \\
\vdots & \vdots & \vdots & & & \\
s^2 & e_1 & e_2 & & & \\
s^1 & f_1 & & & & \\
s^0 & g_1 & & & &
\end{array}
$$

表中：

$$b_1 = \frac{a_1 a_2 - a_0 a_3}{a_1}, \ b_2 = \frac{a_1 a_4 - a_0 a_5}{a_1}, \ b_3 = \frac{a_1 a_6 - a_0 a_7}{a_1}, \ \cdots;$$

$$c_1 = \frac{b_1 a_3 - a_1 b_2}{b_1}, \ c_2 = \frac{b_1 a_5 - a_1 b_3}{b_1}, \ c_3 = \frac{b_1 a_7 - a_1 b_4}{b_1}, \ \cdots$$

用同样的方法求取表中其余行的系数，一直到 $n+1$ 行排完为止。劳斯稳定判据是根据劳斯表第一列系数符号的变化，去判别特征方程式的根在 s 平面上的位置。

(1) 特征方程式所有的根均在 s 平面的左半部分，即系统稳定的充要条件是：

① 特征方程式所有的系数都大于零(正值)；

② 劳斯表的第一列系数都为正(符号没有变化)。

例 3.6　已知系统的特征方程为

$$s^3 + 15s^2 + 50s + 20 = 0$$

试用劳斯稳定判据判别该系统的稳定性。

解　列劳斯表如下：

$$
\begin{array}{ccc}
s^3 & 1 & 50 \\
s^2 & 15 & 20 \div 5 \\
s^1 & \dfrac{3 \times 50 - 1 \times 4}{3} = \dfrac{146}{3} & 0 \\
s^0 & 4 &
\end{array}
$$

由于特征方程的系数大于零，且劳斯表第一列系数的符号没有变化，故该闭环系统是稳定的。

(2) 特征方程式的实部为正实根的数目等于劳斯表中第一列的系数符号改变的次数。

例 3.7　设系统特征方程为

$$s^4 + 2s^3 + 3s^2 + 4s + 5 = 0$$

试用劳斯判据判断该系统的稳定性，并确定正实部根的数目。

解　列劳斯表如下：

$$
\begin{array}{llll}
s^4 & 1 & 3 & 5 \\
s^3 & 2 & 4 & 0 \\
s^2 & \dfrac{2\times3-1\times4}{2}=1 & \dfrac{2\times5-1\times0}{2}=5 & 0 \\
s^1 & \dfrac{1\times4-2\times5}{1}=-6 & 0 & 0 \\
s^0 & \dfrac{-6\times5-1\times0}{-6}=5 & 0 & 0
\end{array}
$$

由劳斯表可见，特征方程式的系数大于零，但劳斯表第一列系数的符号变化了两次，故闭环系统是不稳定的，在 s 右半平面有两个根存在。

（3）如果劳斯表中某行第一列的系数出现零，其余各项中的系数不为零，用 ε（有限小的正数）代替零的那一项，并继续完成劳斯表。

① 当 ε 上下行符号相反，称一次符号变化。符号变化次数等于闭环系统 s 右半平面根的个数；

② 当 ε 上下行符号不变，则闭环系统有一对纯虚根存在，闭环系统临界稳定。

所以，当劳斯表中某行第一列的系数出现零时，闭环系统是不稳定的。

例 3.8　设系统的特征方程为

$$s^4+2s^3+s^2+2s+1=0$$

试判定系统的稳定性，并确定系统右半复平面上特征根的个数。

劳斯稳定判据 2

解　列劳斯表如下：

$$
\begin{array}{lll}
s^4 & 1 & 1 & 1 \\
s^3 & 2 & 2 \\
s^2 & \varepsilon(\approx0) & 1 \\
s^1 & 2-\dfrac{2}{\varepsilon} \\
s^0 & 1
\end{array}
$$

当 ε 趋近于零时，劳斯表第一列 ε 上下行系数的符号改变了两次，故该系统特征方程式有两个根具有正实部，系统是不稳定的。

例 3.9　设系统的特征方程为

$$s^3+2s^2+s+2=0$$

试判定系统的稳定性，并确定系统右半复平面上特征根的个数。

解　列劳斯表如下：

$$
\begin{array}{lll}
s^3 & 1 & 1 \\
s^2 & 2 & 2 \\
s^1 & \varepsilon \\
s^0 & 2
\end{array}
$$

当 ε 趋近于零时，劳斯表第一列 ε 上下行系数的符号不变，故该系统有一对纯虚根存在，系统临界稳定，即系统不稳定。

若把上述方程分解为因式相乘形式，即有
$$(s^2+1)(s+2)=0$$
求得方程的根为 $s_{1,2}=\pm j1$，$s_3=-2$，这与劳斯判据所得结论是相吻合的。

（4）如果劳斯表中某行系数都为零，或只有等于零的一项，表明特征方程式具有对称原点的实根和（或）共轭虚根存在，闭环系统是不稳定的。对劳斯表的处理过程如下：

① 将不为零的最后一行各系数组成辅助多项式 $P(s)$；

② 求 $P(s)$ 对 s 的导数，并将其系数构成新的一行代替全为零的那一行，继续完成劳斯表；

③ 由 $P(s)=0$ 求得对称原点的根。

例 3.10　设系统的特征方程为
$$s^6+s^5+6s^4+5s^3+9s^2+4s+4=0$$
判定系统的稳定性，并确定系统右半复平面上特征根的个数。

解　列劳斯表如下：

s^6	1	6	9	4
s^5	1	5	4	
s^4	1	5	4	
s^3	0	0		
	↓	↓		
	4	10		
s^2	2.5	4		
s^1	3.6			
s^0	4			

由劳斯表可看出，s^3 行的各项全部为零。为了求出 $s^3 \sim s^0$ 各项，将 s^4 行的元素作为系数构成的辅助方程为
$$P(s)=s^4+5s^2+4=0$$
其导数为
$$\frac{\mathrm{d}P(s)}{\mathrm{d}s}=4s^3+10s$$
用导数的系数 4 和 10 代替 s^3 行的各项元素，然后继续完成劳斯表。

由完成的劳斯表可见，其第 1 列系数没有改变符号，因此可以确定在右半平面上没有特征根。另外由于 s^4 行的各元素均为零，表示有共轭虚根，由辅助方程式求得 $s_{1,2}=\pm j$，$s_{3,4}=\pm 2j$。特征方程的另外两个特征根通过长除法求得：$s_{5,6}=-\dfrac{1}{2}\pm j\dfrac{\sqrt{3}}{2}$。

可见，该系统是处于临界稳定状态。

3.3.3　稳定判据的应用

1. 确定闭环系统稳定时其参数的取值范围

应用劳斯稳定判据不仅可以判别闭环系统的稳定性，还可以了解相关参数对系统稳定性的影响。

稳定判据应用

例 3.11 有一单位反馈系统，系统结构如图 3.22 所示。试求闭环系统稳定的 K 值取值范围。

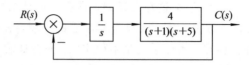

图 3.22 系统结构图

解 根据系统结构图求得闭环系统的传递函数为

$$\frac{C(s)}{R(s)} = \frac{K}{s(s+1)(s+5)+K}$$

其特征方程式为

$$s^3 + 6s^2 + 5s + K = 0$$

列劳斯表如下：

$$
\begin{array}{ccc}
s^3 & 1 & 5 \\
s^2 & 6 & K \\
s^1 & \dfrac{30-K}{6} & 0 \\
s^0 & K &
\end{array}
$$

要使闭环系统稳定，则 $30-K>0$ 且 $K>0$，求得 K 值的取值范围为

$$0<K<30$$

2. 确定系统的稳定裕量

所谓稳定裕量，是指系统稳定的边界（虚轴）的距离，常用 σ 表示。首先检验系统是否具有 σ，再把 s 平面的虚轴向左移动 σ，并以 $s=z-\sigma$ 代入特征方程，最后得到以 z 为变量的特征方程式。

例 3.12 用劳斯判据检验下列特征方程

$$2s^3 + 10s^2 + 13s + 4 = 0$$

是否有根在 s 平面的右半平面上，并检验有几个根在 $s=-1$ 垂直线的右边。

解 列劳斯表如下：

$$
\begin{array}{ccc}
s^3 & 2 & 13 \\
s^2 & 10 & 4 \\
s^1 & \dfrac{130-8}{10}=12.2 & 0 \\
s^0 & 4 &
\end{array}
$$

由于劳斯表第一列系数全为正值，因而该特征方程式的根全部在 s 的左半平面，闭环系统是稳定的。

令 $s=z-1$ 并代入特征方程，经简化后得

$$2z^3 + 4z^2 - z - 1 = 0$$

因为上式中的系数有负号，所以方程必有根位于 $s=-1$ 垂直线的右边，列出关于以 z 为变量的劳斯表如下：

$$z^3 \qquad 2 \qquad -1$$
$$z^2 \qquad 4 \qquad -1$$
$$z^1 \qquad \dfrac{-4+2}{4}=\dfrac{-1}{2} \qquad 0$$
$$z^0 \qquad -1$$

由劳斯表可见，第一列系数的符号改变了一次，表示原方程有一个根在 $s=-1$ 垂直线的右边。

由此可见，应用代数稳定判据可以用来判定系统是否稳定，还可以方便地分析系统参数变化对系统稳定性的影响，从而给出使系统稳定的参数范围。

3.4　线性系统的稳态误差分析

稳态误差概念

3.4.1　误差与稳态误差的基本概念

在稳态条件下输出量的期望值与稳态值之间存在的误差，称为系统的稳态误差。稳态误差的大小是衡量系统稳态性能的重要指标。讨论稳态误差的前提是该系统必须是稳定的。

影响系统稳态误差的因素很多，如系统的结构、系统的参数以及输入量的形式等。必须指出的是：这里所说的稳态误差并不考虑由于元件的不灵敏区、零点漂移、老化等原因所造成的永久性的误差。

1. 误差与稳态误差的定义

典型的反馈控制系统框图如图 3.23 所示，图中 $G_1(s)$ 为控制环节，$G_2(s)$ 为控制对象，$H(s)$ 为检测环节。当输入信号 $R(s)$ 或扰动信号 $D(s)$ 作用时，会产生 $E(s)$，系统经过过渡过程后，重新达到稳态，此时给定和反馈的偏差称为误差（亦称偏差）e_{ss}。对应的 $E(s)$ 为误差信号，即

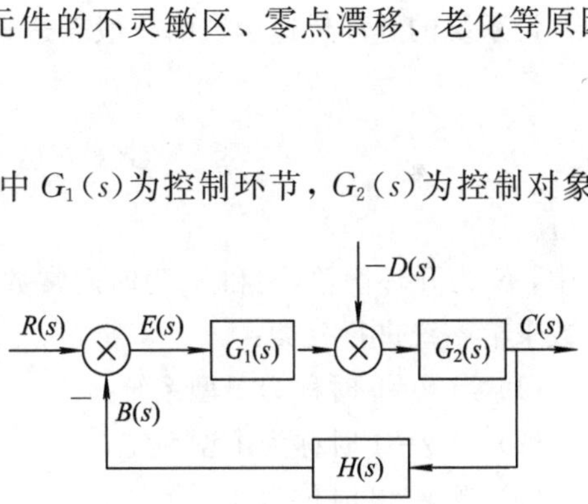

$$E(s)=R(s)-B(s)$$

图 3.23　典型的反馈控制系统框图

当误差是由给定引起时，称为给定的稳态误差，用 e_{sr} 表示；当误差是由扰动引起时，称为扰动的稳态误差，用 e_{sd} 表示。当 $e_{ss}=e_{sr}+e_{sd}=0$ 时，相应的系统为无差系统；当 $e_{ss}=e_{sr}+e_{sd}\neq 0$ 时，相应的系统为有差系统。

误差通常有以下两种定义方法：

（1）误差从输出端进行定义为

$$E^*(s)=C^*(s)-C(s)=\frac{R(s)}{H(s)}-C(s) \qquad (3.36)$$

这种定义方法的特点是概念清晰，但缺点是实际控制系统量测不到 $C^*(s)$。

（2）误差从输入端进行定义为

$$E(s)=R(s)-H(s)\cdot C(s) \qquad (3.37)$$

这种定义方法的特点是实际量测方便，具有一定的物理意义。

当 $H(s)=1$（单位反馈系统）时，两种定义是等价的，可统一为

$$E(s)=R(s)-C(s)$$

一般误差是从输入端定义的，因为这样定义的稳态误差在实际系统中是可以测量的。如果需要把上述定义的误差折算为输出量的量纲来表示，则只需除以 $H(s)$ 即可。例如一调速系统的给定电压 $U_r=10$ V，测速发电机的转换系数为 0.01 V/(r/min)，即要求系统希望的输出转速 $n=10/0.01=1000$ r/min。实际测得的反馈电压 $U_b=9.9$ V，若按式（3.37）的定义方法，求得系统的稳态误差为 $e_{ss}=0.1$ V，折算转速为 $0.1/0.01=10$ r/min，这表示系统实际转速只有 990 r/min。

2. 误差的计算

由图 3.23 所示的系统框图可知，给定作用下的误差函数的拉氏变换式为

$$E_R(s)=\frac{1}{1+G_1(s)G_2(s)H(s)}R(s)=\frac{1}{1+G(s)H(s)}R(s) \tag{3.38}$$

如果系统稳定且其稳态误差的终值存在，则该值可用拉氏变换的终值定理求得，即

$$e_{sr}=\lim_{s\to0}sE(s)=\lim_{s\to0}\frac{sR(s)}{1+G(s)H(s)} \tag{3.39}$$

式（3.39）表明，系统的稳态误差不仅与其开环传递函数即系统的结构和参数有关，还与其输入信号的形式和大小有关。

3.4.2 系统的类型

设系统的开环传递函数的一般表达式为

$$G(s)H(s)=\frac{K\prod_{i=1}^{m}(\tau_is+1)}{s^{\gamma}\prod_{j=1}^{n-\gamma}(T_js+1)} \tag{3.40}$$

式中，K 为开环增益，τ_i 和 T_j 为时间常数，γ 为系统中含有的积分环节个数。按积分环节的个数来给系统进行分类：

（1）当 $\gamma=0$ 时称为 0 型系统；

（2）当 $\gamma=1$ 时称为 I 型系统；

（3）当 $\gamma=2$ 时称为 II 型系统；

（4）当 $\gamma>2$ 时，除复合控制系统外，系统很难稳定。

因此除航天控制系统外，几乎不采用Ⅲ型或Ⅲ型以上的系统。从系统稳定性和稳态精度进行综合考虑，常选用 I 型和 II 型系统。

3.4.3 典型输入信号作用下的稳态误差

令图 3.23 中的扰动作用 $D(s)=0$，则误差函数 $E_R(s)$ 及稳态误差 e_{sr} 的表达式分别如式（3.38）、式（3.39）所示。

典型输入信号的
稳态误差

1. 阶跃信号输入

令 $r(t)=R_0$，$R_0=$ 常数，$R(s)=R_0/s$。由式（3.39）求得系统的稳态误差为

$$e_{sr}=\lim_{s\to0}s\cdot\frac{\dfrac{R_0}{s}}{1+G(s)H(s)}=\frac{R_0}{1+\lim_{s\to0}G(s)H(s)}=\frac{A_0}{1+K_p}$$

式中，$K_p = \lim\limits_{s \to 0} G(s)H(s)$ 定义为系统的稳态位置误差系数。由式(3.40)可知：

(1) 当系统为 0 型系统时，$K_p = K$，$e_{sr} = \dfrac{R_0}{1+K}$；

(2) 当系统为 I 型、II 型系统时，$K_p = \infty$，$e_{sr} = 0$。

2. 斜坡信号输入

令 $r(t) = v_0 t$，$v_0 =$ 常数，$R(s) = \dfrac{v_0}{s^2}$，由式(3.39)求得系统的稳态误差为

$$e_{sr} = \lim\limits_{s \to 0} s \cdot \frac{\dfrac{v_0}{s^2}}{1 + G(s)H(s)} = \frac{v_0}{\lim\limits_{s \to 0} s \cdot G(s)H(s)} = \frac{v_0}{K_v}$$

式中，$K_v = \lim\limits_{s \to 0} sG(s)H(s)$ 定义为系统的稳态速度误差系数。由式(3.40)可知：

(1) 当系统为 0 型系统时，$K_v = 0$，$e_{sr} = \infty$；

(2) 当系统为 I 型系统时，$K_v = K$，$e_{sr} = \dfrac{v_0}{K}$；

(3) 当系统为 II 型系统时，$K_v = \infty$，$e_{sr} = 0$。

0 型、I 型及 II 型系统跟踪斜坡输入的响应如图 3.24 所示。显然 0 型系统的输出不能跟踪斜坡输入信号，这是因为它输出的速度总小于输入信号的速度，致使两者间的差距不断增大，如图 3.24(a)所示；I 型系统虽然能跟踪斜坡输入信号，但存在稳态误差，误差的大小与 v_0 成正比，与 K 成反比，如图 3.24(b)所示；II 型系统能准确地跟踪斜坡输入信号，其稳态误差为零，如图 3.24(c)所示。

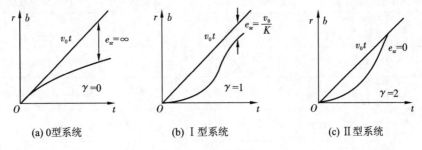

(a) 0型系统　　　　　　　(b) I型系统　　　　　　　(c) II型系统

图 3.24　系统跟踪斜坡输入的响应

3. 抛物线信号输入

令 $r(t) = \dfrac{1}{2} a_0 t^2$，$a_0 =$ 常数，$R(s) = \dfrac{a_0}{s^3}$，由式(3.39)求得系统的稳态误差为

$$e_{sr} = \lim\limits_{s \to 0} s \cdot \frac{\dfrac{a_0}{s^3}}{1 + G(s)H(s)} = \frac{a_0}{\lim\limits_{s \to 0} s^2 \cdot G(s)H(s)} = \frac{a_0}{K_a}$$

式中，$K_a = \lim\limits_{s \to 0} s^2 G(s)H(s)$ 定义为系统的稳态加速度误差系数。由式(3.40)可知：

(1) 当系统为 0 型系统时，$K_a = 0$，$e_{sr} = \infty$；

(2) 当系统为 I 型系统时，$K_a = 0$，$e_{sr} = \infty$；

(3) 当系统为 II 型系统时，$K_a = K$，$e_{sr} = \dfrac{a_0}{K}$；

(4) 当系统为 III 型系统时，$K_a = \infty$，$e_{sr} = 0$。

0 型、Ⅰ 型、Ⅱ 型及 Ⅲ 型系统跟踪抛物线输入的响应如图 3.25 所示。显然 0 型及 Ⅰ 型系统的输出不能跟踪抛物线输入信号，如图 3.25(a)所示；Ⅱ 型系统虽然能跟踪，但存在稳态误差，如图 3.25(b)所示；Ⅲ 型系统能准确地跟踪，且稳态误差为零，如图 3.25(c)所示。

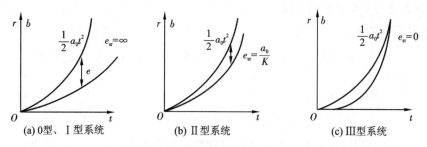

(a) 0型、Ⅰ型系统 (b) Ⅱ型系统 (c) Ⅲ型系统

图 3.25　系统跟踪抛物线输入的响应

参考输入信号作用下的稳态误差如表 3.2 所示。由表可见，稳态误差系数描述了一个系统消除或减小稳态误差的能力，稳态误差系数越大，系统的稳态误差越小。而稳态误差系数与系统的开环传递函数有关，即与系统的结构和参数有关。在系统稳定的前提下，适当增大其开环放大系数或提高其系统型别，都能达到减小或消除稳态误差的目的。然而，提高开环放大系数或系统型别会使系统的动态性能变差，甚至导致系统不稳定。由此得出，系统的稳态精度和动态性能对系统开环放大系数及系统型别的要求是相矛盾的，解决这一矛盾的基本方法是在系统中加入校正装置。

表 3.2　参考输入信号作用下的稳态误差

系统型别	稳态误差系数			阶跃信号输入 $r(t)=R_0$	斜坡信号输入 $r(t)=v_0 t$	抛物线信号输入 $r(t)=\dfrac{1}{2}a_0 t^2$
	K_p	K_v	K_a			
0	K	0	0	$\dfrac{R_0}{1+K_p}$	∞	∞
Ⅰ	∞	K	0	0	$\dfrac{v_0}{K_v}$	∞
Ⅱ	∞	∞	K	0	0	$\dfrac{a_0}{K_a}$
Ⅲ	∞	∞	∞	0	0	0

当输入信号是典型输入的组合时，为使系统满足稳态响应的要求，γ 值应按最复杂的输入函数选定。

例 3.13　某单位反馈系统的开环传递函数为

$$G(s)=\frac{10(s+1)}{s^2(s+2)}$$

已知 $r(t)=4+6t+3t^2$，试求系统的稳态误差 e_{sr}。

解　将系统的开环传递函数改写为

$$G(s)=\frac{10(s+1)}{s^2(s+2)}=\frac{5(s+1)}{s^2(0.5s+1)}$$

因为，$K_p=\infty$，$K_v=\infty$，$K_a=5$，所以

$$e_{sr}=\frac{4}{1+K_p}+\frac{6}{K_v}+\frac{6}{K_a}=1.2$$

由此可见，该系统为Ⅱ型系统，对阶跃和斜坡输入信号能准确跟踪，稳态误差为零。对抛物线输入信号能跟踪，但有稳态误差。

例 3.14　某控制系统结构如图 3.26 所示。已知 $r(t)=10+5t+20t^2$，试求系统的稳态误差。

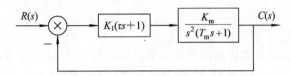

图 3.26　例 3.14 控制系统结构图

解　(1) 判别系统的稳定性。

系统的特征方程式为 $s^2(T_m s+1)+K_1 K_m(\tau s+1)=0$，整理后得
$$T_m s^3+s^2+K_1 K_m \tau s+K_1 K_m=0$$
由代数稳定判据求得系统稳定的条件为：T_m，K_1，K_m，τ 均大于零且 $\tau>T_m$。

(2) 因为该系统为Ⅱ型系统，根据系统结构与稳态误差之间的关系，可求得
$$K_p=\infty, \ K_v=\infty, \ K_a=K_1 K_m$$

$$e_{sr}=0+0+\frac{40}{K_1 K_m}=\frac{40}{K_1 K_m}$$

例 3.15　某系统结构如图 3.27 所示，设 $E(s)=R(s)-C(s)$，求 $r(t)$ 分别为 $1(t)$、t、$t^2/2$ 时，系统的稳态误差 e_{ss}。

解　将原系统结构图改画成如图 3.28(a) 所示形式，并进一步化简成如图 3.28(b) 所示形式。

由图 3.28 可见，开环传递函数为Ⅰ型系统，故 $K_p=\infty$，$K_v=5$，$K_a=0$，系统稳态误差为 $r(t)=1(t)$ 时，$e_{ss}=0$；$r(t)=t$ 时，$e_{ss}=0.2$；$r(t)=t^2/2$ 时，$e_{ss}=\infty$。

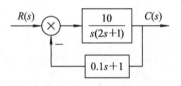

图 3.27　例 3.15 系统结构图

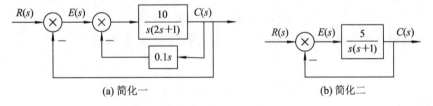

(a) 简化一　　　　　　(b) 简化二

图 3.28　例 3.15 简化图

3.4.4　扰动作用下的稳态误差

如图 3.23 所示的控制系统框图中，令 $R(s)=0$，在扰动作用 $D(s)$ 下，系统的输出和误差分别为

扰动作用下的
稳态误差

$$C_D(s)=\frac{-G_2(s)}{1+G_1(s)G_2(s)H(s)}D(s)$$

$$E_D(s)=R(s)-C_D(s)\cdot H(s)=\frac{G_2(s)H(s)}{1+G_1(s)G_2(s)H(s)}D(s) \tag{3.41}$$

根据终值定理和式(3.41)求得在扰动作用下的稳态误差为

$$e_{sd} = \lim_{s \to 0} s E_D(s) = \lim_{s \to 0} \frac{sG_2(s)H(s)}{1 + G_1(s)G_2 H(s)} D(s) \tag{3.42}$$

当 $G_1(s)G_2(s)H(s) \gg 1$ 时，式(3.41)、式(3.42)可分别近似看为

$$E_D(s) \approx \frac{D(s)}{G_1(s)} \tag{3.43}$$

$$e_{sd} = \lim_{s \to 0} s E_D(s) = \lim_{s \to 0} \frac{sD(s)}{G_1(s)} \tag{3.44}$$

由图 3.23 可见，$G_1(s)$ 为扰动作用点前即扰动源到 $E(s)$ 处的传递函数，作用点不同此传递函数不同，其稳态误差也不相同。这与给定作用产生的稳态误差有相似的规律。给定误差是按开环传递函数中积分环节个数划分的，不同类型有不同的稳态误差；而扰动误差是按扰动作用点前的传递函数中积分环节个数划分的，不同类型有不同的扰动稳态误差。下面通过例子来说明。

例 3.16 图 3.29 所示的两个系统具有相同的开环传递函数 $G(s) = \dfrac{K_1 K_2 K_3}{s(Ts+1)}$，证明对给定输入将有相同的稳态误差，当扰动作用点不同时，其扰动的稳态误差将不同。

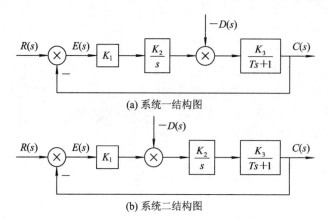

图 3.29　例 3.16 的系统结构图

证 设扰动作用为阶跃扰动，即 $D(s) = 1/s$。对于图 3.29(a)有

$$e_{sd} = \lim_{s \to 0} s E_D(s) = \lim_{s \to 0} s \frac{\dfrac{K_3}{Ts+1}}{1 + \dfrac{K_1 K_2 K_3}{s(Ts+1)}} \frac{1}{s} = 0$$

对于图 3.29(b)有

$$e_{sd} = \lim_{s \to 0} s E_D(s) = \lim_{s \to 0} s \frac{\dfrac{K_2 K_3}{s(Ts+1)}}{1 + \dfrac{K_1 K_2 K_3}{s(Ts+1)}} \frac{1}{s} = \frac{K_2 K_3}{s(Ts+1) + K_1 K_2 K_3} = \frac{1}{K_1}$$

由计算结果可见，图 3.29(a)中，由于扰动作用点前有一个积分环节，则扰动为阶跃信号时的稳态误差为零；而图 3.29(b)中，由于扰动作用点前无积分环节，则扰动为阶跃信号时，存在稳态误差。若扰动为斜坡信号，则需在图 3.29(a)的扰动作用点前串入两个积分环节，才能使扰动误差为零。

可见，在扰动作用点与偏差信号之间增加积分环节的个数，可以提高系统在干扰作用

下的稳态精度。当 $R(s)$ 和 $D(s)$ 共同作用时,稳态误差为 $e_{ss}=e_{sr}+e_{sd}$。

扰动的稳态误差在实际工作中是受到关注的问题之一。一个稳定运行的系统,常因环境条件的变化(如元件发热、机件磨损、工作点漂移等因素引起系统参数和特性变化),导致系统的稳态误差增大,这些变化都可看成是系统内部的一种扰动作用引起的。对于一个负反馈系统而言,在主通道上的参数变化引起的误差可以得到补偿,使其减小或消除,而对于反馈通道上元件参数的变化,负反馈将不起作用。因此,反馈通道上的元件应选用精度及稳定性好的元件。也可采用局部负反馈,它不仅能减小误差,还有利于提高系统的快速性。

3.4.5 减小或消除稳态误差的措施

提高系统稳态精度的方法主要有以下几种:

(1) 增大系统开环增益或扰动作用点之前系统的前向通道增益。

(2) 在系统的前向通道或主反馈通道设置积分环节。

(3) 采用串级控制,以抑制内回路的扰动。

(4) 采用复合控制方法,如前馈控制与反馈控制相结合的系统。

1. 按扰动进行补偿

按扰动进行补偿的复合控制系统框图如图 3.30 所示。系统除了原有的负反馈通道外,增加了一个由扰动通过前馈(补偿)装置产生的控制作用,旨在补偿由扰动对系统产生的影响。图中,$G_D(s)$ 为待求的前馈控制装置的传递函数;$D(s)$ 为扰动作用,且能被量测。

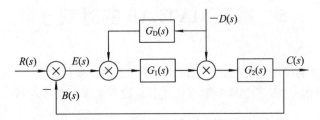

图 3.30 按扰动进行补偿的复合控制系统框图

令 $R(s)=0$,则由扰动引起的系统输出 $C_D(s)$ 为

$$C_D(s) = \frac{G_2(s)[G_D(s)G_1(s)+1]}{1+G_1(s)G_2(s)}[-D(s)] \tag{3.45}$$

由式(3.45)可知,引入前馈控制后,系统的闭环特征方程式没有变化,即不影响系统的稳定性。为了补偿扰动对系统输出的影响,令式(3.45)等号右边的分子为零,即

$$G_2(s)[G_D(s)G_1(s)+1]=0$$

则

$$G_D(s) = -\frac{1}{G_1(s)} \tag{3.46}$$

式(3.46)就是按扰动进行全补偿的条件。

2. 按输入进行补偿

按输入进行补偿的复合控制系统框图如图 3.31 所示,图中 $G_R(s)$ 为待求前馈装置的传递函数。由于 $G_R(s)$ 设置在闭环系统的外面,因而它不影响系统的稳定性。在设计时,一般先设计系统的闭环部分,使其具有良好的动态性能;再设计前馈装置 $G_R(s)$,以提高系统在参考输入下的稳态精度。

由图 3.31 得

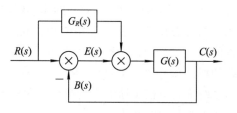

$$C(s) = \frac{[1+G_R(s)]G(s)}{1+G(s)}R(s)$$

$$= \frac{G(s)}{1+G(s)}R(s) + \frac{G_R(s)G(s)}{1+G(s)}R(s)$$

(3.47)

图 3.31　按输入进行补偿的复合控制系统框图

式(3.47)等号右边第一项为不加前馈装置时的系统输出；第二项为加了前馈装置后系统输出增加部分。如果该项等于系统在不加前馈装置时的误差，即有

$$\frac{G_R(s)G(s)}{1+G(s)}R(s) = \frac{1}{1+G(s)}R(s)$$

(3.48)

则由式(3.47)得 $C(s)=R(s)$，由式(3.48)求得 $G_R(s)$ 为

$$G_R(s) = \frac{1}{G(s)}$$

(3.49)

这表示在任何时候，系统的输出量都能无误差地复现输入信号的变化规律。

　　注意：式(3.46)和式(3.49)的条件在工程实践中只能近似地得到满足，这两种补偿方法在具体实施时，还需考虑系统模型和参数的误差、周围环境和使用条件的变化，因而在前馈设计中要有一定的调节裕量，以便获得较满意的补偿效果。

3.5　基于 MATLAB 的时域分析

　　控制系统的时域响应，主要包括单位阶跃、单位脉冲、单位斜坡、单位抛物线响应以及对任意输入信号的响应。MATLAB 控制系统工具箱提供了求解系统时域响应的若干函数。

3.5.1　用 MATLAB 分析系统的时域响应

　　典型的反馈控制系统如图 3.32 所示，在特定输入信号下的输出响应为

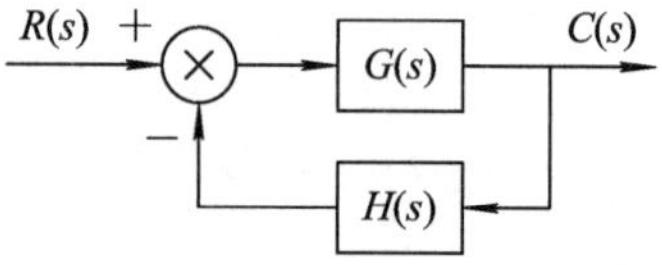

$$C(s) = \frac{G(s)}{1+G(s)H(s)}R(s)$$

图 3.32　典型的反馈控制系统

$$= \frac{b_0 s^m + b_1 s^{m-1} + \cdots + b_{m-1}s + b_m}{a_0 s^n + a_1 s^{n-1} + \cdots + a_{n-1}s + a_n}R(s) \quad (n \geqslant m)$$

(3.50)

　　用 MATLAB 求系统的时域响应时，将式(3.50)中的传递函数的分子、分母多项式的系数写为两个数组：

num=[b_0　b_1　…　b_{m-1}　b_m]

den=[a_0　a_1　…　a_{n-1}　a_n]

由于控制系统分子的阶次一般小于其分母的阶次，即 $m<n$，所以 num 中的数组元素与分子多项式系数之间自右向左逐列对应，左边不足部分用零补齐，缺项系数也用零补上。当各项系数都已知时，根据系统给定的信号调用相关的 MATLAB 指令，即可求出系统的输出响应。

1. 用 MATLAB 求控制系统的阶跃响应

求系统单位阶跃响应的指令有：

step(num, den)　　　(1)

或　　　　step(num, den, t)　　　(2)

在 MATLAB 程序中，先定义 num, den 数组，并调用指令 step，即可生成单位阶跃输入信号下的阶跃响应曲线图。指令中没有时间 t 出现时，时间向量会自动地予以确定；指令中有时间 t 时，由用户确定时间范围和步长。响应曲线图中的 x 轴、y 轴坐标是自动标注的。

例 3.17　已知控制系统的闭环传递函数为

$$\frac{C(s)}{R(s)} = \frac{16}{s^2 + 4s + 16}$$

试用 MATLAB 求系统的单位阶跃响应。

解　求解系统响应的 MATLAB 程序如下：

```
%MATLAB 程序 3.1
num=[0 0 16];
den=[1 4 16];
step(num,den)    %画阶跃响应曲线
grid on
xlabel('t/s'),ylabel('c(t)')
title('unit-step Response of G(s)=16/(s^2+4s+16)')
```

程序中的指令 grid 是画网格标度线的切换指令，grid on 表示在图上标出直线网格标度线。指令 title 后面给出的是本图形的标题名。该程序被执行后产生的单位阶跃响应曲线如图 3.33 所示。运行 %MATLAB 程序 3.2，可知系统的阶跃响应性能指标为

$$M_p = 16\%, \ t_r = 0.605, \ t_p = 0.905, \ t_s = 1.32 \ \text{s} (\pm 0.05)$$

指令左端若含有变量时，即

[y, x, t]=step(num,den,t)　　　(3)

若用该指令，显示屏就不产生系统的输出相应曲线。计算机根据用户给出的 t，算得相应的 y、x 值。若要生成响应曲线，需调用指令 plot，见 MATLAB 程序 3.2。

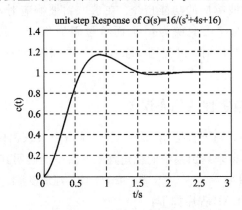

图 3.33　例 3.17 的单位阶跃响应曲线

MATLAB 程序 3.2

例 3.18　二阶系统闭环传递函数的标准形式为

$$\frac{R(s)}{C(s)} = \frac{\omega_n^2}{s^2 + 2\zeta\omega_n s + \omega_n^2}$$

当 ω_n 确定时，系统瞬态响应和 ζ 的取值有关。用 MATLAB 分析在不同 ζ 值时，相应系统的输出响应。

　　解　运行％MATLAB 程序 3.3，所得的单位阶跃响应曲线如图 3.34 所示。

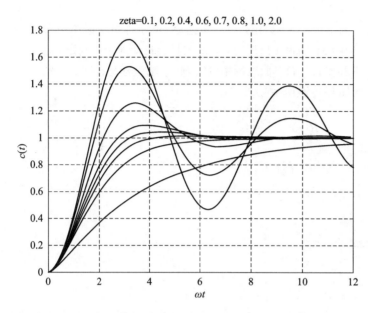

图 3.34　例 3.18 的单位阶跃响应曲线

MATLAB 程序 3.3

2. 用 MATLAB 求系统的单位脉冲响应

求系统单位脉冲响应的 MATLAB 功能指令为

　　　　impulse(num,den)　　　　　　(4)

或　　　impulse(num,den,t)　　　　　(5)

或　　　[y,x,t]=impulse(num,den,t)　(6)

3. 用 MATLAB 求系统的斜坡响应

MATLAB 没有直接调用求系统斜坡响应的功能指令。在求取斜坡响应时，通常利用阶跃响应的指令。基于单位阶跃信号的拉氏变换为 $1/s$，而单位斜坡信号的拉氏变换为 $1/s^2$。因此，当求系统 $G(s)$ 的单位斜坡响应时，可先用 s 除 $G(s)$，再利用阶跃响应指令即可求得系统的斜坡响应[2]。

3.5.2　用 MATLAB 分析系统的稳定性及稳态误差

　　若用 MATLAB 分析系统的稳定性，则可直接用 tf2zp 或 root 命令来求出闭环系统的极点，从而根据闭环极点在 s 平面的分布来判别系统的稳定性。下面举例说明其应用。

　　例 3.19　已知系统的特征方程式为 $D(s)=s^4+2s^3+3s^2+4s+5=0$，判别该系统的稳定性。

　　解　求系统特征方程式根的 MATLAB 程序如下：

```
％MATLAB 程序 3.4
d=[1 2 3 4 5];
roots(d)
```

运行结果为

ans＝

0.2878＋1.4161i

0.2878－1.4161i

－1.2878＋0.8579i

－1.2878－0.8579i

由运行结果可见，系统有两个正实部的极点，所以系统是不稳定的。

例 3.20　图 3.35 所示为一位置随动系统框图。已知 $K_a＝25$，$K_m＝1$，$J＝0.1$，$f＝0.5$，$R_a＝1$，$K_b＝1$，$K_t＝1$，$K_d(s)＝1/s$，求阶跃扰动 $T_L(s)$ 作用下的稳态误差。

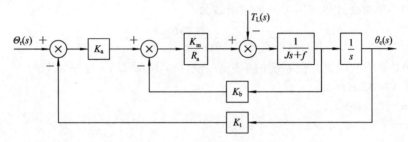

图 3.35　位置随动系统的框图

解　由图 3.35 求得 $\Theta_c(s)$ 对 $T_L(s)$ 的闭环传递函数为

$$\frac{\Theta_c(s)}{T_L(s)}=\frac{-R_a}{JR_as^2+(R_af+K_mK_b)s+K_mK_bK_t}=\frac{-1}{0.1s^2+1.5s+25}$$

％MATLAB 程序 3.5

num＝[0　0　－1]；

den＝[0.1　1.5　25]；

[y,x,t]＝step(num,den)；

plot(t,y)

title('closed‐loop disturbance step Response')

xlabel('t/s'),ylabel('c(t)')

grid on

％绘图并给出稳态误差终值

y(length(t))

运行结果如图 3.36 所示，可知稳态误差为 0.04。

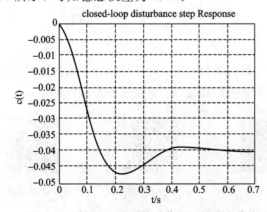

图 3.36　例 3.20 阶跃扰动作用下的响应曲线

3.5.3 用 MATLAB 分析一级倒立摆系统的时域响应

根据一级倒立摆系统的实际模型，得到摆杆角度和小车位移的传递函数为

$$\frac{\Phi(s)}{X(s)} = \frac{0.02725s^2}{0.0102125s^2 - 0.26705} \tag{3.51}$$

摆杆角度和小车加速度之间的传递函数为

$$\frac{\Phi(s)}{V(s)} = \frac{0.02725}{0.0102125s^2 - 0.26705} \tag{3.52}$$

摆杆角度和小车所受外界作用力的传递函数为

$$\frac{\Phi(s)}{U(s)} = \frac{2.35655s}{s^3 + 0.0883167s^2 - 27.9169s - 2.30942} \tag{3.53}$$

用 MATLAB 分析一级倒立摆系统的单位阶跃响应，MATLAB 程序如下：

```
%MATLAB 程序 3.6
num=[2.35655 0];
den=[1 0.0883167 −27.9169 −2.30942];
step(num ,den)
```

运行结果如图 3.37 所示。由图可知，倒立摆摆杆的角度是发散的，因此须对系统进行校正，即加入控制器，才能使系统稳定工作。系统校正器的设计将在第 6 章中介绍。

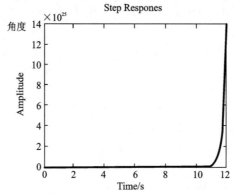

图 3.37　单级倒立摆系统的单位阶跃响应

3.6　小　结

本章介绍了控制系统的时域分析法，时域分析法是通过直接求解系统在典型输入信号作用下的时间响应来分析系统的稳定性、快速性和准确性的。

小结　　　　　　第 3 章测验　　　　　第 3 章测验答案

习 题 三

3-1　设温度计为一惯性环节，把温度计放入被测物体内，要求在 1 min 时显示出稳态值的 98%，求此温度计的时间常数。

3-2　某控制系统的微分方程式为

$$0.5\frac{\mathrm{d}c(t)}{\mathrm{d}t}+c(t)=10r(t)$$

设初始条件为零，试写出该系统的单位脉冲、单位阶跃和单位斜坡响应函数。

3-3　已知单位反馈系统的开环传递函数为

$$G(s)=\frac{16}{s(s+4)}$$

求该系统的单位阶跃响应和单位脉冲响应。

3-4　已知控制系统的单位阶跃响应为

$$c(t)=1+0.2\mathrm{e}^{-60t}-1.2\mathrm{e}^{-10t}$$

（1）求系统的闭环传递函数；

（2）计算系统的无阻尼自然频率 ω_n 和系统的阻尼比 ζ；

（3）求最大超调量和调节时间。

3-5　已知二阶系统的单位阶跃响应为

$$c(t)=10-12.5\mathrm{e}^{-1.2t}\sin(1.6t+53.1°)$$

求系统的超调量 $M_p\%$、峰值时间 t_p 和调整时间 $t_s(\Delta=\pm0.05)$。

3-6　已知单位负反馈二阶系统的单位阶跃响应曲线如图 3.38 所示，试确定系统的开环传递函数。

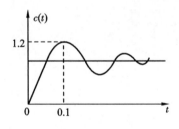

图 3.38　题 3-6 图

3-7　已知系统的框图如图 3.39 所示：

（1）当 $K_d=0$ 时，求系统的阻尼比 ζ，无阻尼振荡频率 ω_n 和单位斜坡输入时的稳态误差；

（2）确定 K_d，以使 $\zeta=0.707$，并求此时当输入为单位斜坡函数时系统的稳态误差。

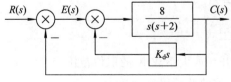

图 3.39　题 3-7 图

3-8　已知控制系统框图如题图 3.40 所示,求系统的阻尼比为 $\zeta=0.6$ 时的 a 值和相应的 t_p、M_p、t_s。

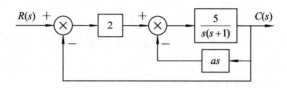

图 3.40　题 3-8 图

3-9　已知控制系统框图如图 3.41 所示,若要求系统的超调量 $M_p=0.25$,峰值时间 $t_p=2$ s,试确定 K_1 和 K_t。

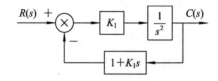

图 3.41　题 3-9 图

3-10　已知系统特征方程如下,试求系统在 s 右半平面上根的个数和虚根值。

(1) $s^5+3s^4+12s^3+24s^2+32s+48=0$

(2) $s^6+4s^5-4s^4+4s^3-7s^2-8s+10=0$

(3) $s^5+7s^4+6s^3+42s^2+8s+56=0$

(4) $s^4+7s^3+42s+30=0$

(5) $s^5+2s^4+3s^3+6s^2+5s+3=0$

3-11　已知单位反馈系统的各开环传递函数如下:

(1) $G(s)=\dfrac{100}{s(s^2+8s+24)}$

(2) $G(s)=\dfrac{10(s+1)}{s(s-1)(s+5)}$

(3) $G(s)=\dfrac{10}{s(s-1)(2s+3)}$

试判断其闭环系统的稳定性。

3-12　已知闭环系统的特征方程如下:

(1) $0.1s^3+s^2+s+K=0$

(2) $s^4+4s^3+13s^2+36s+K=0$

试确定使系统稳定时的 K 值范围。

3-13　若单位反馈控制系统的开环传递函数分别为

(1) $G(s)=\dfrac{K}{s^2(s^2+2s+2)}$

(2) $G(s)=\dfrac{K(s+4)}{s(s+1)(s+2)(s+5)}$

试确定使闭环系统稳定时开环放大系数 K 的取值范围。

3-14　一单位反馈系统的开环传递函数为

$$G(s) = \frac{K}{(s+2)(s+4)(s^2+6s+25)}$$

试求闭环系统产生持续等幅振荡的 K 值和相应的振荡频率。

3-15 具有速度反馈的电动控制系统框图如图 3.42 所示,试确定使系统稳定时的 K_t 的取值范围。

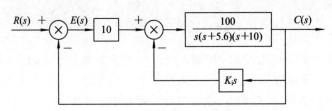

图 3.42 题 3-15 图

3-16 设系统的闭环传递函数为

$$\frac{C(s)}{R(s)} = \frac{12}{s^3+8s^2+14s+12}$$

判断该系统是否存在主导极点。若存在,试用主导极点估算该系统的最大超调量 $M_p\%$ 和调节时间 t_s 的值。

3-17 已知单位反馈系统的开环传递函数如下:

(1) $G(s) = \dfrac{100}{(0.1s+1)(s+5)}$

(2) $G(s) = \dfrac{50}{s(0.1s+1)(s+5)}$

(3) $G(s) = \dfrac{10(2s+1)}{s^2(s^2+6s+100)}$

试求输入分别为 $r(t)=2t$ 和 $r(t)=2+2t+t^2$ 时,系统的稳态误差。

3-18 一单位反馈控制系统的开环传递函数为

$$G(s) = \frac{10}{s(1+0.1s)}$$

(1) 求系统的静态误差系数 K_p、K_v、K_a;

(2) 当输入 $r(t)=a_0+a_1t+\dfrac{1}{2}a_2t^2$ 时,求系统的稳态误差。

3-19 某系统框图如图 3.43 所示,已知 $r(t)=4+6t$, $n(t)=-1(t)$,试求:

(1) 系统给定作用的稳态误差和扰动作用的稳态误差。

(2) 要想减小扰动 $n(t)$ 产生的误差,应提高哪一个比例系数?

(3) 系统总的稳态误差。

(4) 若将积分因子移到扰动作用点之前,系统的稳态误差如何变化?

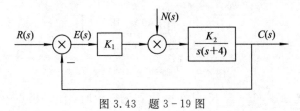

图 3.43 题 3-19 图

第4章 线性控制系统的根轨迹分析法

从第3章时域分析法讨论可知，控制系统的性能主要取决于系统的闭环传递函数，因此，可以根据闭环传递函数的零、极点研究控制系统的性能。但对于高阶系统，采用解析法求取系统的闭环特征根（闭环极点）通常是比较困难的，这限制了时域分析法在二阶以上系统的广泛应用。1948年，埃文斯(W. R. Evans)根据反馈系统中开、闭环传递函数间的内在联系，提出了直接由开环传递函数判别闭环特征根的新方法，即根轨迹法。根轨迹法作为一种图解方法非常直观形象，使用十分简便，因此它在控制工程实践中获得了广泛应用，并成为经典控制理论的基本分析方法之一。

4.1 根轨迹的基本概念

根轨迹基本概念

4.1.1 根轨迹的概念

根轨迹是指当开环系统某一参数（由 $0 \to \infty$）变化时，闭环特征方程的根在 s 平面移动的轨迹。

为了具体说明根轨迹的概念，设控制系统如图 4.1 所示，其开环传递函数为

$$G(s) = \frac{K}{s(0.5s+1)} = \frac{K^*}{s(s+2)}$$

式中，根轨迹增益 $K^* = 2K$，其闭环传递函数为

$$\Phi(s) = \frac{C(s)}{R(s)} = \frac{K^*}{s^2 + 2s + K^*}$$

则闭环特征方程为

$$s^2 + 2s + K^* = 0$$

显然，特征方程的根为

$$s_1 = -1 + \sqrt{1 - K^*}$$

$$s_2 = -1 - \sqrt{1 - K^*}$$

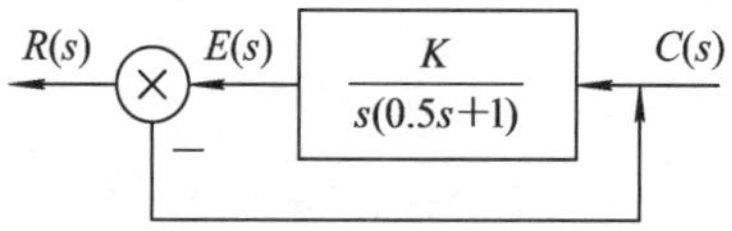

图 4.1 二阶控制系统结构图

表 4.1 列出了当系统参数 K^*（或 K）从零变化到无穷大时，闭环极点的变化关系。

表 4.1　闭环极点变化情况表

K^*	K	s_1	s_2
0	0	0	-2
0.5	0.25	-0.3	-1.7
1	0.5	-1	-1
2	1	$-1+j$	$-1+j$
5	2.5	$-1+j2$	$-1-j2$
$\vdots$	$\vdots$	$\vdots$	$\vdots$
∞	∞	$-1+j\infty$	$-1-j\infty$

将表 4.1 所求的根 s_1 和 s_2 的计算结果在 s 平面上描点并连成曲线，便得到 K（或 K^*）从零变化到无穷大时闭环极点在 s 平面上移动的轨迹，即根轨迹，如图 4.2 所示。图中，根轨迹用粗实线表示，箭头表示 K（或 K^*）增大时两条根轨迹移动的方向。

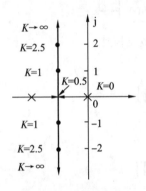

图 4.2　系统根轨迹　　　　　　　　　　　　　根轨迹图

根轨迹图直观地表示了参数 K（或 K^*）变化时，闭环极点变化的情况，全面地描述了参数 K 对闭环极点分布的影响。

4.1.2　根轨迹与系统性能

有了根轨迹图，就能分析系统的性能，下面以图 4.2 为例进行说明。

1. 稳定性

当根轨迹从零变化到无穷大时，图 4.2 所示的根轨迹始终都处于 s 平面左半部，因此，图 4.1 所示的系统对所有 K 值都是稳定的。若有根轨迹段（闭环极点）处于 s 平面右半部，则闭环系统在相应 K 值下是不稳定的。**根轨迹与虚轴交点处的 K 值，即为临界开环增益。**

2. 稳态性能

由图 4.2 可见，开环系统在坐标原点有一个极点，系统属于 Ⅰ 型系统，因而根轨迹上的 K 值就等于静态速度误差系数，进而可以通过输入的类型求得系统的稳态误差。

3. 动态性能

由图 4.2 可见，当 $0<K<0.5$ 时，闭环特征根 s_1、s_2 为相异负实根，系统呈过阻尼状态，阶跃响应为单调上升过程。

当 $K=0.5$ 时，闭环特征根 s_1、s_2 为二重负实根，系统呈现临界阻尼状态，阶跃响应仍为单调上升过程，但响应速度较 $0 < K < 0.5$ 时快。

当 $K > 0.5$ 时，闭环特征根 s_1、s_2 为一对共轭复根，系统呈欠阻尼状态，阶跃响应为衰减振荡过程。

上述分析表明，根轨迹与系统性能之间有着密切联系。然而对于高阶系统，采用解析的方法绘制系统根轨迹图显然是很繁琐的，我们希望能有简便的图解方法可以根据已知的开环零、极点迅速绘出闭环系统的根轨迹。为此，需要研究闭环零、极点与开环零、极点之间的关系。

4.1.3　闭环零、极点与开环零、极点的关系

控制系统的一般结构如图 4.3 所示，相应开环传递函数为 $G(s)H(s)$。

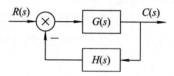

图 4.3　系统结构图

如果假设

$$G(s) = \frac{K_G^* \prod_{i=1}^{f}(s+z_i)}{\prod_{i=1}^{q}(s+p_i)} \tag{4.1}$$

$$H(s) = \frac{K_H^* \prod_{j=1}^{l}(s+z_j)}{\prod_{j=1}^{h}(s+p_j)} \tag{4.2}$$

则

$$G(s)H(s) = \frac{K^* \prod_{i=1}^{f}(s+z_i) \prod_{j=1}^{l}(s+z_j)}{\prod_{i=1}^{q}(s+p_i) \prod_{j=1}^{h}(s+p_j)} \tag{4.3}$$

式(4.3)中，$K^* = K_G^* K_H^*$ 为系统根轨迹增益，它与开环增益 K 之间仅差一个比例常数。对于有 m 个开环零点和 n 个开环极点的系统，必有 $f + l = m$ 和 $q + h = n$，则系统开环传递函数可表示为

$$G(s)H(s) = \frac{K^* \prod_{j=1}^{m}(s+z_j)}{\prod_{i=1}^{n}(s+p_i)} \tag{4.4}$$

式(4.4)中，$-z_j$ 表示开环零点，$-p_i$ 表示开环极点。此时系统闭环传递函数为

$$\Phi(s) = \frac{G(s)}{1+G(s)H(s)} = \frac{K_G^* \prod_{i=1}^{f}(s+z_i) \prod_{i=q+1}^{n}(s+p_i)}{\prod_{i=1}^{n}(s+p_i) + K^* \prod_{j=1}^{m}(s+z_j)} \tag{4.5}$$

由式(4.5)可见：

(1) 闭环零点由前向通道传递函数 $G(s)$ 的零点和反馈通道传递函数 $H(s)$ 的极点组成。对于单位反馈系统 $H(s)=1$，闭环零点就是开环零点。闭环零点不随 K^* 变化，不必专门讨论。

(2) 闭环极点与开环零点、开环极点以及根轨迹增益 K^* 均有关。闭环极点随 K^* 而变化，所以研究闭环极点随 K^* 的变化规律是必要的。

研究根轨迹法的目的在于：如何由已知的开环零、极点的分布及根轨迹增益，**通过图解法找出闭环极点**。一旦闭环极点确定，闭环传递函数的形式便不难确定，因为闭环零点可由式(4.5)直接得到。在已知闭环传递函数的情况下，系统性能便可以确定。

4.1.4　根轨迹方程

闭环控制系统一般可用图 4.3 所示的结构图描述，假设系统的开环传递函数为

根轨迹方程

$$G(s)H(s) = \frac{K^* \prod_{j=1}^{m}(s+z_j)}{\prod_{i=1}^{n}(s+p_i)}$$

系统的闭环传递函数为

$$\Phi(s) = \frac{G(s)}{1+G(s)H(s)} \tag{4.6}$$

系统的闭环特征方程为

$$1+G(s)H(s) = 0 \tag{4.7}$$

即

$$G(s)H(s) = \frac{K^* \prod_{j=1}^{m}(s+z_j)}{\prod_{i=1}^{n}(s+p_i)} = -1 \tag{4.8}$$

显然，在 s 平面上凡是满足式(4.8)的点，都是根轨迹上的点。式(4.8)称为根轨迹方程。式(4.8)可以用以下幅值条件和相角条件来表示。

幅值条件：

$$|G(s)H(s)| = \frac{K^* \prod_{j=1}^{m}|s+z_j|}{\prod_{i=1}^{n}|s+p_i|} = 1 \tag{4.9}$$

相角条件：

$$\angle G(s)H(s) = \sum_{j=1}^{m}\angle(s+z_j) - \sum_{i=1}^{n}\angle(s+p_i)$$
$$= (2k+1)\pi \quad (k=0,\pm1,\pm2,\cdots) \tag{4.10}$$

从式(4.9)和式(4.10)可以看出，幅值条件和根轨迹增益 K^* 有关，而相角条件与 K^* 无关。因此，**平面上的某个点只要满足相角条件，则该点必定是根轨迹上的点**。而该点对

应的 K^* 值可以由幅值条件得到。这也意味着，在 s 平面上满足相角条件的点必定也能同时满足幅值条件。所以，**相角条件是确定 s 平面上一点是否在根轨迹上的充分必要条件。**

▶▶ 4.2　根轨迹绘制的基本法则

本节主要讨论根轨迹增益 K^*（或开环增益 K）变化时绘制根轨迹
的法则，熟练地掌握这些基本法则分析和设计系统。

根轨迹绘制的
基本法则 1-5

法则 1　根轨迹的起点和终点：根轨迹起始于开环极点，终止于开环零点；如果开环零点个数 m 少于开环极点个数 n，则有 $n-m$ 条根轨迹终止于无穷远处。

根轨迹的起点、终点分别指的是根轨迹增益 $K^*=0$ 和 $K^*\to\infty$ 时的根轨迹点。将幅值条件改写为

$$K^* = \frac{\prod\limits_{i=1}^{n}(s+p_i)}{\prod\limits_{j=1}^{m}(s+z_j)} = \frac{s^{n-m}\left|1+\dfrac{p_1}{s}\right|\cdots\left|1+\dfrac{p_n}{s}\right|}{\left|1+\dfrac{z_1}{s}\right|\cdots\left|1+\dfrac{z_m}{s}\right|} \tag{4.11}$$

可见，当 $s=-p_i(i=1,2,\cdots,n)$ 时，$K^*=0$，说明根轨迹必定起始于开环极点。当 $s=-z_j(j=1,2,\cdots,m)$ 时，$K^*\to\infty$，说明根轨迹终止于开环零点。由于实际系统存在惯性，开环传递函数分子多项式的次数 $m\leqslant n$，当 $|s|\to\infty$ 时，$K^*\to\infty$，因此有 $n-m$ 条根轨迹的终点在无穷远处。

法则 2　根轨迹的分支数、对称性和连续性：根轨迹的分支数与开环有限零点数 m 和有限极点数 n 中的大者相等，它们是连续并且对称于实轴的。

根轨迹是开环系统某一参数从零到无穷大变化时闭环极点在 s 平面上的变化轨迹，因此根轨迹的分支数必定与闭环特征方程根的数目一致，即根轨迹的分支数等于系统的阶数。实际系统一般满足 $m\leqslant n$。所以一般讲，根轨迹分支数就等于开环极点数。

实际系统的特征方程都是实系数方程，根据代数定理其特征根必定为实数或者共轭复数，因此根轨迹必定对称于实轴。利用根轨迹的对称性，只需绘出 s 平面上半部分和实轴上的根轨迹即可绘出下半部的根轨迹。

当 K^* 从零到无穷大连续变化时，特征方程的系数也是连续变化的，因此，特征根也是连续变化的，所以根轨迹具有连续性。

例 4.1　假设某单位负反馈系统的开环传递函数为

$$G(s)H(s)=\frac{K}{s(0.5s+1)}$$

试讨论根轨迹的起点和终点。

解　该系统 $n=2$，为二阶系统。系统开环极点为 $-p_1=0$、$-p_2=-2$；由于开环传递函数分子无 s 项，即 $m=0$，所以系统没有开环零点。

（1）由法则 1 可知，该系统根轨迹增益 $K^*(0\to\infty)$ 变动时，两条根轨迹应分别从开环极点 0 和 -2 开始，最终均趋向于无穷远。

（2）由法则 2 知系统应有两条根轨迹，根轨迹必对称于实轴。

该系统的根轨迹已示于图 4.2。

法则 3　实轴上的根轨迹：实轴上某一区域，若其右边开环实数零、极点个数之和为奇数，则该区域必是根轨迹。

设系统开环零、极点分布如图 4.4 所示。图中，s_0 是实轴上的点，$\varphi_i (i=1, 2, 3)$ 是各开环零点到 s_0 点向量的相角，$\theta_j (j=1, 2, 3, 4)$ 是各开环极点到 s_0 点向量的相角。由图 4.4 可见，复数共轭极点到实轴上任意一点（包括 s_0 点）的向量之相角和为 2π。对复数共轭零点，情况也是如此。所以，在确定实轴上的根轨迹时，无须考虑开环复数零、极点的影响。图 4.4 中，s_0 点左边的开环实数零、极点到 s_0 点的向量之相角均为零，而 s_0 点右侧开环实数零、极点到 s_0 点的向量之相角均为 π，因此只有落在 s_0 点右侧实轴上的开环实数零、极点，才有可能对 s_0 点的相角条件造成影响，并且这些开环零、极点提供的相角均为 π。如果令 $\sum \varphi_i$ 表示 s_0 点右侧所有开环实数零点到 s_0 点的向量相角之和，$\sum \theta_j$ 代表 s_0 点右侧所有开环实数极点到 s_0 点的相角之和，那么，s_0 点位于根轨迹上的充分必要条件是下列相角条件成立：

$$\sum_{i=1}^{m_0} \varphi_i - \sum_{j=1}^{n_0} \theta_j = (2k+1)\pi \quad (k=0, \pm 1, \pm 2, \cdots) \tag{4.12}$$

由于 π 与 $-\pi$ 表示的方向相同，于是等效为

$$\sum_{i=1}^{m_0} \varphi_i + \sum_{j=1}^{n_0} \theta_j = (2k+1)\pi \quad (k=0, \pm 1, \pm 2, \cdots) \tag{4.13}$$

式中，m_0、n_0 分别表示在 s_0 点右侧实轴上的开环零点和极点个数。

对于图 4.4 所示的系统，不难判断，其实轴上，$-z_1$ 和 $-z_2$ 之间，$-p_1$ 和 $-p_4$ 之间，$-z_3$ 和 $-\infty$ 之间均为实轴上的根轨迹，可记为 $[-z_2, -z_1]$，$[-p_4, p_1]$，$[-\infty, -z_3]$。

法则 4　根轨迹的渐近线：在开环极点数 n 大于开环零点数 m 时，有 $n-m$ 条根轨迹分支沿着与实轴夹角为 φ_a、交点为 σ_a 的一组渐近线趋向于无穷远处，且有

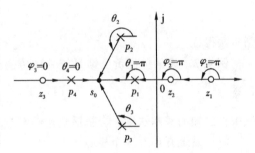

图 4.4　实轴上的根轨迹

$$\begin{cases} \varphi_a = \dfrac{(2k+1)\pi}{n-m} \\[2mm] \sigma_a = \dfrac{\sum\limits_{j=1}^{n} -p_j - \sum\limits_{i=1}^{m} -z_i}{n-m} \end{cases} \quad (k=0, \pm 1, \pm 2, \cdots, n-m-1) \tag{4.14}$$

证明　（1）渐近线的倾角 φ_a：假设在无穷远处有闭环极点 s^*，则 s 平面上所有从开环零点 z_i 和极点 p_j 指向 s^* 的向量相角都相等，即 $\angle(s^*+z_i) = \angle(s^*+p_j) = \varphi_a$，代入相角条件式（4.10），得

$$\sum_{i=1}^{m} \angle(s^*+z_i) - \sum_{j=1}^{n} \angle(s^*+p_j) = m\varphi_a - n\varphi_a = (2k+1)\pi$$

所以渐近线的倾角为

$$\varphi_a = \frac{(2k+1)\pi}{n-m} \quad (k = 0, \pm 1, \pm 2, \cdots)$$

（2）渐近线与实轴的交点 σ_a：假定在无穷远处有闭环极点 s^*，则 s 平面上所有开环零点 z_i 和极点 p_j 到 s^* 的向量长度都相等。对于无穷远的闭环极点 s^* 而言，可以认为所有开环零、极点都汇集在一起，该点位置即 σ_a。当 $K^* \to \infty$ 和 $s^* \to \infty$ 时，可以认为 $-z_i = -p_j = \sigma_a$。由式（4.8）可得

$$\frac{\prod\limits_{j=1}^{n}(s+p_j)}{\prod\limits_{i}^{m}(s+z_i)} = (s-\sigma_a)^{n-m} = -K^* \tag{4.15}$$

式（4.15）中右端的展开式为

$$(s-\sigma_a)^{n-m} = s^{n-m} - \sigma_a(n-m)s^{n-m-1} + \cdots$$

而式（4.15）左端用长除法处理为

$$\frac{\prod\limits_{j=1}^{n}(s+p_j)}{\prod\limits_{i=1}^{m}(s+z_i)} = s^{n-m} - \left(\sum_{j=1}^{n} -p_j - \sum_{i=1}^{m} -z_i\right)s^{n-m-1} + \cdots$$

当 $s \to \infty$ 时，只保留前两项，并比较第二项系数可得

$$\sigma_a = \frac{\sum\limits_{j=1}^{n} -p_j - \sum\limits_{i=1}^{m} -z_i}{n-m}$$

则本法得证。

例 4.2 设某单位负反馈系统开环传递函数为

$$G(s) = \frac{K^*}{s(s+1)(s+2)}$$

试根据已知的基本法则，绘制根轨迹的渐近线。

解 系统开环有 3 个极点 $-p_1 = 0$，$-p_2 = -1$，$-p_3 = -2$，而没有零点。$n = 3$，$m = 0$，$n - m = 3$，故应有三条渐近线。

由式（4.14）得到三个方位角，即

$$\varphi_a = \frac{(2k+1)\pi}{n-m} = \frac{(2k+1)\pi}{3}$$

$$= \begin{cases} \pi/3 & (k=0) \\ -\pi/3 & (k=-1) \\ \pi & (k=1) \end{cases}$$

同时可得到渐近线与实轴的交点为

$$\sigma_a = \frac{\sum\limits_{j=1}^{n} -p_j - \sum\limits_{i=1}^{m} -z_i}{n-m}$$

$$= \frac{0 + (-1) + (-2)}{3} = -1$$

三条渐近线将平面分为三等份，如图 4.5 所示。

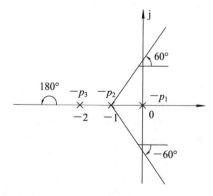

图 4.5 例 4.2 系统的根轨迹渐近线

法则 5　根轨迹的分离点、会合点与分离角：两条以上根轨迹分支的交点称为根轨迹的分离点或会合点；当根轨迹分支在实轴上相交后走向复平面时，该相交点称为根轨迹的分离点；当根轨迹分支由复平面走向实轴时，它们在实抽上的交点称为会合点。分离点（会合点）的坐标 d 可由式（4.16）求得。

$$\sum_{i=1}^{n} \frac{1}{d+p_i} = \sum_{j=1}^{m} \frac{1}{d+z_j} \tag{4.16}$$

基于根轨迹的分离点或会合点实质上都是特征方程式的重根，因而可以用求解重根的方法确定它们在 s 平面上的位置。分离点（会合点）的坐标 d 由下列特征方程式所决定。

$$1+G(s)H(s) = 1 + \frac{K^* B(s)}{A(s)} = 0$$

特征方程出现重根的条件是必须同时满足下列方程，即

$$D(s) = A(s) + K^* B(s) = 0 \tag{4.17}$$
$$D'(s) = A'(s) + K * B'(s) = 0 \tag{4.18}$$

消去式（4.17）和式（4.18）中的 K^*，求得

$$A(s)B'(s) - A(s)'B(s) = 0 \tag{4.19}$$

因此，分离点（会合点）的坐标 d 满足式（4.19）或由下面式子求得。

$$\frac{\mathrm{d}K^*}{\mathrm{d}s} = 0$$

这里不加证明地指出：当 l 条根轨迹分支进入并立即离开分离点时，分离角可由 $\frac{(2k+1)\pi}{l}$ 决定，其中 $k=0, 1, \cdots, l-1$。需要说明的是，分离角定义为根轨迹进入分离点的切线方向与离开分离点的切线方向之间的夹角。显然，当 $l=2$ 时，分离角必为直角。

例 4.3　某单位反馈系统开环传递函数为

$$G(s)H(s) = \frac{K^*}{s(s+1)(s+2)}$$

试概略绘制该系统的根轨迹并求分离点。

解　将系统开环零、极点标于 s 平面，如图 4.6 所示。$n=3$，$n-m=3$，根据诸法则判断可知根轨迹特征如下：

（1）系统有 3 条根轨迹分支，起于开环极点 0、-1、-2，终于 3 条趋于无穷远处的渐进线。

（2）根据法则 3，实轴上的根轨迹区段应为

$$[-1, 0], (-\infty, -2]$$

（3）根据法则 4，根轨迹的渐近线与实轴交点的坐标及夹角分别为

$$\begin{cases} \varphi_a = \dfrac{(2k+1)\pi}{3-0} = \pm \dfrac{\pi}{3}, -\pi \\ \sigma_a = \dfrac{0-1-2}{3-0} = -1 \end{cases}$$

（4）根据法则 5，系统的特征方程为

$$1+G(s) = 1 + \frac{K^*}{s(s+1)(s+2)} = 0$$
$$K^* = -s(s+1)(s+2)$$

$$\frac{\mathrm{d}K^*}{\mathrm{d}s} = -(3s^2 + 6s + 2) = 0$$

求得

$$s_{1,2} = \frac{-6 \pm \sqrt{36 - 24}}{6} = -0.423, -1.577$$

因为分离点在 0 至 -1 之间，故 $d = s_1 = -0.423$ 为分离点的坐标，因此舍弃 $s_2 = -1.577$。

用幅值条件确定分离点的根轨迹增益为

$$K^* = |s_1 - 0| \cdot |s_1 + 1| \cdot |s_1 + 2| = 0.423 \times 0.577 \times 1.577 = 0.385$$

根据上述讨论可绘制出系统根轨迹，如图 4.6 所示。

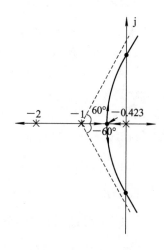

图 4.6　例 4.3 的根轨迹图

法则 6　根轨迹的起始角和终止角：根轨迹离开开环复数极点处的切线与实轴正方向的夹角，称为起始角，用 θ_{p_k} 表示；根轨迹进入开环复数零点处的切线与实轴正方向的夹角称为终止角，以 φ_{z_k} 表示。起始角、终止角可以直接利用下列相角条件求出。

根轨迹绘制的
基本法则 6 - 7

$$\theta_{p_k} = (2k+1)\pi + \sum_{j=1}^{m} \angle(-p_k + z_j) - \sum_{\substack{i=1 \\ \neq k}}^{n} \angle(-p_k + p_i)$$

$$(4.20)$$

$$\varphi_{z_k} = (2k+1)\pi - \sum_{\substack{j=1 \\ \neq k}}^{m} \angle(-z_k + z_j) + \sum_{i=1}^{n} \angle(-z_k + p_i) \qquad (4.21)$$

证明　设开环系统有 m 个有限零点，n 个有限极点。在十分靠近待求起始角（或终止角）的复数极点（或复数零点）的根轨迹上取一点 s_1，由于 s_1 无限接近于待求起始角的复数极点 p_k（或待求终止角的复数零点 z_k），因此，除 p_k（或 z_k）外，所有开环零、极点到 s_1 点的向量相角都可以用它们到 p_k（或 z_k）的向量相角代替，而 p_k（或 z_k）到 s_1 点的向量相角即是起始角 θ_{p_k}（或终止角 φ_{z_k}），根据 s_1 点必定满足相角条件，应有

$$\sum_{j=1}^{m} \angle(-p_k + z_j) - \sum_{\substack{i=1 \\ \neq k}}^{n} \angle(-p_k + p_i) - \theta_{p_k} = (2k+1)\pi$$

$$\varphi_{z_k} + \sum_{\substack{j=1 \\ \neq k}}^{m} \angle(-z_k + z_j) - \sum_{i=1}^{n} \angle(-z_k + p_i) = (2k+1)\pi$$

移项后，即可得到式(4.20)和式(4.21)。

例 4.4　某单位反馈系统开环传递函数为

$$G(s) = \frac{K^*(s+1.5)(s^2+4s+5)}{s(s+2.5)(s^2+s+2.5)}$$

试概略绘制系统的根轨迹。

解　将开环零、极点标于 s 平面上，绘制根轨迹步骤如下：

(1) 开环极点：$-p_3 = 0$，$-p_{1,2} = -0.5 \pm j1.5$，$-p_4 = -2.5$。

开环零点：$-z_1 = -1.5$，$-z_{2,3} = -2 \pm j$。

(2) 实轴上的根轨迹：$[-1.5, 0]$，$(-\infty, -2.5]$。

(3) 渐近线方位：由于开环传递函数 $n=4$，$m=3$，故只有一条根轨迹趋向无穷远，又依据根轨迹必对称实轴法则，可以判断，一条趋向于无穷远的根轨迹必定在实轴上，即

$$\varphi_a = \frac{(2k+1)\pi}{n-m} = \frac{(2k+1)\pi}{4-3} = \pi$$

(4) 起始角及终止角为

$$\theta_{p_1} = (2k+1)\pi + \sum_{j=1}^{3} \angle(-p_1 + z_j) - \sum_{\substack{i=1 \\ \neq 1}}^{4} \angle(-p_1 + p_i)$$

$$= (2k+1)\pi + 56.5° + 19° + 59° - 108.5° - 90° - 37°$$

$$= (2k+1)\pi - 101° = 79°$$

由式(4.20)及图 4.7(a)可知另一起始角必定与 θ_{p_2} 共轭，即 $\theta_{p_2} = -79°$。

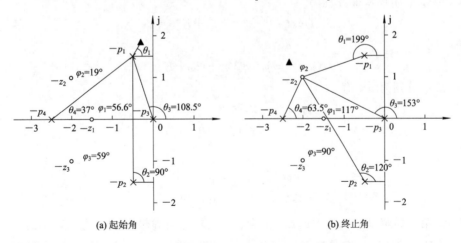

(a) 起始角　　　　　　(b) 终止角

图 4.7　根轨迹的起始角和终止角

由式(4.21)及图 4.7(b)可得

$$\varphi_{z_2} = (2k+1)\pi - \sum_{\substack{j=1 \\ \neq 2}}^{3} \angle(-z_2 + z_j) + \sum_{i=1}^{4} \angle(-z_2 + p_i)$$

$$= (2k+1)\pi - 117° - 90° + 153° + 199° + 121° + 63.5°$$

$$= 149.5°$$

则 $\varphi_{z_3} = -149.5°$。

系统根轨迹图如图 4.8 所示。

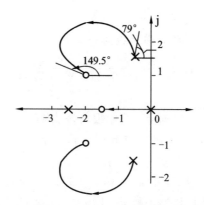

图 4.8　例 4.4 的系统根轨迹

法则 7　根轨迹与虚轴的交点：若根轨迹与虚轴相交，则意味着闭环特征方程出现纯虚根。因此，可在闭环特征方程中令 $s = j\omega$，然后分别令方程的实部和虚部均为零，从中求得交点的坐标值及其相应的 K^* 值。此外，根轨迹与虚轴相交表明系统在该 K^* 值下处于临界稳定状态，此处的根轨迹增益也称为临界根轨迹增益。

例 4.5　某单位反馈系统开环传递函数为

$$G(s) = \frac{K^*}{s(s+1)(s+2)}$$

试求临界根轨迹增益及该增益对应的三个闭环极点。

解　系统的闭环特征方程为

$$D(s) = s^3 + 3s^2 + 2s + K^* = 0$$

令 $s = j\omega$，则

$$D(j\omega) = -j\omega^3 - 3\omega^2 + j2\omega + K^* = 0$$

令实部、虚部分别为零，有

$$\begin{cases} -3\omega^2 + K^* = 0 \\ -\omega^3 + 2\omega = 0 \end{cases}$$

解得

$$\begin{cases} \omega = 0 \\ K^* = 0 \end{cases}, \quad \begin{cases} \omega = \pm\sqrt{2} \\ K^* = 6 \end{cases}$$

显然，第一组解是根轨迹的起点，故舍去。根轨迹与虚轴的交点为 $s_{1,2} = \pm j\sqrt{2}$，如图 4.6 所示，对应的根轨迹增益为 $K^* = 6$，另一个闭环极点 $s_3 = -3$。当 $0 < K^* < 6$ 时系统稳定。

法则 8　根之和：当系统闭环特征方程满足 $n - m \geqslant 2$ 时，系统闭环极点之和等于系统开环极点之和。

$$\sum_{i=1}^{n} -p_i = \sum_{i=1}^{n} s_i \quad (n - m \geqslant 2)$$

式中，$s_i (i = 1, 2, \cdots, n)$ 为系统闭环极点，$-p_i (i = 1, 2, \cdots, n)$ 为系统开环极点。**在开环极点**

确定的情况下，根之和是一个不变的常数。所以，当开环增益增大的时候，若闭环的一部分根向左移动，那另外一部分根必然向右移动。此法则对判断根轨迹的走向是很有意义的。

根据以上 8 条绘制根轨迹的法则，不难绘出系统的根轨迹。为便于查找，把上述规则归纳于表 4.2 中。具体在绘制某一根轨迹时，这 8 条法则并不一定全都用到，要根据具体情况确定应选用的法则。

表 4.2　绘制根轨迹的基本法则

序号	名　称	法　则
1	根轨迹起点和终点	根轨迹起始于 n 个开环极点，终止于 m 个有限开环零点和 $(n-m)$ 个无限零点
2	根轨迹的分支数、对称性	根轨迹的分支数等于开环极点数 n，对称于实轴
3	实轴上的根轨迹	处于实轴上某一区域，若其右边开环实数零、极点之和为奇数，则该段区域必是根轨迹
4	根轨迹的渐近线	$\begin{cases} 倾角：\varphi_a = \dfrac{(2k+1)\pi}{n-m} \\[2mm] 交点：\sigma_a = \dfrac{\sum\limits_{i=1}^{n} -p_i - \sum\limits_{j=1}^{m} -z_i}{n-m} \end{cases}$ $(k=0, \pm 1, \pm 2, \cdots, n-m-1)$
5	根轨迹的分离点与会合点	$\dfrac{\mathrm{d}K^*}{\mathrm{d}s}\Big|_{s=d} = 0$ 或 $\sum\limits_{j=1}^{m} \dfrac{1}{d+z_j} = \sum\limits_{i=1}^{n} \dfrac{1}{d+p_i}$
6	根轨迹的起始角和终止角	起始角：$\theta_{p_k} = (2k+1)\pi + \sum\limits_{j=1}^{m} \angle(-p_k+z_j) - \sum\limits_{\substack{i=1 \\ i\neq k}}^{n} \angle(-p_k+p_i)$ 终止角：$\varphi_{z_k} = (2k+1)\pi - \sum\limits_{\substack{j=1 \\ j\neq k}}^{m} \angle(-z_k+z_j) + \sum\limits_{i=1}^{n} \angle(-z_k+p_i)$
7	根轨迹与虚轴的交点	(1) 利用劳斯判据求临界稳定时的特征根； (2) 令 $s=\mathrm{j}\omega$，代入特征方程求 ω
8	根之和	$\sum\limits_{i=1}^{n} -p_i = \sum\limits_{i=1}^{n} s_i \quad (n-m \geqslant 2)$

4.3　广 义 根 轨 迹

广义根轨迹

前面所介绍的仅是系统在负反馈条件下根轨迹增益 K^* 变化时的根轨迹绘制方法。在实际工程系统的分析、设计过程中，有时需要分析正反馈条件下或根轨迹增益 K^* 以外的其他参量（例如时间常数、测速机反馈系数等）变化对系统性能的影响。这种情况下绘制的根轨迹（包括参数根轨迹和 0° 根轨迹）称为广义根轨迹。

4.3.1　参数根轨迹

除根轨迹增益 K^*（或开环增益 K）以外的其他参数从零变化到无穷大时绘制的根轨迹称为参数根轨迹。

绘制参数根轨迹的法则与绘制常规根轨迹的法则完全相同，只需要在绘制参数根轨迹之前引入"等效开环传递函数"，将绘制参数根轨迹的问题化为绘制 K^* 变化时根轨迹的形式来处理。下面通过举例说明参数根轨迹的绘制方法。

例 4.6 某控制系统框图如图 4.9 所示，试绘制 α 由 $0 \to \infty$ 时的根轨迹。

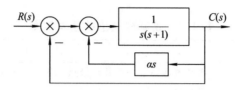

图 4.9 例 4.6 的系统框图

解 单位反馈系统的开环传递函数为

$$G(s) = \frac{1}{s(s+1) + \alpha s}$$

系统的闭环特征方程为

$$D(s) = s^2 + s + \alpha s + 1 = 0$$

构造等效开环传递函数，把含有可变参数的项放在分子上，即

$$1 + \frac{\alpha s}{s^2 + s + 1} = 0, \quad G_\alpha(s) = \frac{\alpha s}{s^2 + s + 1}$$

因为等效开环传递函数对应的闭环特征方程与原系统闭环特征方程相同，所以称 $G_\alpha(s)$ 为等效开环传递、函数借助 $G_\alpha(s)$ 的形式，可以利用常规根轨迹的绘制方法绘制系统的根轨迹。但必须明确，等效开环传递函数 $G_\alpha(s)$ 对应的闭环零点与原系统的闭环零点并不一致。在确定系统闭环零点、估算系统动态性能时，必须回到原系统的开环传递函数进行分析。

（1）$G_\alpha(s)$ 开环极点和开环零点：$-p_{1,2} = -\frac{1}{2} \pm \mathrm{j}\frac{\sqrt{3}}{2}$，$-z = 0$；系统有 2 条根轨迹，起于 $-\frac{1}{2} \pm \mathrm{j}\frac{\sqrt{3}}{2}$，终于 $-z = 0$ 和无穷远的零点，如图 4.10 所示。

（2）实轴上的根轨迹区段应为 $[-\infty, 0]$；渐近线倾角 $\varphi_a = \pi$。

（3）根轨迹的会合点：令 $\frac{\mathrm{d}\alpha}{\mathrm{d}s} = 0$，得 $s_{1,2} = \pm 1$，由图 4.10 可知舍去 $s_1 = 1$，根轨迹会合点为 $s_2 = d = -1$。

（4）起始角为

$$\theta_{p_{1,2}} = \mp 180° + (120° - 90°) = \mp 150°$$

（5）令根轨迹上任一点 $s = \sigma + \mathrm{j}\omega$，利用相角条件不难证明该系统根轨迹复数部分为一圆弧，其方程为 $\sigma^2 + \omega^2 = 1$。根轨迹如图 4.10 所示。

由幅值条件得会合点处的 α 值为

$$\alpha = \frac{\left| \sqrt{\left(d + \frac{1}{2}\right)^2 + \left(\frac{\sqrt{3}}{2}\right)^2} \sqrt{\left(d + \frac{1}{2}\right)^2 + \left(-\frac{\sqrt{3}}{2}\right)^2} \right|}{|d|} = 1$$

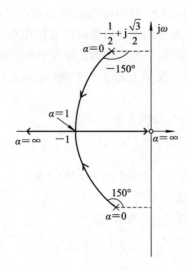

图 4.10 例 4.6 的系统根轨迹

由图 4.10 可以得出如下结论：

(1) 当 $0 < a < 1$ 时，闭环极点是一对实部为负数的复根，系统阶跃响应为衰减振荡过程。

(2) 当 $a \geqslant 1$ 时，闭环极点是两个负实根，系统阶跃响应为单调过程。

(3) 当 $0 < a < \infty$ 时，系统稳定。

4.3.2 零度根轨迹

在负反馈条件下，根轨迹方程为 $G(s)H(s) = -1$，相角条件为 $\angle G(s)H(s) = (2k+1)\pi$，$k = 0, \pm 1, \pm 2, \cdots$，因此称相应的常规根轨迹为 180° 根轨迹；在正反馈条件下，当系统特征方程为 $D(s) = 1 - G(s)H(s) = 0$ 时，根轨迹方程为 $G(s)H(s) = 1$，相角条件为 $\angle G(s)H(s) = 2k\pi$，$k = 0, \pm 1, \pm 2, \cdots$，相应绘制的根轨迹称为零度(或 0°)根轨迹。

0° 根轨迹绘制法则与 180° 根轨迹绘制法则有所不同。若系统开环传递函数 $G(s)H(s)$ 表达式如式(4.4)所示，则 0° 根轨迹方程为

$$\frac{K^* \prod\limits_{j=1}^{m} (s + z_j)}{\prod\limits_{i=1}^{n} (s + p_i)} = 1 \tag{4.22}$$

幅值条件为

$$|G(s)H(s)| = K^* \frac{\prod\limits_{j=1}^{m} |(s + z_j)|}{\prod\limits_{i=1}^{n} |(s + p_i)|} = 1 \tag{4.23}$$

相角条件为

$$\angle G(s)H(s) = \sum_{j=1}^{m} \angle (s + z_j) - \sum_{i=1}^{n} \angle (s + p_i)$$
$$= 2k\pi, \quad (k = 0, \pm 1, \pm 2, \cdots) \tag{4.24}$$

0°根轨迹的幅值条件与180°根轨迹的幅值条件一致，但两者相角条件却不同。因此，绘制180°根轨迹法则中与相角条件无关的法则可以直接用来绘制0°根轨迹，而与相角条件有关的法则3、法则4、法则6则需要相应修改。修改后的法则为：

法则 3* 实轴上的根轨迹：实轴上的某一区域，若其右边开环零、极点个数之和为偶数，则该区域必是根轨迹。

法则 4* 根轨迹的渐近线与实轴夹角应改为

$$\varphi_a = \frac{2k\pi}{n-m} \quad (k=0, \pm1, \pm2, \cdots)$$

法则 6* 根轨迹的起始角与终止角用式(4.24)计算。

除上述三个法则外，其他法则不变。

例 4.7 设系统结构图如图 4.11 所示，图中

$$G(s) = \frac{K^*(s+2)}{(s+3)(s^2+2s+2)}, \quad H(s)=1$$

试绘制该系统的根轨迹。

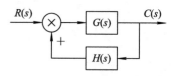

图 4.11　例 4.7 的系统结构图

解 该系统为正反馈，其 0°根轨迹如图 4.12 所示。

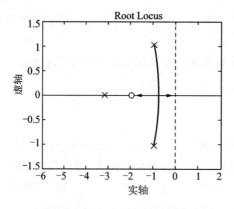

图 4.12　例 4.7 的系统根轨迹图

例 4.7 解答

4.4 用根轨迹法分析控制系统性能

4.4.1 闭环零、极点分布与阶跃响应的定性关系

第 3 章 3.2.3 给出了高阶系统的闭环零、极点分布与阶跃响应的关系，控制系统的动态过程应有足够的快速性和平稳性，系统被控量 $c(t)$ 应尽可能复现给定的输入，为达到这些要求，闭环零、极点应怎样分布呢？

（1）为保证系统稳定，所有的闭环极点必须位于 s 平面的虚轴之左。

（2）为提高系统的快速性，应使系统阶跃响应式(3.35)中各子分

根轨迹分析
系统性能

量 $e^{-p_j t}$、$e^{-\zeta_k \omega_{nk} t}$ 快速衰减，所以闭环极点应远离虚轴。

依据根轨迹可以定性分析系统性能，这里通过一、二阶系统的响应来说明。

① 一阶系统。一阶系统闭环特征方程为

$$Ts + 1 = 0$$

闭环特征根为实根，$s_1 = -1/T$，位于 s 平面左侧。

系统阶跃响应由第 3 章可知为

$$c(t) = 1 - e^{s_1 t} = 1 - e^{-\frac{1}{T}t}$$

为提高系统快速性，要减小调节时间 $t_s = 3T$，应使时间常数 T 小一些，特征根（闭环极点）的绝对值 $|s_1| = \left|\dfrac{1}{T}\right|$ 要大一些，也就是 s_1 应远离虚轴，如此将使响应中的指数项迅速衰减。

② 二阶系统。二阶系统的闭环特征方程为

$$s^2 + 2\zeta\omega_n s + \omega_n^2 = 0$$

闭环特征根在欠阻尼情况下为复根，$s_{1,2} = -\zeta\omega_n \pm j\omega_n \sqrt{1-\zeta^2}$，位于 s 平面左侧，如图 4.13 所示。

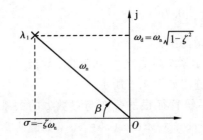

图 4.13　二阶系统特征根分布

第 3 章已知阶跃响应呈现衰减振荡变化的快速性指标估算式为

$$t_s = \frac{3}{\zeta\omega_n}$$

为提高系统快速性，减小调节时间 t_s，应加大 $\zeta\omega_n$，即特征根实部的绝对值要大一些，亦即 $s_{1,2}$ 应远离虚轴，如此将使响应中的指数振荡加快衰减。

（3）要提高系统的平稳性，减小响应的超调，应使闭环极点靠近实轴，复数极点最好设置在最佳阻尼线（即 s 平面中与负实轴成 $\pm 45°$ 的夹角线）附近。

由图 4.13 知，特征根与负实轴夹角为 $\arccos\zeta$，当 $\zeta = 0.707$，即为最佳阻尼比时，$\arccos\zeta = 45°$，故称 $45°$ 夹角线为最佳阻尼线，最佳阻尼对应的响应平稳性好，超调非常小。

（4）要使动态过程尽快结束，则式（3.35）中的系数 A_j、B_k、C_k 应小些，此时暂态分量相应就小。

4.4.2　利用主导极点估算系统性能指标

例 4.8　三阶系统闭环传递函数为

$$\Phi(s) = \frac{(0.9s + 1)}{(s+1)(0.1s^2 + 0.08s + 1)}$$

试估算系统的性能指标 $M_p\%$、t_s。

解 该闭环系统有三个极点，即

$$s_1 = -1, \quad s_{2,3} = -4 \pm 9.2j$$

但还有一个闭环零点 $z_{\varphi_1} = -1.1$。系统闭环零、极点分布如图 4.14 所示。

由 3.2.3 章节和图 4.14 可以看出，极点 s_1 与零点 z_{φ_1} 构成了偶极子，故主导极点不再是 s_1，而应是 $s_{2,3}$，系统近似为二阶系统，即

$$\Phi(s) \approx \frac{0.9}{0.01s^2 + 0.08s + 1}$$

或表示为

$$\Phi(s) = \frac{90}{s^2 + 8s + 100}$$

对照标准式可知

$$\omega_n = 10, \quad \zeta = 0.4$$

则

$$M_p\% = e^{-\pi\zeta/\sqrt{1-\zeta^2}} \times 100\% = 25\%$$

$$t_s = \frac{3}{\zeta\omega_n} = 0.75 \text{ s}$$

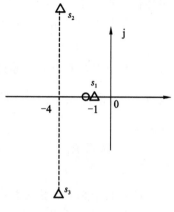

图 4.14 系统闭环零、极点分布

即该系统的阶跃响应为指数振荡型。

例 4.9 试确定例 4.5 所示系统阻尼比 $\zeta = 0.5$ 的主导极点，并估算其性能指标 $M_p\%$、t_s。

解 已作出的系统根轨迹图如图 4.6 所示。

依照图 4.13 所示二阶系统特征根的分布与参数 ζ 的关系，可以作出 $\zeta = 0.5$ 的阻尼线，它与实轴负方向的夹角 $\arccos\zeta = \arccos 0.5 = 60°$，如图 4.15 所示。

阻尼线 OA 与根轨迹的交点即为相应的闭环极点，可设相应两个复数闭环极点分别为

$$s_1 = -\zeta\omega_n + j\omega_n\sqrt{1-\zeta^2} = -0.5\omega_n + j0.866\omega_n$$

$$s_2 = -\zeta\omega_n - j\omega_n\sqrt{1-\zeta^2} = -0.5\omega_n - j0.866\omega_n$$

闭环特征方程为

$$\begin{aligned}
D(s) &= (s - s_1)(s - s_2)(s - s_3) \\
&= s^3 + (\omega_n - s_3)s^2 + (\omega_n^2 - s_3\omega_n)s - s_3\omega_n^2 \\
&= s^3 + 3s^2 + 2s + K^*
\end{aligned}$$

比较系数有

$$\begin{cases}
\omega_n - s_3 = 3 \\
\omega_n^2 - s_3\omega_n = 2 \\
-s_3\omega_n^2 = K^*
\end{cases}$$

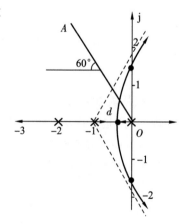

图 4.15 三阶系统根轨迹图

解得

$$\begin{cases}
\omega_n = \dfrac{2}{3} \\
s_3 = -2.33 \\
K^* = 1.04
\end{cases}$$

故 $\zeta=0.5$ 时的 K 值以及相应的闭环极点为

$$K=\frac{K^*}{2}=0.52$$

$$s_1=-0.33+\mathrm{j}0.58，s_2=-0.33-\mathrm{j}0.58，s_3=-2.33$$

在求得的 3 个闭环极点中，s_3 至虚轴的距离约为 $s_{1、2}$ 至虚轴的距离的 7 倍，可见 $s_{1、2}$ 是系统的主导极点，则该系统可以近似为二阶系统，即

$$\Phi(s)=\frac{s_1 s_2}{(s-s_1)(s-s_2)}=\frac{0.667^2}{s^2+0.667s+0.667^2}$$

对照二阶系统标准式可知 $\begin{cases}\omega_{\mathrm{n}}=0.667\\\zeta=0.5\end{cases}$，代入指标公式得

$$M_{\mathrm{p}}\%=\mathrm{e}^{\frac{-\zeta\pi}{\sqrt{1-\zeta^2}}}\times100\%=16.3\%$$

$$t_{\mathrm{s}}=\frac{3}{\zeta\omega_{\mathrm{n}}}=9.0\ \mathrm{s}$$

4.5　基于 MATLAB 的根轨迹分析

4.5.1　绘制系统根轨迹图的 MATLAB 命令

在用根轨迹法对控制系统的性能进行分析时，必须先画出具有一定准确度的根轨迹草图，这就要花费较多的时间，而用下述 MATLAB 的相关指令，就能既迅速又较精确地画出系统的根轨迹图，并能方便地确定根轨迹图上任一点所对应的一组闭环极点和相应的根轨迹增益值。

1. 绘制控制系统的根轨迹图

绘制根轨迹的常用命令为 rlocus(num，den)或 rlocus(num，den，K)。如果参变量 K 的范围是给定的，则 MATLAB 将按给定的参数范围绘制根轨迹；否则 K 是自动确定，其变化范围为 $0\sim\infty$。在绘制根轨迹图时，MATLAB 有 x，y 坐标轴的自动定标功能。如果用户需要，可自行设置坐标的范围，只要在相应的程序中加上如下的指令即可：

$$\mathrm{V}=[-x，x，-y，y]；\mathrm{axis}(\mathrm{V})$$

它表示 x 轴的范围为 $-x\sim x$，y 轴的范围为 $-y\sim y$。

例 4.10　已知一单位负反馈系统的开环传递函数为

$$G(s)=\frac{K}{s(s+1)(s+2)}$$

试用 MATLAB 绘制系统的根轨迹。

解

```
%MATLAB 程序 4.1
K = 1;
Z = [];
P = [0 -1 -2];
[num,den] = zp2tf(Z,P,K);        %将以零、极点形式表示的 G(s)
```

```
rlocus(num ,den);
V = [-4 2 -3 3];        %坐标范围
axis(V);
title('Root - locus plot of G(s) = K/s(s+1)(s+2)');
xlabel('Re');
ylabel('Im');
```

运行结果如图 4.16 所示。

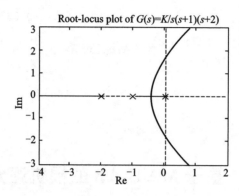

图 4.16　例 4.10 的系统根轨迹图(a)

2. 由根轨迹图对系统的性能进行分析

在对系统性能的分析过程中,一般需要确定根轨迹图上某一点的根轨迹增益值和其他对应的闭环极点。对此,只要在 rlocus 指令后,调用下面的指令即可:

$$[K2, P2] = rlocfind(num, den)$$

运行该指令后,在显示根轨迹图形的屏幕上会生成一个十字光标,同时在 MATLAB 的命令窗口出现"Select a point in the graphics window",提示用户选择某一个点。当使用鼠标移动十字光标到所希望的位置后,单击左键,在 MATLAB 的命令窗口就会显示该点的数值、增益 K 和对应的其他闭环极点。

4.5.2　一级倒立摆系统的根轨迹分析

在第 2 章已得到了倒立摆系统的开环传递函数,输入为小车的加速度,输出为倒立摆系统摆杆的角度,被控对象的传递函数为

$$\frac{\Phi(x)}{V(s)} = \frac{ml}{(I+ml^2)s^2 - mgl}$$

$$\frac{\Phi(s)}{V(s)} = \frac{0.027\,25}{0.010\,212\,5s^2 - 0.267\,05}$$

在 MATLAB 下键入如下命令:

```
clear
num=[0.02725];
den=[0.0102125 0 -0.26705];
rlocus(num ,den);
```

画出倒立摆系统闭环传递函数的根轨迹,如图 4.17 所示,可以看出闭环传递函数的一个极点位于右半平面,并且有一条根轨迹起始于该极点,并沿着实轴向左移动到零点处

并在虚轴上移动，这意味着无论增益如何变化，这条根轨迹总是位于右半平面，即系统总是不稳定的。

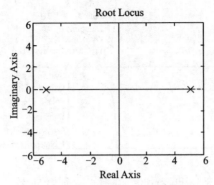

图 4.17　倒立摆系统闭环传递函数的根轨迹

若在原系统中增加一个 −6 的零点，即在 MATLAB 下键入如下命令：

```
clear
num＝0.02725 * [1 6];
den＝[0.0102125 0 −0.26705];
rlocus(num, den);
```

则系统根轨迹如图 4.18 所示，可以看出闭环传递函数的一个极点位于右半平面，并沿着实轴向左移动，然后沿椭圆在左半平面上运动，由图可得当根轨迹增益 K^* 大于 1.61 时，闭环系统稳定。

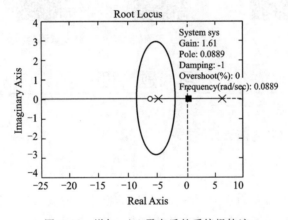

图 4.18　增加 $s+6$ 零点后的系统根轨迹

若在系统中继续增加一个 −25 的极点，即在 MATLAB 下键入如下命令：

```
clear
num＝0.02725 * [1 6];
den＝conv([0.0102125 0 −0.26705],[1 25]);
rlocus(num, den);
```

则系统根轨迹如图 4.19 所示，可以看出闭环传递函数的一个极点从右半平面出发，并沿着实轴向左移动，然后沿平行于虚轴的直线在左半平面上运动，由图可知当根轨迹增益 K^* 大于 40.8 时，闭环系统稳定。当 $K=113$ 时，系统达到最佳阻尼比 0.707，超调量为 4.33%。

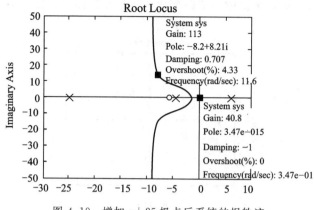

图 4.19 增加 s＋25 极点后系统的根轨迹

4.6 小 结

本章详细介绍了根轨迹的基本概念、根轨迹的绘制方法以及根轨迹法在控制系统性能分析中的应用。

小结　　　　　　第 4 章测验　　　　第 4 章测验答案

习 题 四

4-1 系统的开环传递函数为

$$G(s)H(s)=\frac{K^*}{(s+1)(s+2)(s+4)}$$

试证明点 $s_1=-1+j\sqrt{3}$ 在根轨迹上，并求出相应的根轨迹增益 K^* 和开环增益 K。

4-2 已知单位负反馈系统的开环传递函数如下，试作出 K^*（由 $0\rightarrow\infty$）变动的闭环根轨迹。

(1) $G(s)H(s)=\dfrac{K^*(s+5)}{s(s+2)(s+3)}$ 　　　(2) $G(s)H(s)=\dfrac{K^*(s+2)}{s(s+1)(s+3)}$

(3) $G(s)H(s)=\dfrac{K^*(s+20)}{s(s+1)(s+2)(s+3)}$ 　　(4) $G(s)H(s)=\dfrac{K^*(s+2)}{s^2+2s+5}$

4-3 单位负反馈系统的开环传递函数为

$$G(s)H(s)=\frac{K}{s(0.05s^2+0.4s+1)}$$

试作出 K^*（由 $0\rightarrow\infty$）变动的闭环根轨迹。

4 - 4　某单位反馈系统的开环传递函数为

$$G(s) = \frac{K^*}{s(s+2)(s+4)}$$

（1）绘制 K^* 由 $0 \to \infty$ 变化的根轨迹，并求系统等幅振荡时 K^* 值和振荡频率。

（2）确定系统呈阻尼振荡瞬态响应的 K^* 值范围。

（3）求主导复数极点具有阻尼比为 0.5 时的 K^* 值。

4 - 5　已知单位反馈系统的开环传递函数为

$$G(s) = \frac{20}{(s+4)(s+b)}$$

试绘制参数 b 从零变化到无穷大时的根轨迹。

4 - 6　试用根轨迹法确定图 4.20 所示系统阶跃响应无振荡的 K 值范围。

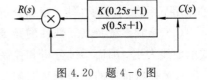

图 4.20　题 4 - 6 图

4 - 7　设单位反馈系统的开环传递函数为

$$G(s) = \frac{K^*(1-s)}{s(s+2)}$$

试绘制系统根轨迹，并求出使系统产生重实根和纯虚根的 K^* 值。

4 - 8　实系数特征方程为

$$A(s) = s^3 + 5s^2 + (6+a)s + a = 0$$

要使其根全为实数，试确定参数 a 的范围。

4 - 9　已知单位负反馈系统的开环传递函数为

$$G(s)H(s) = \frac{K}{(s+14)(s^2+2s+2)}$$

绘制 K 由 $0 \to \infty$ 变动的根轨迹图，并确定：

（1）使系统稳定的 K 值范围。

（2）使闭环传递函数的复数极点具有阻尼比 0.5 时的 K 值。

4 - 10　设系统的开环零、极点分布如图 4.21 所示，试绘制相应的根轨迹草图。

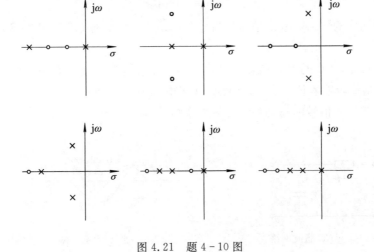

图 4.21　题 4 - 10 图

第5章 线性控制系统的频域分析法

应用频率特性研究线性系统的经典方法称为频域分析法。频域分析法是自动控制理论中用于系统分析与综合的方法之一,它可以将控制系统的各种性能在频域中展示出来。控制系统中的信号可以表示为不同频率正弦信号的合成。控制系统的频域特性反映了正弦信号作用下系统响应的性能。频域分析法具有以下特点:

(1)控制系统及其元部件的频域特性可以运用分析法和试验方法获得,并可用多种形式的曲线表示,因而系统分析和控制器设计可以应用图解法进行。

(2)频域特性的物理意义明确。对于一阶系统和二阶系统,频域性能指标和时域性能指标有确定的对应关系;而对于高阶系统,可建立近似的对应关系。

(3)控制系统的频域设计可以兼顾动态响应和噪声抑制两方面的要求。

(4)频域分析法不仅适用于线性定常系统,还可以推广应用于某些非线性控制系统。

5.1 频率特性

5.1.1 频率特性的基本概念

1. 频率特性的物理意义

首先以图 5.1 所示的 RC 滤波网络为例建立频率特性的基本概念。设电容 C 的初始电压为 $u_c(0)$,取输入信号为正弦信号,即

$$u_r(t) = A\sin\omega t \tag{5.1}$$

其次记录网络的输入、输出信号。当输出响应 $u_c(t)$ 呈稳态时,其响应曲线如图 5.2 所示。

由图 5.2 可见,RC 网络的稳态输出信号仍为正弦信号,其稳态输出的频率与输入信号频率相同,幅值较输入信号有一定衰减,其相位存在一定延迟。

系统对正弦输入信号的稳态响应称为频率响应。

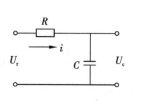

图 5.1 RC 滤波网络

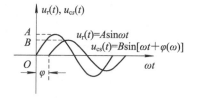

图 5.2 RC 滤波网络的输入输出响应

图 5.1 所示的 RC 网络的输入和输出关系可由以下微分方程描述:

$$T\frac{du_c}{dt} + u_c = u_r \tag{5.2}$$

式中，$T=RC$ 为时间常数。对该式取拉氏变换并代入初始条件 $u_c(0)=u_{c0}$，得

$$U_c(s) = \frac{1}{Ts+1}[U_r(s) + Tu_c(0)] = \frac{1}{Ts+1}\left(\frac{A\omega}{s^2+\omega^2} + Tu_{c0}\right)$$

再取拉式反变换求得

$$u_c(t) = \left(u_{c0} + \frac{A\omega T}{1+T^2\omega^2}\right)e^{-\frac{t}{T}} + \frac{A}{\sqrt{1+T^2\omega^2}}\sin(\omega t - \arctan\omega T) \tag{5.3}$$

由于 $T>0$，式(5.3)中的第一项将随时间增大而趋于零，为输出的瞬态分量；而第二项正弦信号为输出的稳态分量。

$$u_{cs}(t) = \frac{A}{\sqrt{1+T^2\omega^2}}\sin(\omega t - \arctan\omega T)$$

$$= A \cdot A(\omega)\sin[\omega t + \varphi(\omega)] = B \cdot \sin[\omega t + \varphi(\omega)] \tag{5.4}$$

在式(5.4)中，$A(\omega)=\dfrac{1}{\sqrt{1+T^2\omega^2}}$，$\varphi(\omega)=-\arctan\omega T$，分别反映了 RC 网络在正弦信号作用下输出稳态分量的幅值和相位变化，称为幅值比和相位差，且它们皆为输入正弦信号频率 ω 的函数。

由于 RC 滤波网络的传递函数为

$$G(s) = \frac{1}{Ts+1} \tag{5.5}$$

则有

$$\frac{\dot{U}_c}{\dot{U}_r} = G(j\omega) = \frac{1}{1+jT\omega}$$

取 $s=j\omega$，得

$$G(j\omega) = G(s)\big|_{s=j\omega} = \frac{1}{\sqrt{1+T^2\omega^2}}e^{-j\arctan\omega T} \tag{5.6}$$

比较式(5.4)和式(5.6)可知，$A(\omega)$ 和 $\varphi(\omega)$ 分别为 $G(j\omega)$ 的幅值 $|G(j\omega)|$ 和相角 $\angle G(j\omega)$。这一结论非常重要，它反映了 $A(\omega)$、$\varphi(\omega)$ 与系统数学模型的本质关系，具有普遍性。

设有一稳定的线性定常系统，其传递函数为

$$G(s) = \frac{C(s)}{R(s)} = \frac{\displaystyle\sum_{j=0}^{m}b_j s^j}{\displaystyle\sum_{i=0}^{n}a_i s^i} \tag{5.7}$$

若系统输入为谐波信号，则

$$r(t) = A\sin(\omega t + \theta) \tag{5.8}$$

由于系统稳定，可以推导出(推导过程省略)输出响应稳态分量为

$$c_s(t) = A|G(j\omega)|\sin[\omega t + \theta + \angle G(j\omega)] \tag{5.9}$$

式(5.9)表明，对于稳定的线性定常系统，由正弦输入产生的输出稳态分量仍然是与输入同频率的正弦函数，其幅值和相位的变化是频率 ω 的函数，且与系统数学模型相关。

可证得

$$G(j\omega) = \frac{C(j\omega)}{R(j\omega)} = P(\omega) + jQ(\omega) = \left| G(j\omega) \right| e^{j\angle G(j\omega)} \tag{5.10}$$

式中

$$\left| G(j\omega) \right| = \sqrt{P^2(\omega) + Q^2(\omega)}, \quad \angle G(j\omega) = \arctan \frac{Q(\omega)}{P(\omega)}$$

因此频率特性的物理意义是：**在线性系统中，加入一个正弦信号输入，其稳态输出具有与输入同频率的正弦信号，其幅值、相位与系统的参数和输入频率有关。**

2. 频率特性的定义

在正弦信号输入下，线性定常系统或环节，其输出的稳态分量与输入的复数比，称为**系统或环节的频率特性**，记为

$$G(j\omega) = \left| G(j\omega) \right| e^{j\angle G(j\omega)} = A(\omega) e^{j\varphi(\omega)} \tag{5.11}$$

在正弦信号输入下，线性定常系统或环节，其稳态输出的幅值与输入幅值之比，称为系统或环节的幅频特性，记为

$$\left| G(j\omega) \right| = \left| \frac{C(j\omega)}{R(j\omega)} \right| = A(\omega) \tag{5.12}$$

在正弦信号输入下，线性定常系统或环节，其稳态输出的相位与输入相位之差，称为系统或环节的相频特性，记为

$$\angle G(j\omega) = \varphi(\omega) \tag{5.13}$$

频率特性表征系统对正弦输入信号的三大传递能力——同频、变幅、变相。幅频描述系统对于不同频率的输入信号在稳态情况下的衰减（或放大）特性；相频描述系统的稳态输出对于不同频率的正弦输入信号的相位滞后（$\varphi<0$）或超前（$\varphi>0$）特性。系统的频率特性由系统的结构和参数决定，与输入信号的幅值和相位无关。

频率特性与微分方程和传递函数一样，也表征了系统的运动规律，成为系统频域分析的理论依据。系统三种描述方法之间的关系可用图 5.3 来说明。

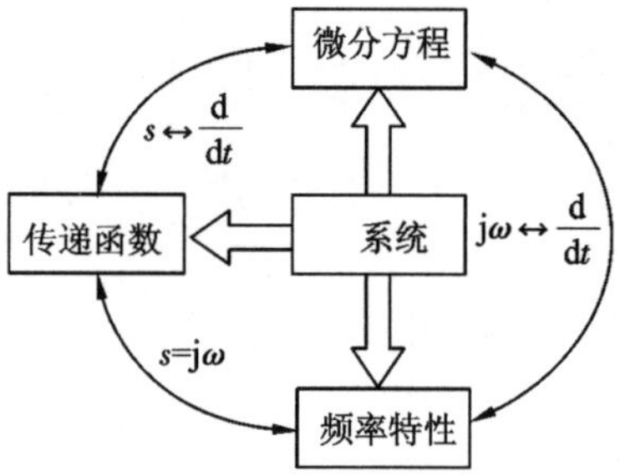

图 5.3　系统三种描述方法之间的关系

例 5.1 已知单位负反馈系统的开环传递函数为 $G_o(s) = \dfrac{4}{s+1}$，试求当输入信号 $r(t) = 2\cos(2t + 45°)$ 作用于闭环系统时，系统的稳态输出。

解 首先求系统的闭环传递函数，然后求闭环的频率特性。即

$$G_o(s) = \frac{4}{s+1}$$

$$\Phi(s) = \frac{C(s)}{R(s)} = \frac{G_o(s)}{1 + G_o(s)} = \frac{4}{s+5}$$

$$\Phi(j\omega) = \frac{4}{j\omega+5} = \frac{4}{\sqrt{\omega^2+25}} e^{-j\arctan\frac{\omega}{5}}$$

最后根据频率特性的定义，以及线性系统的叠加性求解如下：

$$\omega = 2, \quad A = 2, \quad \theta = 45°$$

$$\Phi(\mathrm{j}\omega)\big|_{\omega=2}=\frac{4}{\sqrt{4+25}}\mathrm{e}^{-\mathrm{jarctan}\frac{2}{5}}=0.74\mathrm{e}^{-\mathrm{j}21.8°}$$

则系统的稳态输出为

$$c_{\mathrm{cs}}(t)=1.48\cos(2t+23.2°)$$

5.1.2　频率特性的表示方法

频率特性

频率特性的定义既可适用于稳定系统，也可适用于不稳定系统。稳定系统的频率特性可以用实验方法确定，即在系统的输入端加不同频率的正弦信号，然后测量系统输出的稳态响应，再根据幅值之比和相位之差作出系统的频率特性曲线。RC 滤波网络的频率特性曲线如图 5.4 所示。

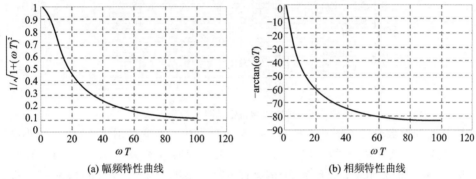

(a) 幅频特性曲线　　　　　　　　　　　　(b) 相频特性曲线

图 5.4　RC 滤波网络的频率特性曲线

在工程分析和设计中，通常先把线性系统的频率特性画成曲线，再运用图解法进行研究。一般不研究图 5.4 所示的频率特性曲线，常用的频率特性曲线有以下三种。

1. 幅相频率特性曲线

幅相频率特性曲线简称为幅相曲线或极坐标图，它以横轴为实轴、纵轴为虚轴，构成复数平面。对于复平面任一给定的频率 ω，频率特性值为复数。若将频率特性表示复指数形式，则为复平面上的向量，而向量的长度为频率特性的幅值，向量与实轴正方向的夹角等于频率特性的相位。由于幅频特性为 ω 的偶函数，相频特性为 ω 的奇函数，则 ω 从零变化至 $+\infty$ 和 ω 从零变化至 $-\infty$ 的幅相曲线关于实轴对称，因此一般只绘制 ω 从零变化至 $+\infty$ 的幅相特性曲线，如图 5.5 所示。在系统幅相曲线中，频率 ω 为参变量，一般用小箭头表示 ω 增大时幅相曲线的变化方向。

对于图 5.1 讨论的 RC 滤波网络，有

$$G(\mathrm{j}\omega)=\frac{1}{1+\mathrm{j}T\omega}=\frac{1}{1+(T\omega)^2}+\frac{-\mathrm{j}T\omega}{1+(T\omega)^2}$$

故有

$$\left[\mathrm{Re}G(\mathrm{j}\omega)-\frac{1}{2}\right]^2+\mathrm{Im}^2G(\mathrm{j}\omega)=\left(\frac{1}{2}\right)^2$$

上式表明 RC 网络的幅相曲线是以 $(1/2,\mathrm{j}0)$ 为圆心，半径为 $1/2$ 的半圆，如图 5.5 所示。

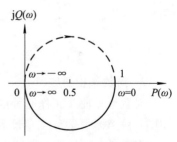

图 5.5　RC 网络的幅相曲线

2. 对数频率特性曲线

对数频率特性曲线由对数幅频特性和对数相频特性两条曲线组成，又称为伯德曲线或伯德图（Bode 图）。对数频率特性曲线是控制工程中广泛应用的一组曲线。

对数频率特性曲线的横坐标为角频率 ω，按 $\lg\omega$ 分度，单位为弧度/秒（rad/s）。对数幅频曲线的纵坐标按

$$L(\omega) = 20\lg|G(j\omega)| = 20\lg A(\omega) \tag{5.14}$$

线性分度，单位是分贝（dB）。对数相频曲线 $\varphi(\omega)$ 的纵坐标按线性分度，单位为度（°）。由此构成的坐标系称为半对数坐标系。图 5.6 所示是对数幅频曲线的半对数坐标系。

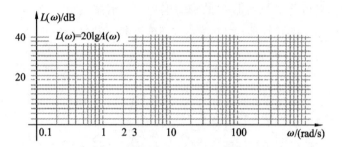

图 5.6　对数幅频特性的半对数坐标系

线性分度和对数分度如图 5.7 所示。在对数分度中，当变量增大 10 倍或减小到 1/10 时，坐标间的距离变化一个单位长度。ω 每增大 10 倍，横坐标就增加 1 个单位长度。这个单位长度代表 10 倍频距离，故称为"十倍频程"或"十倍频"，记作 decade 或简写为 dec。

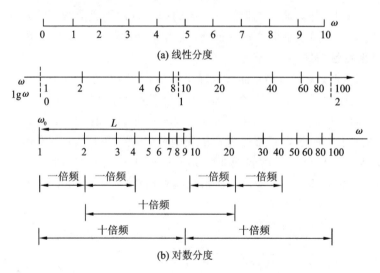

图 5.7　线性分度和对数分度

3. 对数幅相曲线

对数幅相曲线又称尼科尔斯曲线或尼科尔斯图。其特点是纵坐标为 $L(\omega)$，单位为分贝（dB），横坐标为 $\varphi(\omega)$，单位为（°），均为线性分度，其中频率 ω 为参变量。

在尼科尔斯曲线对应的坐标系中，可以根据系统开环和闭环的关系，绘制关于闭环幅频特性的等 M 簇线和闭环相频特性的等 α 簇线，因而可以根据频域指标要求确定校正网

络,简化系统的设计过程。本书对此部分内容不进行详细描述。

5.2　极坐标图

设线性定常系统结构如图 5.8 所示,其开环传递函数为

$$\frac{B(s)}{E(s)} = G_1(s)G_2(s)H(s) \triangleq G(s)H(s)$$

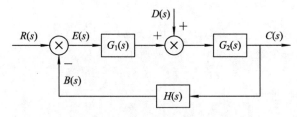

图 5.8　线性定常系统结构图

为了绘制系统开环频率特性曲线,必须先研究开环系统的典型环节及相应的频率特性。以下为了叙述简略,假设系统是单位负反馈,则 $G(s)H(s) = G(s)$。

基于频率特性 $G(j\omega)$ 是一个复数,可用下式表示:

$$G(j\omega) = G(s)\big|_{s=j\omega} = P(\omega) + jQ(\omega) = |G(j\omega)| e^{j\angle G(j\omega)} \tag{5.15}$$

式中

$$|G(j\omega)| = A(\omega) = \sqrt{P^2(\omega) + Q^2(\omega)}$$

$$\angle G(j\omega) = \varphi(\omega) = \arctan\frac{Q(\omega)}{P(\omega)}$$

这样 $G(j\omega)$ 可用幅值和相角的矢量来表示,如图 5.9 所示。**当输入信号的频率 ω 从 0 到 $+\infty$ 变化时,矢量 $G(j\omega)$ 的幅值和相位也随之作相应的变化,其端点在复平面上移动的轨迹称为频率特性的极坐标图,又称为奈奎斯特图(奈氏图)。**这种图形主要用于对闭环系统稳定性的研究,奈奎斯特(N. Nyquist)在 1932 年基于极坐标图对反馈控制系统稳定性给出了论证。

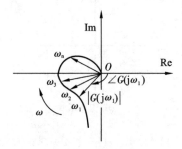

图 5.9　极坐标图(奈氏图)

5.2.1　典型环节的极坐标图

由于开环传递函数的分子和分母多项式的系数皆为实数,系统开环零极点为实数或共

轭复数。根据开环零极点可将分子和分母多项式分解成因式，再将因
式分类，即得典型环节。典型环节可分为八种：比例环节 $K(K>0)$、
积分环节 $1/s$、纯微分环节 s、惯性环节 $1/Ts+1(T>0)$、一阶微分环
节 $Ts+1(T>0)$、振荡环节 $1/(s^2/\omega_n^2+2\zeta s/\omega_n+1)(\omega_n>0, 0\leqslant\zeta<1)$、
二阶微分环节 $s^2/\omega_n^2+2\zeta s/\omega_n+1(\omega_n>0, 0\leqslant\zeta<1)$ 和滞后环节 $e^{-\tau s}$。

典型环节极坐标图

1. 比例环节

比例环节的频率特性为

$$G(j\omega) = K = Ke^{j0} \tag{5.16}$$

幅值和辐角为

$$A(\omega) = K, \quad \varphi(\omega) = 0° \tag{5.17}$$

其奈氏图是复平面的一个定点，如图 5.10(a)所示。

2. 积分环节

积分环节的频率特性为

$$G(j\omega) = \frac{1}{j\omega} = \frac{1}{\omega}e^{-j\frac{\pi}{2}} \tag{5.18}$$

幅值和辐角为

$$A(\omega) = \frac{1}{\omega}, \quad \varphi(\omega) = -90° \tag{5.19}$$

其奈氏图如图 5.10(b)所示，其幅值与频率成反比，辐角恒为 $-90°$。$G(j\omega)$ 矢量从负虚轴上
的无穷远点走向坐标原点。

3. 纯微分环节

纯微分环节的频率特性为

$$G(j\omega) = j\omega = \omega e^{j\frac{\pi}{2}} \tag{5.20}$$

幅值和辐角为

$$A(\omega) = \omega, \quad \varphi(\omega) = 90° \tag{5.21}$$

其奈氏图如图 5.10(c)所示，其幅值与频率成正比，辐角恒为 $90°$。$G(j\omega)$ 矢量从正虚轴上
的原点走向无穷远点。

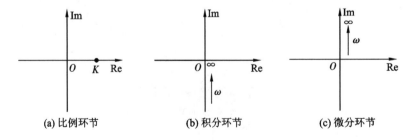

图 5.10 比例、积分、微分环节的奈氏图

4. 惯性环节

惯性环节的频率特性为

$$G(j\omega) = \frac{1}{1+jT\omega} = \frac{1}{1+(T\omega)^2} + \frac{-jT\omega}{1+(T\omega)^2} \tag{5.22}$$

幅值和辐角为

$$A(\omega) = \frac{1}{\sqrt{1+(\omega T)^2}} \tag{5.23}$$

$$\varphi(\omega) = -\arctan T\omega \tag{5.24}$$

其奈氏图为一个半圆（实线部分），如图 5.11(a)所示。

下面证明了惯性环节的幅相频率特性曲线是一个圆的方程，其圆心为$(0.5,0)$，半径为 0.5。

因为

$$P(\omega) = \frac{1}{1+(T\omega)^2}, \quad Q(\omega) = \frac{-T\omega}{1+(T\omega)^2}$$

于是

$$P(\omega)^2 + Q(\omega)^2 = \frac{1}{1+(T\omega)^2} = P(\omega)$$

对上式配方得

$$\left[P(\omega) - \frac{1}{2}\right]^2 + Q(\omega)^2 = \left(\frac{1}{2}\right)^2 \tag{5.25}$$

5. 一阶微分环节

一阶微分环节的频率特性为

$$G(\mathrm{j}\omega) = 1 + \mathrm{j}T\omega \tag{5.26}$$

幅值和辐角为

$$A(\omega) = \sqrt{1+(\omega T)^2} \tag{5.27}$$

$$\varphi(\omega) = \arctan T\omega \tag{5.28}$$

其奈氏图如图 5.11(b)所示。

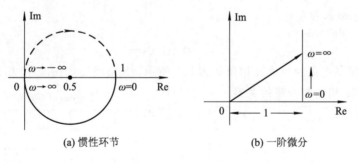

(a) 惯性环节　　　　　　(b) 一阶微分

图 5.11　一阶因子的奈氏图

6. 振荡环节

振荡环节频率特性为

$$G(\mathrm{j}\omega) = \frac{\omega_n^2}{(\mathrm{j}\omega)^2 + 2\zeta\omega_n(\mathrm{j}\omega) + \omega_n^2} = A(\omega)\mathrm{e}^{\mathrm{j}\varphi(\omega)} \tag{5.29}$$

1）奈氏图

振荡环节的幅频特性和相频特性分别为

$$A(\omega) = \frac{1}{\sqrt{\left(1 - \dfrac{\omega^2}{\omega_n^2}\right)^2 + \left(\dfrac{2\zeta\omega}{\omega_n}\right)^2}} \tag{5.30}$$

$$\varphi(\omega) = \begin{cases} -\arctan \dfrac{2\zeta\omega/\omega_n}{1-\omega^2/\omega_n^2}, & \omega < \omega_n \\[3mm] -\pi + \arctan \dfrac{2\zeta\omega/\omega_n}{\omega^2/\omega_n^2 - 1}, & \omega \geqslant \omega_n \end{cases} \tag{5.31}$$

由式(5.30)、式(5.31)可知极坐标图的低频和高频分别为

$$\lim_{\omega\to 0}G(j\omega) = 1\angle 0°, \quad \lim_{\omega\to\infty}G(j\omega) = 0\angle -180°$$

当 ω 从 0 到 $+\infty$ 变化时,振荡环节的极坐标图从 $1\angle 0°$ 开始,到 $0\angle -180°$ 结束。因此,$G(j\omega)$ 的高频部分与负实轴相切。当 $\omega = \omega_n$ 时,有 $|G(j\omega_n)| = A(\omega_n) = 1/2\zeta$,$\varphi(\omega_n) = -90°$。说明 $G(j\omega)$ 的轨迹与虚轴的交点处的频率,就是无阻尼自然振荡角频率 ω_n,振荡环节与虚轴的交点为 $-j\dfrac{1}{2\zeta}$。取不同的 ζ 值时,其奈氏图如图 5.12 所示。

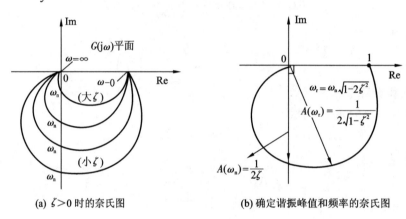

(a) $\zeta > 0$ 时的奈氏图   (b) 确定谐振峰值和频率的奈氏图

图 5.12　不同 ζ 值时振荡环节的奈氏图

例如,传递函数为

$$G(s) = \frac{4}{s^2 + 1.6s + 4}$$

的频率特性随频率变化的幅值和相角如表 5.1 所示,其奈氏图如图 5.13 所示。

表 5.1　幅值、相角与频率的关系

ω	$|G(j\omega)|$	$\angle G(j\omega)$
0	1	0°
1.0	1.18	−28.1°
1.6	1.36	−60.6°
2.0	1.25	−90°
2.4	0.95	−114.7°
2.6	0.80	−123.6°
3.6	0.38	−147.3°
...	...	...
∞	0	−180°

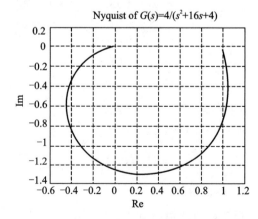

图 5.13　表 5.1 的奈氏图

2) 谐振频率和谐振峰值

如果$|G(j\omega)|$在某一频率上具有峰值,则该频率称为谐振频率ω_r。在产生谐振峰值处,$A(\omega)$必有极值存在,求$A(\omega)$的极值,即令

$$\frac{dA(\omega)}{d\omega} = \frac{-\left[-\frac{2\omega}{\omega_n^2}\left(1-\frac{\omega^2}{\omega_n^2}\right) + 4\zeta^2\frac{\omega}{\omega_n^2}\right]}{\left[\left(1-\frac{\omega^2}{\omega_n^2}\right)^2 + 4\zeta^2\frac{\omega^2}{\omega_n^2}\right]^{\frac{3}{2}}} = 0 \tag{5.32}$$

则谐振频率为

$$\omega_r = \omega_n\sqrt{1-2\zeta^2}\ ,\ 0 < \zeta \leqslant \frac{\sqrt{2}}{2} \tag{5.33}$$

将式(5.33)代入式(5.32),求得**谐振峰值为**

$$M_r = A(\omega_r) = \frac{1}{2\zeta\sqrt{1-\zeta^2}}\ ,\ 0 < \zeta \leqslant \frac{\sqrt{2}}{2} \tag{5.34}$$

因为当$\zeta = \frac{\sqrt{2}}{2}$时,$M_r = 1$,当$0 < \zeta \leqslant \frac{\sqrt{2}}{2}$时,有

$$\frac{dM_r}{d\zeta} = \frac{-(1-2\zeta^2)}{\zeta^2(1-\zeta^2)^{3/2}} < 0$$

可见ω_r、M_r均为阻尼比ζ的减函数($0 < \zeta < \sqrt{2}/2$)。当$0 < \zeta \leqslant \sqrt{2}/2$且$\omega \in (0, \omega_r)$时,$A(\omega)$单调增;当$\omega \in (\omega_r, \infty)$时,$A(\omega)$单调减;而当$\sqrt{2}/2 < \zeta < 1$时,$A(\omega)$单调减。

谐振峰值M_r与阻尼比ζ之间关系成反比,如图5.14所示。

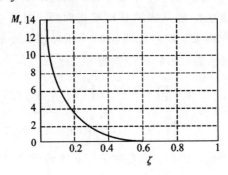

图 5.14　M_r与ζ之间的关系

7. 二阶微分环节

二阶微分环节的传递函数为振荡环节传递函数的倒数,其频率特性为

$$G(j\omega) = \frac{(j\omega)^2 + 2\zeta\omega_n(j\omega) + \omega_n^2}{\omega_n^2} = A(\omega)e^{j\varphi(\omega)} \tag{5.35}$$

按对称性可得二阶微分环节的频率特性,并有

$$\begin{cases} A(0) = 1 \\ \varphi(0) = 0° \end{cases},\quad \begin{cases} A(\omega_n) = 2\zeta \\ \varphi(\omega_n) = 90° \end{cases},\quad \begin{cases} A(\infty) = \infty \\ \varphi(\infty) = 180° \end{cases} \tag{5.36}$$

当阻尼比$\sqrt{2}/2 < \zeta < 1$时,$A(\omega)$从1单调增至∞;当阻尼比$0 < \zeta < \sqrt{2}/2$且$\omega \in (0, \omega_r)$时,$A(\omega)$从1单调减至$A(\omega_r)$,则

$$\begin{cases} A(\omega_r) = 2\zeta\sqrt{1-\zeta^2} < 1 \\ \omega_r = \omega_n\sqrt{1-2\zeta^2} \end{cases} \tag{5.37}$$

而在 $\omega \in (\omega_r, \infty)$ 时，$A(\omega)$ 单调增，二阶微分环节的奈氏图如图 5.15 所示。

8. 滞后环节

滞后环节的频率特性为

$$G(j\omega) = e^{-\tau j\omega} = 1 \angle -\tau\omega \tag{5.38}$$

由时滞环节的幅频特性和相频特性可知，滞后环节的奈氏图是一个以原点为圆心、半径为 1 的圆，如图 5.16 所示。

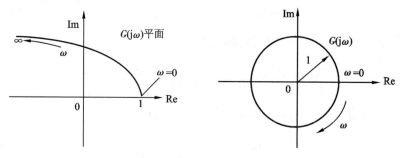

图 5.15　二阶微分环节的奈氏图　　　图 5.16　滞后环节的奈氏图

5.2.2　开环系统的极坐标图

根据典型环节的频率特性和系统开环频率特性的表达式，可以通过取点、计算和作图等方法绘制系统的开环幅相曲线，即极坐标图或奈氏图。下面结合工程需要，概略说明绘制开环幅相曲线的方法。首先将开环传递函数转换为一般的时间常数型，即

开环系统极坐标

$$G(s)H(s) = \frac{K\prod_{i=1}^{m}(\tau_i s + 1)\prod_{l=1}^{p}(\tau_l^2 s^2 + 2\zeta_l\tau_l s + 1)}{s^v\prod_{j=1}^{n}(T_j s + 1)\prod_{k=1}^{q}(T_k^2 s^2 + 2\zeta_k T_k s + 1)} \tag{5.39}$$

概略绘制开环系统的极坐标图时，应反映开环频率特性的以下三个重要因素：

（1）极坐标图的起点（$\omega = 0^+$）和终点（$\omega = \infty$）。

（2）极坐标图与坐标轴的交点。

开环幅相曲线与负实轴的交点频率 ω_g 称为穿越频率。令

$$\text{Im}[G(j\omega_g)H(j\omega_g)] = Q(\omega_g) = 0 \tag{5.40}$$

或

$$\varphi(\omega_g) = \angle G(j\omega_g)H(j\omega_g) = k\pi \quad (k = 0, \pm 1, \pm 2, \cdots) \tag{5.41}$$

即可求得开环幅相曲线与负实轴的交点频率 ω_g。与此对应的极坐标图的曲线与实轴交点坐标值为

$$\left. |G(j\omega)H(j\omega)| \right|_{\omega=\omega_g} \tag{5.42}$$

（3）极坐标图的变化范围（象限，单调性）。

开环系统典型环节分解和典型环节幅相曲线的特点是概略绘制开环幅相曲线的基础，下面结合具体的系统加以介绍。

例 5.2　某 0 型单位反馈系统的开环传递函数为

$$G(s) = \frac{K}{(T_1 s + 1)(T_2 s + 1)} \quad (K, T_1, T_2 > 0)$$

试概略绘制该系统的奈氏图。

解　由于开环系统由比例环节和两个惯性环节的典型环节组成，则其幅频和相频特性分别为

$$|G(\mathrm{j}\omega)| = A(\omega) = \frac{K}{\sqrt{(T_1\omega)^2 + 1} \sqrt{(T_2\omega)^2 + 1}}$$

$$\angle G(\mathrm{j}\omega) = \varphi(\omega) = -\arctan T_1\omega - \arctan T_2\omega$$

起点：$A(0) = K$，$\varphi(0) = 0°$。

终点：$A(\infty) = 0$，$\varphi(\infty) = 2 \times (-90°) = -180°$。

令 $\angle G(\mathrm{j}\omega_g) = -180°$，得 $\omega_g = 0$，即系统开环的奈氏图除在 $\omega = 0$ 处以外与实轴无交点。

由于惯性环节单调地从 $0°$ 变化至 $-90°$，故该 0 型系统奈氏图的变化范围为第 Ⅳ 和第 Ⅲ 象限，系统概略开环幅相曲线（奈氏图）如图 5.17 所示。

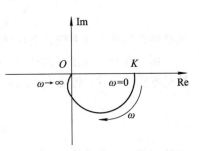

图 5.17　例 5.2 的奈氏图

例 5.3　某 Ⅰ 型单位负反馈系统的开环传递函数为

$$G(s) = \frac{K}{s(T_1 s + 1)(T_2 s + 1)} \quad (K, T_1, T_2 > 0)$$

试概略绘制该开环系统的奈氏图。

解　由于开环系统由比例环节、积分环节和两个惯性环节组成，则其幅频和相频特性分别为

$$|G(\mathrm{j}\omega)| = A(\omega) = \frac{K}{\omega \sqrt{(T_1\omega)^2 + 1} \sqrt{(T_2\omega)^2 + 1}}$$

$$\angle G(\mathrm{j}\omega) = \varphi(\omega) = -90° - \arctan T_1\omega - \arctan T_2\omega$$

起点：$A(0) = \infty$，$\varphi(0) = -90°$。

终点：$A(\infty) = 0$，$\varphi(\infty) = 3 \times (-90°) = -270°$。

令 $\angle G(\mathrm{j}\omega_g) = -180°$，则

$$\angle G(\mathrm{j}\omega) = -90° - \arctan T_1\omega - \arctan T_2\omega = -180°$$

得

$$\omega_g = \frac{1}{\sqrt{T_1 T_2}}$$

$$|G(\mathrm{j}\omega) H(\mathrm{j}\omega)| \big|_{\omega = \omega_g} = \frac{K T_1 T_2}{T_1 + T_2}$$

即系统开环的奈氏图与实轴有交点，交点坐标为 $\left(-\dfrac{K T_1 T_2}{T_1 + T_2}, \mathrm{j}0\right)$，交点频率为 $\dfrac{1}{\sqrt{T_1 T_2}}$。

该 Ⅰ 型系统奈氏图的变化范围为第 Ⅲ 和第 Ⅱ 象限，系统概略开环幅相曲线（奈氏图）如图 5.18 所示。

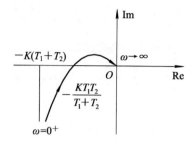

图 5.18　例 5.3 的奈氏图

例 5.4　某 Ⅱ 型单位负反馈系统的开环传递函数为

$$G(s) = \frac{5(s+2)(s+3)}{s^2(s+1)}$$

试概略绘制该开环系统的奈氏图。

解　开环系统由比例环节、积分环节、惯性环节和两个一阶微分环节组成，其传递函数是零极点形式，转化为时间常数型为

$$G(s) = \frac{30 \cdot \left(\frac{1}{2}s+1\right)\left(\frac{1}{3}s+1\right)}{s^2(s+1)}$$

则其幅频和相频特性分别为

$$|G(j\omega)| = \frac{30\sqrt{\left(\frac{1}{2}\omega\right)^2+1}\sqrt{\left(\frac{1}{3}\omega\right)^2+1}}{\omega^2\sqrt{\omega^2+1}}$$

$$\varphi(\omega) = -180° - \arctan\omega + \arctan\frac{1}{2}\omega + \arctan\frac{1}{3}\omega$$

起点：$A(0) = \infty$，$\varphi(0) = -180°$。

终点：$A(\infty) = 0$，$\varphi(\infty) = -90°$。

令 $\angle G(j\omega_g) = -180°$，求得

$$\omega_g = 1, \quad |G(j1)| = 25$$

即系统开环的奈氏图与实轴有交点，交点坐标为 $(-25, j0)$，交点频率为 1。

该 Ⅱ 型系统奈氏图的变化范围为第 Ⅲ 和第 Ⅱ 象限，系统概略开环幅相曲线（奈氏图）如图 5.19 所示。

例 5.5　设单位负反馈系统开环传递函数为

$$G(s)H(s) = \frac{K}{s(Ts+1)(s^2/\omega_n^2+1)} \quad (K, T > 0)$$

试概略绘制系统开环幅相曲线。

解　系统开环频率特性为

$$G(j\omega)H(j\omega) = \frac{-K(T\omega+j)}{\omega(1+T^2\omega^2)\left(1-\dfrac{\omega^2}{\omega_n^2}\right)}$$

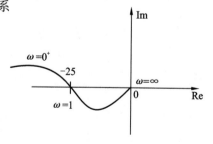

图 5.19　例 5.4 的奈氏图

开环幅相曲线的起点：$G(j0_+)H(j0_+) = \infty\angle-90°$。

开环幅相曲线的终点：$G(j\infty)H(j\infty) = 0\angle-360°$。

由开环频率特性表达式可知，$G(j\omega)H(j\omega)$ 的虚部不为零，故与实轴无交点。注意到开环系统含有等幅振荡环节（$\zeta = 0$），当 ω 趋近于 ω_n 时，$A(\omega_n)$ 趋于无穷大，而相频特性有

$$\varphi(\omega_n^-) \approx -90° - \arctan T\omega_n > -180°; \quad \omega_n^- = \omega_n - \varepsilon, \ \varepsilon > 0$$

$$\varphi(\omega_n^+) \approx -90° - \arctan T\omega_n - 180°; \quad \omega_n^+ = \omega_n + \varepsilon, \ \varepsilon > 0$$

即 $\varphi(\omega)$ 在 $\omega = \omega_n$ 的附近，相角突变 $-180°$，幅相曲线在 ω_n 处呈现不连续现象。系统开环幅相曲线（奈氏图）如图 5.20 所示。

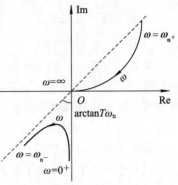

图 5.20 例 5.5 的奈氏图

根据例 5.2～5.5，可总结出绘制开环系统奈氏图的以下规律：

（1）开环幅相曲线的起点取决于比例环节 K 和系统积分环节或微分环节的个数 ν（系统型别），如图 5.21(a) 所示。

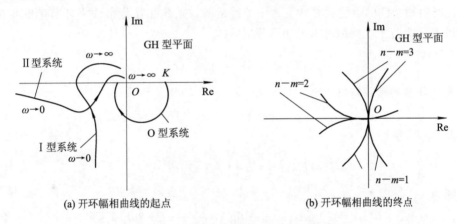

(a) 开环幅相曲线的起点   (b) 开环幅相曲线的终点

图 5.21 不同型别系统的奈氏图的趋势

① $\nu < 0$ 时，起点为原点；

② $\nu = 0$ 时，起点为实轴上的点 K 处（K 为系统开环增益）；

③ $\nu > 0$ 时，起点为 $\nu \times (-90°)$ 的无穷远处。

（2）设开环传递函数分子、分母多项式中的阶次和分别为 m、n。特殊地，当开环系统为最小相位系统时，有

$$G(j\infty)H(j\infty) = K \quad (n = m)$$

$$G(j\infty)H(j\infty) = 0\angle(n-m) \times (-90°) \quad (n > m)$$

因此其特性总是以 $(-90°) \cdot (n-m)$ 顺时针方向终止于坐标原点，如图 5.21(b) 所示。

（3）若开环系统存在等幅振荡环节，重数 l 为正整数，即开环传递函数具有下述形式：

$$G(s)H(s) = \frac{1}{\left(\dfrac{s^2}{\omega_n^2} + 1\right)^l} G_1(s)H_1(s)$$

$G_1(s)H_1(s)$ 不含 $\pm j\omega_n$ 的极点，则当 ω 趋于 ω_n 时，$A(\omega)$ 趋于无穷，而

$$\varphi(\omega_n^-) \approx \varphi_1(\omega_n) = \angle G_1(j\omega_n)H_1(j\omega_n)$$

$$\varphi(\omega_n^+) \approx \varphi_1(\omega_n) - l \times 180°$$

即 $\varphi(\omega)$ 在 $\omega = \omega_n$ 附近，相角突变 $-l \times 180°$。

5.3 对数坐标图

对数坐标图由两幅图组成：一幅是对数幅频特性图 $20\lg|G(j\omega)|$，纵坐标单位是分贝，用符号 dB 表示；另一幅是相频特性图，纵坐标单位是（°）或弧度。两幅图的纵坐标都按线性分度，横坐标是角频率 ω 按对数标度，ω 每变化 10 倍横坐标就增加 1 个单位长度，这个单位长度代表 10 倍频距离，称为"十倍频程"，如图 5.7 所示。

采用半对数坐标系的优点主要表现如下：

（1）由于横坐标采用了对数分度，将低频段相对展宽了（低频段频率特性的形状对于控制系统性能的研究具有重要意义），而将高频段相对压缩了。因此，在研究频率范围很宽的频率特性时，画在一张图上既方便研究中、高频率段特性，又便于研究低频段特性。

（2）把幅频特性的乘除运算转变为了加减运算。系统往往是由许多环节串联构成，开环系统可表示为若干个典型环节的串联形式，即

$$G(s)H(s) = \prod_{i=1}^{N} G_i(s) \tag{5.43}$$

设典型环节的频率特性为

$$G_i(j\omega) = A_i(\omega)e^{j\varphi_i(\omega)} \tag{5.44}$$

则系统开环频率特性为

$$G(j\omega)H(j\omega) = \left[\prod_{i=1}^{N} A_i(\omega)\right]e^{j\left[\sum_{i=1}^{N} \varphi_i(\omega)\right]} \tag{5.45}$$

对数幅频为

$$L(\omega) = 20\lg A_1(\omega) + 20\lg A_2(\omega) + \cdots + 20\lg A_n(\omega) \tag{5.46}$$

相频为

$$\varphi(\omega) = \varphi_1(\omega) + \varphi_2(\omega) + \cdots + \varphi_n(\omega) \tag{5.47}$$

幅频特性的乘除运算变成了加减运算后，如果给出各环节的对数幅频特性，只需进行加减运算就能得到串联各环节所组成系统的对数频率特性。

（3）可以用分段的直线（渐近线）来代替典型环节的准确对数幅频特性，大大简化了图形的绘制。

（4）可以用实验方法将测得系统频率响应的数据画在半对数坐标纸上，然后根据所作的曲线求得被测系统的传递函数。

5.3.1 典型环节的对数坐标图

1. 比例环节

比例环节的频率特性为

$$G(j\omega) = K = Ke^{j0}$$

对数幅频特性和对数相频特性分别为

$$L(\omega) = 20\lg K, \varphi(\omega) = 0° \tag{5.48}$$

比例环节的对数幅频特性是一条平行于横轴、高度为 $20\lg K(K>0)$ 的直线，对数相频

典型环节对数
坐标图 1

特性是一条与横轴重合的直线，如图 5.22 所示（$K=100$）。

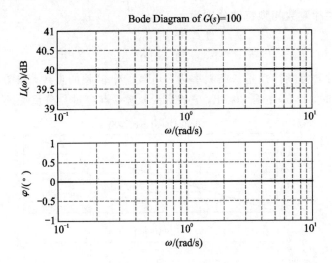

图 5.22   比例环节的伯德图

2. 积分环节

积分环节的频率特性为

$$G(\mathrm{j}\omega)=\frac{1}{\mathrm{j}\omega}=\frac{1}{\omega}\mathrm{e}^{\mathrm{j}-\frac{\pi}{2}}$$

对数幅频特性和对数相频特性分别为

$$L(\omega)=20\lg\frac{1}{\omega}=-20\lg\omega \tag{5.49}$$

$$\varphi(\omega)=-90° \tag{5.50}$$

积分环节的对数幅频特性是一条斜率为 -20 dB 的十倍频的直线，如图 5.23 所示。其频率每增大 10 倍频时，$L(\omega)$ 下降 20 dB，它在 $\omega=1$ 这一点穿过 0 分贝线。

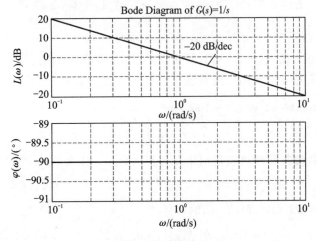

图 5.23   积分环节的伯德图

3. 纯微分环节

纯微分环节的频率特性为

$$G(j\omega) = j\omega = \omega e^{j\frac{\pi}{2}}$$

对数幅频特性和对数相频特性分别为

$$L(\omega) = 20\lg\omega \tag{5.51}$$

$$\varphi(\omega) = 90° \tag{5.52}$$

微分环节的对数幅频特性是一条斜率为 20 dB 的十倍频的直线，如图 5.24 所示。其频率每增大 10 倍频时，$L(\omega)$ 上升 20 dB，它在 $\omega = 1$ 这一点穿过 0 分贝线。

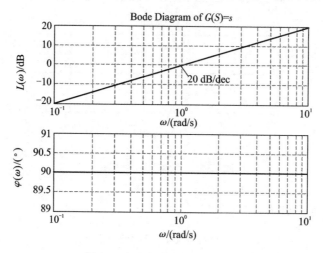

图 5.24　纯微分环节的伯德图

4. 惯性环节

惯性环节的频率特性为

$$G(j\omega) = \frac{1}{1+jT\omega} = \frac{1}{1+(T\omega)^2} + \frac{-jT\omega}{1+(T\omega)^2}$$

对数幅频特性和对数相频特性分别为

$$L(\omega) = 20\lg\frac{1}{\sqrt{1+(\omega T)^2}} = -20\lg\sqrt{1+(\omega T)^2} \tag{5.53}$$

$$\varphi(\omega) = -\arctan T\omega \tag{5.54}$$

给出不同的频率 ω 值，按式(5.53)可计算出对应的 $L(\omega)$ 值，从而绘出对数幅频特性曲线。

在实际控制工程中，常采用分段直线近似地表示对数幅频特性曲线。

(1) 低频段。当 $\omega \ll \dfrac{1}{T}$，即 $\omega T \ll 1$ 时，有

$$L(\omega) \approx -20\lg\sqrt{1} = 0$$

故在低频段时，对数幅频特性可以近似用 0 分贝线表示，称为低频渐近线，如图 5.25 中低频线段所示。

(2) 高频段。当 $\omega \gg \dfrac{1}{T}$，即 $\omega T \gg 1$ 时，有

$$L(\omega) \approx -20\lg\omega T$$

故在高频段时，对数幅频特性可以近似用一条斜率为 -20 dB 的十倍频的直线表示，它与低频渐近线的交点为 $\omega = 1/T$，称为高频渐近线，如图 5.25 中高频线段所示。

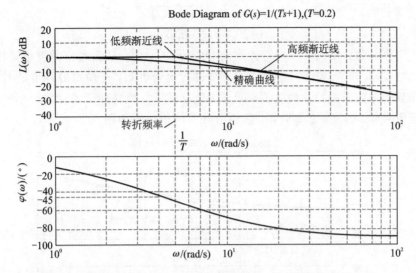

图 5.25　惯性环节的伯德图(对数幅频近线、精确曲线和相频曲线)

（3）**转折频率。** 交点频率 $\omega = 1/T$ 也称为转折频率，即

$$L\left(\frac{1}{T}\right) = 20\lg\frac{1}{\sqrt{2}} = -20\lg\sqrt{2} = -3.03\ \text{dB} \qquad (5.55)$$

此时对数幅频渐近线与精确曲线的幅值误差为-3.03 dB。

惯性环节的对数幅频特性渐近线幅值和精确曲线幅值之间存在误差，越靠近转折频率误差越大；在转折频率这点误差最大，其值为 3.03 dB，如图 5.26 所示。

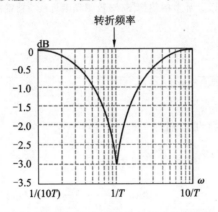

图 5.26　惯性环节对数幅频渐近线幅值和精确曲线幅值之间的误差

惯性环节的幅频特性随频率升高而下降。如果以同样振幅但不同频率的正弦信号加于惯性环节，其输出信号的振幅必不相同，频率越高，输出振幅越小，呈"低通滤波器"的特性。输出信号的相位总是滞后于输入信号，当频率等于转折频率，即 $\omega = 1/T$ 时，相位滞后 $45°$，频率越高，相位滞后越多，极限为 $90°$。

5．一阶微分环节

一阶微分环节的频率特性为

$$G(\text{j}\omega) = 1 + \text{j}T\omega$$

对数幅频特性和对数相频特性为

典型环节对数
坐标图 2

$$L(\omega) = 20\lg \sqrt{1 + (\omega T)^2} \tag{5.56}$$

$$\varphi(\omega) = \arctan T\omega \tag{5.57}$$

给出不同的频率 ω 值,按式(5.56)可计算出对应的 $L(\omega)$ 值,从而绘出对数幅频特性曲线。将式(5.53)与式(5.56)、式(5.54)与式(5.57)进行比较可知,一阶微分环节的对数频率特性是惯性环节的对数频率特性的负值,即一阶微分环节与惯性环节的对数频率特性曲线以横轴互为镜像对称。当 $T=0.2$ 时,一阶微分环节的伯德图如图 5.27 所示。

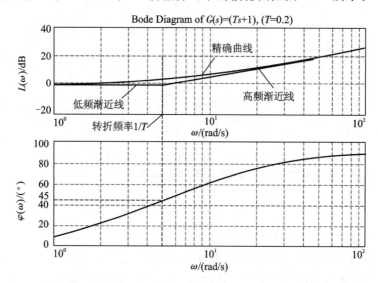

图 5.27   一阶微分环节的伯德图(对数幅频渐近线、精确曲线和相频曲线)

6. 振荡环节

振荡环节的频率特性为

$$G(j\omega) = \frac{\omega_n^2}{(j\omega)^2 + 2\zeta\omega_n(j\omega) + \omega_n^2} = \frac{1}{T^2(j\omega)^2 + 2\zeta T(j\omega) + 1} \tag{5.58}$$

式中,$T=1/\omega_n$。

对数幅频特性和相频特性分别为

$$L(\omega) = -20\lg \sqrt{\left(1 - \frac{\omega^2}{\omega_n^2}\right)^2 + \left(\frac{2\zeta\omega}{\omega_n}\right)^2} \tag{5.59}$$

$$\varphi(\omega) = \begin{cases} -\arctan \dfrac{2\zeta\omega/\omega_n}{1 - \omega^2/\omega_n^2} & (\omega < \omega_n) \\[3mm] -\pi + \arctan \dfrac{2\zeta\omega/\omega_n}{\omega^2/\omega_n^2 - 1} & (\omega \geqslant \omega_n) \end{cases} \tag{5.60}$$

给出不同的频率 ω 值,按式(5.59)、式(5.60)可计算出对应的 $L(\omega)$、$\varphi(\omega)$ 的值,从而绘出对数幅频特性曲线和相频特性曲线。

同惯性环节一样,在实际控制工程中常需要分析对数幅频特性曲线。

(1) 低频段。当 $\omega \ll \omega_n = \dfrac{1}{T}$,即 $\omega T \ll 1$ 时,有

$$L(\omega) \approx -20\lg \sqrt{1} = 0$$

$$\varphi(\omega) \approx -\arctan 2\zeta \frac{\omega}{\omega_n} \tag{5.61}$$

故在低频段时，对数幅频特性的低频渐近线可以近似地用过 0 分贝的直线表示，对数相频曲线是一条反正切曲线，如图 5.28 所示。

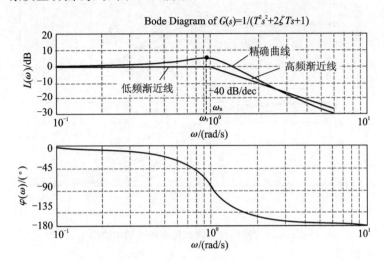

图 5.28　振荡环节的伯德图

（2）高频段。当 $\omega \gg \omega_n = 1/T$，即 $\omega T \gg 1$ 时，有

$$L(\omega) \approx -20\lg \frac{\omega^2}{\omega_n^2} = -40\lg \frac{\omega}{\omega_n} \tag{5.62}$$

$$\varphi(\omega) \approx -\pi + \arctan 2\zeta \frac{\omega_n}{\omega} \tag{5.63}$$

故在高频段时，对数幅频特性渐近线可以近似地用一条斜率为 -40 dB 的十倍频斜线表示，它与低频渐近线的交点为 $\omega = 1/T$，如图 5.28 中的高频渐近线。交点频率 $\omega = \omega_n$ 为转折频率。对数相频曲线是一条反正切曲线。

（3）转折频率。**当 $\omega = \omega_n = 1/T$ 时，该交点频率称为转折频率，**则有

$$L(\omega_n) = 20\lg \frac{1}{2\zeta} = -20\lg 2\zeta \tag{5.64}$$

$$\varphi(\omega_n) \approx -\frac{\pi}{2} \tag{5.65}$$

（4）谐振频率 ω_r。由本章 5.2 节知道谐振频率为 $\omega_r = \omega_n \sqrt{1-2\zeta^2}$，其在对数幅频上的值为

$$L(\omega_r) = 20\lg \frac{1}{2\zeta \sqrt{1-\zeta^2}} = -20\lg 2\zeta \sqrt{1-\zeta^2} \tag{5.66}$$

由式（5.66）可见，当阻尼比 $\zeta \to 0$ 时，$L(\omega_r) \to L(\omega_n)$。阻尼比 ζ 越小，对数幅频曲线的谐振频率就越接近于转折频率，谐振峰值越接近于转折频率所对应的幅值，如图 5.28 所示。

基于振荡环节的实际对数幅频特性既与频率 ω 有关，又与阻尼比 ζ 有关，因而这种振荡环节的对数频率特性曲线一般不能用其渐近线近似表示。图 5.29 所示为阻尼比不同时的振荡环节的伯德图。由图可见，阻尼比 ζ 越小，对数幅频曲线的峰值就越大，它与渐近线之间的误差也就越大。

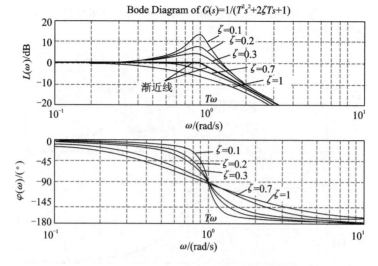

图 5.29 阻尼比不同时振荡环节的伯德图

7. 二阶微分环节

二阶微分环节频率特性为

$$G(j\omega) = T^2(j\omega)^2 + 2\zeta T(j\omega) + 1$$

式中，$T = 1/\omega_n$，它与振荡环节的频率特性成反比。

对数幅频特性和相频特性分别为

$$L(\omega) = 20\lg\sqrt{\left(1 - \frac{\omega^2}{\omega_n^2}\right)^2 + \left(\frac{2\zeta\omega}{\omega_n}\right)^2} \tag{5.67}$$

$$\varphi(\omega) = \begin{cases} \arctan\dfrac{2\xi\omega/\omega_n}{1 - \omega^2/\omega_n^2}, & \omega < \omega_n \\ \pi - \arctan\dfrac{2\zeta\omega/\omega_n}{\omega^2/\omega_n^2 - 1}, & \omega \geqslant \omega_n \end{cases} \tag{5.68}$$

给出不同的频率 ω 值，可计算出对应的 $L(\omega)$、$\varphi(\omega)$ 的值，从而绘出二阶微分环节的伯德图，如图 5.30 所示。二阶微分环节与振荡环节的对数频率特性曲线以横轴互为镜像对称。

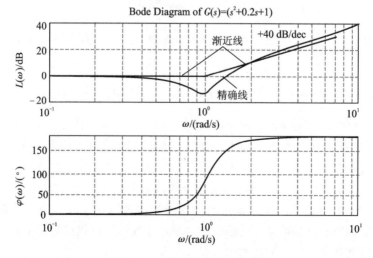

图 5.30 二阶微分环节的伯德图

8. 滞后环节

滞后环节的频率特性为

$$G(j\omega) = e^{-\tau j\omega} = 1\angle -\tau\omega$$

$$L(\omega) = 0, \varphi(\omega) = -\tau\omega \tag{5.69}$$

由时滞环节的幅频特性和相频特性可知，滞后环节的伯德图如图 5.31 所示。

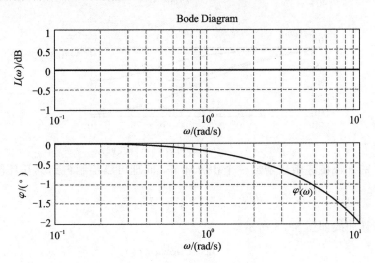

图 5.31　滞后环节的伯德图

5.3.2　开环对数频率特性曲线

系统开环传递函数作典型环节分解后，先绘出各典型环节的对数频率特性曲线，然后采用叠加方法即可方便地绘制系统开环对数频率特性曲线。系统开环对数幅频渐近特性在控制系统的分析和设计中具有十分重要的作用，以下通过举例来说明开环对数幅频渐近曲线和相频曲线的绘制方法。

开环对数坐标图

例 5.6　已知单位负反馈系统的开环传递函数为

$$G(s) = \frac{K}{(1+s)(1+10s)}$$

试绘制该开环系统的对数频率特性曲线图。

解　该开环系统的对数幅频特性为

$$L(\omega) = L_1(\omega) + L_2(\omega) + L_3(\omega) = 20\lg K - 20\lg\sqrt{1+\omega^2} - 20\lg\sqrt{1+100\omega^2}$$

首先绘制出上式 $L(\omega)$ 各个环节的对数幅频特性分量，然后将各环节的特性分量的纵坐标的值相加，就可以得到开环系统对数幅频特性的 $L(\omega)$，如图 5.32 所示。

第 1 个分量 $L_1(\omega) = 20\lg K$ 是比例环节，为平行于横轴的一条直线，如图 5.32 中的直线 $L_1(\omega)$ 所示；第 2 个分量 $L_2(\omega) = -20\lg\sqrt{1+\omega^2}$ 为惯性环节，转折频率为 1，如图 5.32 中的折线 $L_2(\omega)$ 所示；第 3 个分量 $L_3(\omega) = -20\lg\sqrt{1+100\omega^2}$ 也为惯性环节，转折频率为 0.1，如图 5.32 中的折线 $L_3(\omega)$ 所示。

相频特性曲线 $\varphi(\omega) = \varphi_1(\omega) + \varphi_2(\omega) + \varphi_3(\omega) = 0 - \arctan\omega - \arctan 10\omega$，将三个分量叠加或根据各个分量相频的范围列出代表点，可得相频曲线 $\varphi(\omega)$，如图 5.32 所示。

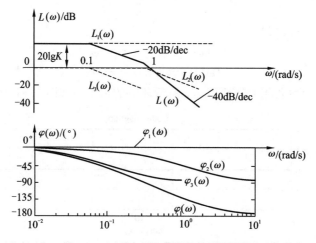

图 5.32　例 5.6 的对数频率特性曲线

将例 5.6 的开环传递函数增加一个积分环节，同理可以绘制得到其开环传递函数为

$$G(s) = \frac{K}{s(1+s)(1+10s)}$$

其对数频率特性曲线如图 5.33 所示。

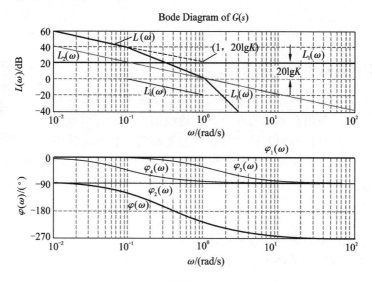

图 5.33　$G(s) = \dfrac{K}{s(1+s)(1+10s)}$ 的对数频率特性曲线

综合以上方法，对于任意的开环传递函数，可按典型环节分解为时间常数型，即

$$G(s)H(s) = \frac{K \displaystyle\prod_{i=1}^{m}(\tau_i s + 1)\prod_{l=1}^{p}(\tau_l^2 s^2 + 2\zeta_l \tau_l s + 1)}{s^{\nu}\displaystyle\prod_{j=1}^{n}(T_j s + 1)\prod_{k=1}^{q}(T_k^2 s^2 + 2\zeta_k T_k s + 1)}$$

因此组成系统的各典型环节可以分为以下三部分：

（1）比例和积分环节 $\dfrac{K}{s^{\nu}}$（$K > 0$）。

（2）一阶环节，包括惯性环节、一阶微分环节，交接频率为 $\frac{1}{T_j}$、$\frac{1}{\tau_i}$。

（3）二阶环节，包括振荡环节、二阶微分环节，交接频率为 $\frac{1}{T_k}$、$\frac{1}{\tau_l}$。

记 $\omega_{\min}$ 为最小交接频率，则称 $\omega < \omega_{\min}$ 的频率范围为低频段。开环对数幅频渐近特性曲线的绘制按以下步骤进行。

（1）将开环传递函数转换为时间常数标准型。

（2）确定一阶环节、二阶环节的交接频率，将各交接频率从小到大依次标注在半对数坐标图的 ω 轴上。

（3）确定低频段渐近特性曲线。由于一阶环节或者二阶环节的对数幅频特性渐近曲线在交接频率前斜率为 0 dB/dec，在交接频率处斜率发生变化，故在 $\omega < \omega_{\min}$ 频段内，开环系统幅频渐近特性的斜率取决于 K/s^v，因而直线斜率为 $-20v$ dB/dec。因此为了确定低频段的位置和斜率，一般过 $(1, 20\lg K)$ 作斜率为 $-20v$ dB/dec 的直线。

（4）作 $\omega \geqslant \omega_{\min}$ 频段渐近特性线。在 $\omega \geqslant \omega_{\min}$ 频段，系统开环对数幅频渐近特性曲线表现为分段折线，每两个相邻交接频率之间为直线，在每个交接频率点处，斜率发生变化，变化规律取决于该交接频率对应的典型环节的种类，如表 5.2 所示。

表 5.2　交接频率点处斜率的变化表

典型环节类别	典型环节传递函数	交接频率	斜率变化/(dB/dec)
一阶环节 （$T>0$）	$\dfrac{1}{1+Ts}$	$\dfrac{1}{T}$	-20
	$1+Ts$		20
二阶环节 （$\omega_n > 0, 1 > \zeta \geqslant 0$）	$1/\left(\dfrac{s^2}{\omega_n^2} + 2\zeta\dfrac{s}{\omega_n} + 1\right)$	ω_n	-40
	$\dfrac{s^2}{\omega_n^2} + 2\zeta\dfrac{s}{\omega_n} + 1$		40

当系统的多个环节具有相同交接频率时，该交接频率点处斜率的变化应为各个环节对应的斜率变化值的代数和。

开环系统对数相频特性的特点为：在低频段，对数相频特性由 $-v(90°)$ 开始；在高频段，$\omega \to \infty$，相频特性趋于 $-(n-m) \times 90°$。

例 5.7　系统的开环传递函数为

$$G(s)H(s) = \frac{40(s+5)}{s^2(s+20)}$$

试绘制系统的伯德图。

解　开环系统由五个典型环节串联而成，即比例环节、两个积分环节、一阶微分环节和惯性环节。

（1）将开环传递函数转换为如下的时间常数型：

$$G(s)H(s) = \frac{10(0.2s+1)}{s^2(0.05s+1)}$$

（2）确定各交接频率，分别为

$$\omega_1 = \frac{1}{T_1} = 5, \quad \omega_2 = \frac{1}{T_2} = 20$$

（3）首先确定低频段渐近线的斜率为-40 dB/dec，此时 $\nu=2$，即有 2 个积分环节数。其次确定低频段渐近线的位置，在 $\omega=1$ 处，幅值为 $20\lg K=20\lg10=20$。最后确定过点 $(1,20)$ 绘制斜率为 -40 dB/dec 的直线。

（4）确定交接频率。当 $\omega_1=5$ 时，典型环节是一阶微分，转折频率后斜率增加 20 dB/dec，因此斜率变化为 -20 dB/dec；当 $\omega_2=20$ 时，典型环节是一阶惯性环节，转折频率后斜率增加 -20 dB/dec，因此斜率又变化为 -40 dB/dec。

开环系统的对数幅频渐近曲线 $L(\omega)$ 如图 5.34 所示。

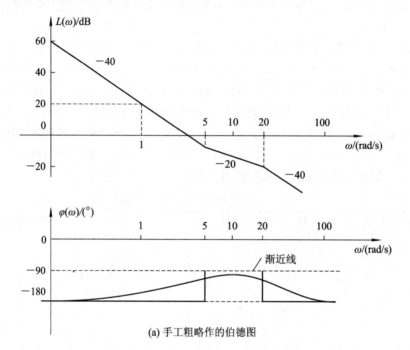

(a) 手工粗略作的伯德图

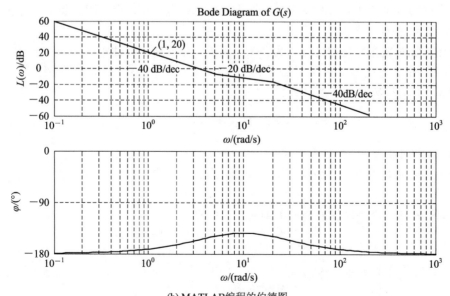

(b) MATLAB编程的伯德图

图 5.34　例 5.7 开环系统的伯德图

相频特性为

$$\varphi(\omega)=-180°+\arctan 0.2\omega-\arctan 0.05\omega$$

系统的开环相频特性低频段为 $-180°$，高频段为 $-180°$。开环系统的 Bode 图如图 5.34 所示。

5.3.3　最小相位系统和非最小相位系统

开环传递函数既没有零点又没有极点在 s 右半平面上的系统称为最小相位系统。 开环传递函数有零点或极点在 s 右半平面上或存在滞后环节的系统称为非最小相位系统。

最小相位与
非最小相位

有两个系统的传递函数分别为

$$G_1(s)=\frac{1+2Ts}{1+10Ts},\ G_2(s)=\frac{1-2Ts}{1+10Ts}\qquad(T>0)$$

因为

$$A_1(\omega)=A_2(\omega)=\frac{\sqrt{1+(2T\omega)^2}}{\sqrt{1+(10T\omega)^2}}$$

$$L_1(\omega)=L_2(\omega)=20\lg\sqrt{1+(2T\omega)^2}-20\lg\sqrt{1+(10T\omega)^2}$$

所以两者的对数幅频特性是相同的。当 $T=1$ 时，$G_1(s)$、$G_2(s)$ 的对数幅频特性如图 5.35 所示。

对于 $G_1(s)$，其相频特性为

$$\varphi_1(\omega)=\arctan 2T\omega-\arctan 10T\omega \qquad (5.70)$$

对于 $G_2(s)$，其相频特性为

$$\varphi_2(\omega)=-\arctan 2T\omega-\arctan 10T\omega \qquad (5.71)$$

当 $T=1$ 时，$G_1(s)$、$G_2(s)$ 的对数相频特性如图 5.35 所示。$G_1(s)$ 的相角有最小变化量，即为最小相位系统；$G_2(s)$ 不能给出最小相角变化量，即为非最小相位系统。

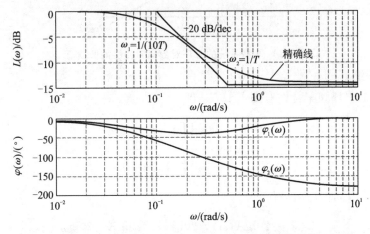

图 5.35　最小相位环节与非最小相位环节的对数频率特性的比较

最小相位系统的对数幅频特性和对数相频特性是密切相关的，若 $L(\omega)$ 特性的斜率向负的方向变化，则对数相频特性的相角也会朝着负的方向变化；若 $L(\omega)$ 特性的斜率向正的方向变化，则对数相频特性的相角也向正的方向变化。最小相位系统有一个重要特征，就是其对数幅频特性和对数相频特性具有一一对应的关系，即当给出了系统的幅频特性时，也就唯一地确定了相频特性和传递函数，反之亦然。而非最小相位系统就不存在这种关系。H. W. Bode 曾用数学的方法严格论证了两者之间存在唯一的对应关系。

5.3.4 系统类型与开环对数幅频特性的关系

对数幅频特性的低频段由 $K/(j\omega)^v$ 决定。不同型别的系统开环对数幅频特性低频段显著不同,现分述如下。

1. 0 型系统

0 型系统的开环频率特性有如下形式:

$$G(j\omega) = \frac{K \prod_{i=1}^{m} (j\omega T_i + 1)}{\prod_{j=1}^{n} (j\omega T_j + 1)} \tag{5.72}$$

低频段($T_i\omega \ll 1, T_j\omega \ll 1$)时,有

$$G(j\omega) \approx K, \quad A(\omega) = K$$

即

$$L(\omega) = 20\lg A(\omega) = 20\lg K$$

所以,0 型系统开环对数幅频特性低频段的特点为:在低频段时斜率为 0;低频段的幅值为 $20\lg K$,并由此可以确定稳态位置误差系数 $K_p = K$。

在绘图时,可以经过 $\omega=1$ 或 $\omega=\omega_1$ 时纵坐标为 $20\lg K$ 这一点,绘制一条平行于 ω 轴的直线,这就是低频渐近线。0 型系统的开环对数幅频特性的低频段如图 5.36 所示。

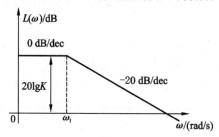

图 5.36 0 型系统的开环对数幅频特性的低频段

2. I 型系统

I 型系统的开环频率特性有如下形式,即

$$G(j\omega) = \frac{K \prod_{i=1}^{m} (j\omega T_i + 1)}{j\omega \prod_{j=1}^{n-1} (j\omega T_j + 1)} \tag{5.73}$$

低频段($T_i\omega \ll 1, T_j\omega \ll 1$)时,有

$$L(\omega) = 20\lg A(\omega) = 20\lg \frac{K}{\omega} = 20\lg K - 20\lg \omega$$

当 $\omega=1$ 时,$L(1) = 20\lg K$;当 $L(\omega_0)=0$ 时,有 $\omega_{c0}=K$。

所以,I 型系统开环对数幅频特性低频段的特点为:在低频段上的渐近线斜率为 -20 dB/dec;低频渐近线(或其延长线)与零分贝线的交点为 $\omega_{c0}=K$,并由此可以确定系统的稳态速度误差系数 $K_v=K$;低频渐近线(或其延长线)在 $\omega=1$ 时的幅值为 $20\lg K$。

在绘图时,可以经过 $\omega=1$ 时纵坐标为 $20\lg K$ 的点,或者经过零分贝线上 $\omega_{c0}=K$ 的

点，绘制一条斜率为 -20 dB/dec 的直线，这就是低频渐近线。Ⅰ型系统的开环对数幅频特性的低频段如图 5.37 所示。

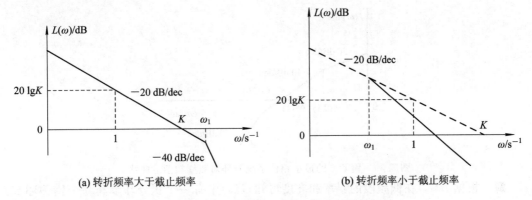

(a) 转折频率大于截止频率　　　　　　(b) 转折频率小于截止频率

图 5.37　Ⅰ型系统的开环对数幅频特性的低频段

3. Ⅱ型系统

Ⅱ型系统的频率特性有如下形式，即

$$G(j\omega) = \frac{K \prod_{i=1}^{m} (j\omega T_i + 1)}{(j\omega)^2 \prod_{j=1}^{n-2} (j\omega T_j + 1)} \tag{5.74}$$

低频段（$T_i\omega \ll 1$，$T_j\omega \ll 1$）时，有

$$G(j\omega) \approx \frac{K}{(j\omega)^2}, \quad A(\omega) = \frac{K}{\omega^2}$$

即

$$L(\omega) = 20\lg A(\omega) = 20\lg\frac{K}{\omega^2} = 20\lg K - 40\lg\omega$$

当 $\omega=1$ 时，有 $L(1) = 20\lg K$；当 $L(\omega_{c0})=0$ 时，有 $\omega_{c0} = \sqrt{K}$。

所以，**Ⅱ型系统开环对数幅频特性低频段的特点为：低频渐近线的斜率为 -40 dB/dec；低频渐近线（或其延长线）与零分贝线的交点为 $\omega_{c0} = \sqrt{K}$，并由此可以确定加速度误差系数 $K_a = K$；低频渐近线（或其延长线）在 $\omega=1$ 时的幅值为 $20\lg K$。**

绘图时，可以经过 $\omega=1$ 时纵坐标为 $20\lg K$ 的点，或者经过零分贝线 $\omega_{c0} = \sqrt{K}$ 的点，绘制一条斜率为 -40 dB/dec 的直线，这就是低频渐近线。Ⅱ型系统的开环对数幅频特性的低频段如图 5.38 所示。

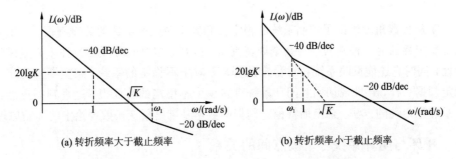

(a) 转折频率大于截止频率　　　　　　(b) 转折频率小于截止频率

图 5.38　Ⅱ型系统的开环对数幅频特性的低频段

例 5.8 已知某最小相位系统开环对数幅频特性渐近线如图 5.39 所示，求该系统的开环传递函数。

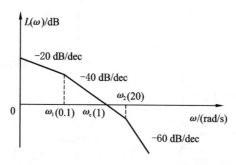

图 5.39　例 5.8 的最小相位系统开环对数幅频渐近曲线

解　根据 $L(\omega)$ 在低频段的斜率和高度可知 $G(s)$ 中有一个积分环节和一个比例环节。$L(\omega)$ 在 ω_1 处斜率由 -20 dB/dec 变为 -40 dB/dec 说明有惯性环节加入，且此惯性环节的时间常数为转折频率的倒数，即 $T_1=1/\omega_1$；$L(\omega)$ 在 ω_2 处斜率由 -40 dB/dec 变为 -60 dB/dec 说明又有一惯性环节加入，时间常数 $T_2=1/\omega_2$。根据以上分析，可将 $G(s)$ 写为

$$G(s)=\frac{K}{s\left(\dfrac{1}{\omega_1}s+1\right)\left(\dfrac{1}{\omega_2}s+1\right)}$$

式中，开环增益 K 可用已知的截止频率 ω_c 来求。

当 $\omega=\omega_c$ 时，有三个环节 $\left[K,\ \dfrac{1}{s},\ \dfrac{1}{\omega_1}s+1\right]$ 的对数幅频渐近特性叠加后等于 0 dB。则可由下式求得 K。

$$\left(20\lg K-20\lg\omega-20\lg\frac{1}{\omega_1}\omega\right)_{\omega=\omega_c}=0\ \text{dB}$$

即

$$K=\frac{\omega_c^2}{\omega_1}$$

将 $\omega_1=0.1$，$\omega_c=1$ 代入得 $K=10$，则开环传递函数为

$$G(s)=\frac{10}{s(10s+1)(0.05s+1)}$$

5.4　奈奎斯特稳定判据

第 3 章从代数角度讨论了控制系统的稳定性和判定系统稳定性的劳斯判据，本节则介绍判别系统稳定性的另一种判据——奈奎斯特判据，该判据根据开环频率特性来判定闭环系统的稳定性，同时它还能反映系统相对稳定的程度。对于不稳定的系统，奈奎斯特稳定判据与劳斯稳定判据一样，还能确切回答闭环系统有多少个不稳定的特征根。这个判据还能提示人们改善系统稳定性的方法。奈奎斯特稳定判据的数学基础是复变函数理论中的辐角原理。

5.4.1　开环与闭环系统零、极点间的关系

如图 5.40 所示的闭环控制系统，其闭环传递函数为

$$\Phi(s) = \frac{C(s)}{R(s)} = \frac{G(s)}{1 + G(s)H(s)}$$

其特征方程为

$$F(s) = 1 + G(s)H(s) = 0 \qquad (5.75)$$

令

$$G(s)H(s) = \frac{K_0(s+z_1)(s+z_2)\cdots(s+z_m)}{(s+p_1)(s+p_2)\cdots(s+p_n)}$$

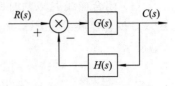

图 5.40 闭环控制系统

代入式(5.75)得

$$F(s) = \frac{K_0(s+z_1')(s+z_2')\cdots(s+z_m')}{(s+p_1)(s+p_2)\cdots(s+p_n)} \qquad (5.76)$$

式中 $-z_1', -z_2', \cdots, -z_n'$ 既是 $F(s)$ 的零点,也是闭环特征方程式的根; $-p_1, -p_2, \cdots$ $-p_n$ 既是 $F(s)$ 的极点,也是开环传递函数 $G(s)H(s)$ 的极点。

开环传递函数与闭环传递函数之间及它们的稳定性有如下关系:

(1) 开环稳定性取决于 $G(s)H(s)$ 的极点,即 $F(s)$ 的极点。

(2) 闭环稳定性取决于闭环传递函数的极点或闭环特征方程的根,即 $F(s)$ 的零点。

(3) 闭环稳定性与开环稳定性之间没有必然的联系。

因此,讨论闭环系统的稳定性只需分析复变函数 $F(s)$ 在 s 的右半平面是否存在零点。若 $F(s)$ 在 s 的右半平面没有零点,则闭环系统稳定;否则,闭环系统不稳定。

5.4.2 辐角原理

1. 预备知识

设复变函数为

辐角原理

$$F(s) = \frac{K_0(s+z_1')(s+z_2')\cdots(s+z_m')}{(s+p_1)(s+p_2)\cdots(s+p_n)}$$

式中, $s = \sigma + j\omega$ 。

由复变函数的理论可知 $F(s)$ 除了在 s 平面上的有限个奇点外,它总是解析的,即 $F(s)$ 为单值、连续的正则函数。对于 s 平面上的每一点,在 $F(s)$ 平面上必有唯一的一个映射点与之相对应。可以证明,在 s 平面上任选一条闭合曲线 Γ_s,若 Γ_s 不通过 $F(s)$ 的任何零点和极点,则在 $F(s)$ 平面上必有唯一的一条闭合曲线 Γ_F 与之相对应,如图 5.41 所示。$F(s)$ 平面上的原点被封闭曲线包围的次数和包围的方向与系统的稳定性相关。下面通过例子,将给出辐角原理的结论。

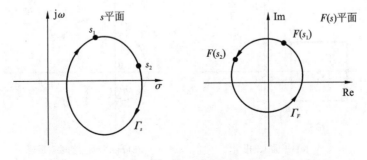

图 5.41 s 平面的封闭曲线和其在 $F(s)$ 平面上的映射曲线

令 $F(s)=\dfrac{s}{s+1}$，则有

（1）闭合曲线 Γ_s 以顺时针方向围绕 $F(s)$ 的零点 $s=0$，如图 5.42（a）所示，则 Γ_s 上 A、B、C、D 各点映射到 $F(s)$ 平面上的对应点值见表 5.3；对应点 A'、B'、C'、D' 如图 5.42（b）所示。

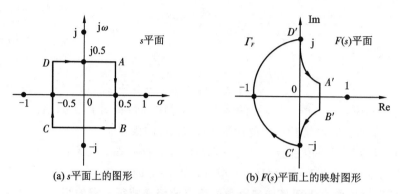

(a) s 平面上的图形　　(b) $F(s)$ 平面上的映射图形

图 5.42　s 平面的图形在 $F(s)$ 平面上的映射（1）

表 5.3　s 平面和 $F(s)$ 平面对应点的映射（1）

平　面	对应点的映射							
$s=\sigma+j\omega$	A 点 $0.5+j0.5$		0.5	B 点 $0.5-j0.5$		C 点 $-0.5-j0.5$		-0.5	D 点 $-0.5+0.5j$
$F(s)=a+jb$	A' 点 $0.4+j0.2$		$\dfrac{1}{3}$	B' 点 $0.4-j0.2$		C' 点 $-j$		-1	D' 点 j

由图 5.42 可见，当闭合曲线 Γ_s 以顺时针方向包围 $F(s)$ 的一个零点，则其在 $F(s)$ 平面上的映射曲线 Γ_F 以顺时针方向围绕 $F(s)$ 平面的坐标原点旋转一周。

（2）闭合曲线 Γ_s 以顺时针方向围绕 $F(s)$ 的极点 $s=-1$，如图 5.43（a）所示，则 Γ_s 上 A、B、C、D 各点映射到 $F(s)$ 平面上的对应点值见表 5.4，对应点 A'、B'、C'、D' 如图 5.43（b）所示。

由图 5.43 可知，当闭合曲线 Γ_s 以顺时针方向包围 $F(s)$ 的一个极点，则其在 $F(s)$ 平面上的映射曲线 Γ_F 以逆时针方向围绕 $F(s)$ 平面的坐标原点旋转一周。

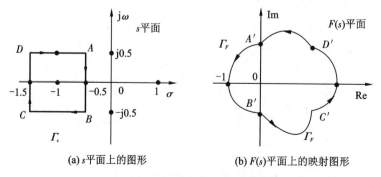

(a) s 平面上的图形　　(b) $F(s)$ 平面上的映射图形

图 5.43　s 平面的图形在 $F(s)$ 平面上的映射（2）

表 5.4 s 平面和 $F(s)$ 平面对应点的映射(2)

平面	对应点的映射					
$s=\sigma+j\omega$	A 点 $-0.5+j0.5$	-0.5	B 点 $-0.5-j0.5$	C 点 $-1.5-j0.5$	-1.5	D 点 $-1.5+0.5j$
$F(s)=a+jb$	A' 点 j	-1	B' 点 $-j$	C' 点 $2-j$	-3	D' 点 $2+j$

进一步设复变函数

$$F(s)=\frac{K_0(s+z_1)(s+z_2)}{(s+p_1)(s+p_2)}=|F(s)|\angle F(s)$$
$$=|F(s)|(\varphi_{Z_1}+\varphi_{Z_2}-\varphi_{P_1}-\varphi_{P_2}) \tag{5.77}$$

如果在 s 平面上取闭合曲线 Γ_s（如图 5.44 所示），当 s 沿 Γ_s 顺时针围绕一周，由图 5.44 看出，矢量 $(s+z_1)$ 以顺时针方向旋转了一周，即 $\varphi_{Z_1}=2\pi=360°$，而其他矢量变化量 φ_{P_1}、φ_{P_2} 和 φ_{Z_2} 均为 $0°$，$F(s)$ 的角度变化量为 2π，这是因为 Γ_s 只包围 $F(s)$ 的一个零点。因此，如果围线 Γ_s 内含有 $F(s)$ 的 Z 个零点，则 $F(s)$ 角度的变化量为 $\varphi_Z=2\pi Z$。如果围线 Γ_s 内包围 $F(s)$ 的 Z 个零点和 P 个极点，当 s 沿着 Γ_s 移动一圈时，$F(s)$ 的角度变化量应为

$$\Delta\angle F(s)=2\pi Z-2\pi P=2\pi N$$

即

$$N=Z-P$$

式中，N 是 Γ_F 曲线绕 $F(s)$ 平面的坐标原点旋转的周数，且 $N>0$ 表示 Γ_F 曲线按顺时针旋转，$N<0$ 表示 Γ_F 曲线按逆时针旋转。

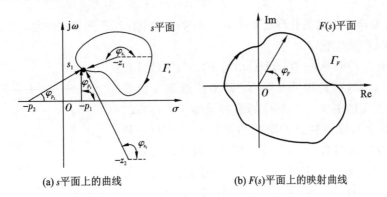

(a) s 平面上的曲线   (b) $F(s)$ 平面上的映射曲线

图 5.44 s 平面和 $F(s)$ 平面的映射关系

上述讨论表明，当 s 沿 s 平面任意闭合曲线 Γ_s 运动一周时，$F(s)$ 绕 $F(s)$ 平面原点的周数只和 $F(s)$ 被闭合曲线 Γ_s 所包围的极点个数和零点个数的代数和有关。从而形成下面的辐角原理。

2. 辐角原理

设 $F(s)$ 除了有限个奇点外是一个解析函数。如果 s 平面上的闭合曲线 Γ_s 以顺时针方向围绕 $F(s)$ 的 Z 个零点和 P 个极点，且此曲线不通过 $F(s)$ 的任何极点和零点，则其在 $F(s)$ 平面上的映射曲线 Γ_F 围绕 $F(s)$ 平面的坐标原点旋转周数 N 等于在 Γ_F 内的零点数 Z 与极点数 P 之差，即

$$N = Z - P \tag{5.78}$$

当 $N > 0$ 时，表示曲线 Γ_F 以顺时针方向围绕坐标原点；当 $N < 0$ 时，表示曲线 Γ_F 以逆时针方向围绕坐标原点。

5.4.3 奈奎斯特稳定判据

奈奎斯特稳定判据

要使如图 5.40 所示的闭环控制系统稳定，则 $F(s)$ 平面上的所有零点均应位于 s 平面的左半平面，从而转化为检验 $F(s)$ 是否有零点在 s 的右半平面。因此，在 s 平面上所取的闭合曲线 Γ_s 应包含 s 平面的整个右半平面，如图 5.45 所示。考虑到前述闭合曲线 Γ_s 应不通过 $F(s)$ 的零极点，Γ_s 选取分以下几种形式。

1. $G(s)H(s)$ 无虚轴上的极点和零点

为了分析闭环控制系统的稳定性，令 s 平面上的封闭曲线 Γ_s 包围整个 s 右半平面，这时的封闭曲线由整个 $j\omega$ 轴（$\omega = -\infty$ 到 $\omega = +\infty$）和右半平面上半径为无穷大的半圆轨迹构成，该封闭曲线称为奈奎斯特途径，如图 5.45 所示。

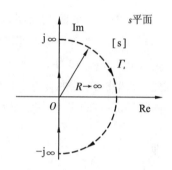

选取辅助函数 $F(s) = 1 + G(s)H(s)$ 和奈奎斯特路径 Γ_s，然后绘制 $F(s)$ 平面的映射曲线 Γ_F，根据辐角原理可以获得 $F(s)$ 位于 s 右半平面的零点数目（即闭环系统极点个数）为

图 5.45 无虚轴上的极点和零点时 s 平面内的封闭曲线

$$Z = N + P \tag{5.79}$$

式中，P 为 s 右半平面内的开环极点个数，N 为 Γ_F 绕坐标原点旋转的圈数。当 $Z = 0$ 时，图 5.40 所示的闭环系统稳定。

由辅助函数 $F(s) = 1 + G(s)H(s)$ 知，$F(s)$ 与系统开环传递函数 $G(s)H(s)$ 只相差常数 1，即复平面上的曲线 $G(s)H(s)$ 沿正实轴平移一个单位的曲线就是 $F(s)$ 曲线。因此，$F(s)$ 绕坐标原点转过的圈数 N 就是 $G(s)H(s)$ 绕 $(-1, j0)$ 点转过的圈数，如图 5.46 所示，因此只需要作出 $G(s)H(s)$ 曲线即可。当 s 沿奈奎斯特路径旋转一周时，映射曲线 Γ_{GH}（也称为奈氏曲线）的绘制问题成为研究的关键。

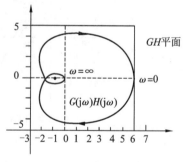

图 5.46 $G(s)H(s)$ 平面的映射曲线

如图 5.45 选取奈斯特氏路径，由奈氏路径的对称性可知，映射曲线 Γ_{GH} 必关于实袖对称，如图 5.46 所示。

为了叙述简便，一般只讨论奈氏路径在 $\mathrm{Im}(s) > 0$ 时的映射曲线 $\Gamma_{GH}(\omega: 0 \rightarrow +\infty)$，而奈氏路径在 $\mathrm{Im}(s) < 0$ 时的映射曲线 $\Gamma_{GH}(\omega: -\infty \rightarrow 0)$ 可以通过实轴镜像得到。

（1）当 $s = j\omega (\omega: 0 \rightarrow +\infty)$ 时，映射曲线 Γ_{GH} 正好是系统开环幅相曲线 $G(j\omega)H(j\omega)(\omega: 0 \rightarrow +\infty)$。

（2）当 $s = R \cdot e^{j - \frac{\pi}{2}} \rightarrow R \cdot e^{j\frac{\pi}{2}} (R \rightarrow \infty)$ 时，由于 $n \geqslant m$，映射曲线 Γ_{GH} 在 $[GH]$ 平面上是一个点。

映射曲线 Γ_{GH} 是系统开环幅相曲线 $G(j\omega)H(j\omega)$（$\omega: -\infty\rightarrow 0\rightarrow +\infty$）。在作奈氏曲线时，只要绘制关于（$\omega: 0\rightarrow +\infty$）的 $G(j\omega)H(j\omega)$ 曲线，关于（$\omega: -\infty\rightarrow 0$）的 $G(j\omega)H(j\omega)$ 曲线就可通过实轴镜像得到。

通过以上内容可得出如下奈奎斯特稳定判据：

（1）**如果开环系统是稳定的，即 $P=0$，那么闭环系统稳定的充要条件是开环频率特性 $G(j\omega)H(j\omega)$ 曲线不包围 $(-1, j0)$ 这一点。**

（2）**如果开环系统是不稳定的，开环系统有 P 个根在 s 右半平面上，则闭环系统稳定的充要条件是开环频率特性的曲线 $G(j\omega)H(j\omega)$ 应逆时针围绕 $(-1, j0)$ 点转 $N=P$ 圈。**

（3）**如果开环频率特性 $G(j\omega)H(j\omega)$ 曲线穿越 $(-1, j0)$ 这一点，系统临界稳定。**

若闭环系统是不稳定的，则系统位于 s 右半平面的闭环极点个数为

$$Z=N+P$$

式中：P 为 $G(s)H(s)$ 在 s 右半平面内的开环极点个数；N 为 $G(j\omega)H(j\omega)$（$\omega: -\infty\rightarrow 0\rightarrow +\infty$）曲线围绕 $(-1, j0)$ 点旋转的圈数；Z 为函数 $1+G(s)H(s)$ 在 s 右半平面内的零点数，也即闭环系统特征根数目。$N>0$ 表示 $G(j\omega)H(j\omega)$ 曲线以顺时针方向围绕 $(-1, j0)$ 点；$N<0$ 表示 $G(j\omega)H(j\omega)$ 曲线以逆时针方向围绕 $(-1, j0)$ 点。

例 5.9　单位反馈系统开环传递函数为

$$G(s)=\frac{3}{(2s+1)(3s+1)}$$

试用奈奎斯特稳定判据判闭环系统的稳定性。

解　幅频特性为

$$|G(j\omega)|=\frac{3}{\sqrt{(2\omega)^2+1}\sqrt{(3\omega)^2+1}}$$

相频特性为

$$\varphi(\omega)=-\arctan 2\omega-\arctan 3\omega$$

当 $\omega: -\infty\rightarrow 0\rightarrow +\infty$，奈氏图如图 5.47 所示。因为 $P=0$，$N=0$，所以 $Z=N+P=0$，该闭环系统稳定。

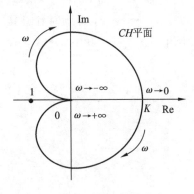

图 5.47　例 5.9 的奈氏图（$K=3$）

例 5.10　一个单位负反馈系统的开环传递函数为

$$G(s)=\frac{K}{Ts-1}$$

试确定闭环系统稳定的 K 值范围。

解　开环系统频率特性、幅频和相频分别为

$$G(j\omega)=-\frac{K}{1+T^2\omega^2}-j\frac{KT\omega}{1+T^2\omega^2}$$

$$|G(j\omega)|=\frac{K}{\sqrt{(T\omega)^2+1}},\ \varphi(\omega)=-180°+\arctan T\omega$$

$$\omega\rightarrow 0^+,\ G(j0^+)=K\angle-180°$$

$$\omega\rightarrow\infty,\ G(j\infty)=0\angle-90°$$

当 ω 由 $-\infty\rightarrow\infty$ 变化时，奈氏图如图 5.48 所示。因为 $P=1$，所以当 $Z=P+N=0$，即 $N=-1$ 时，闭环系统稳定，此时 $G(j\omega)$ 曲线应该按逆时针包围 $(-1, j0)$ 点旋转一周，即 $K>1$。因此可得系统稳定的条件是 $T>0$ 和 $K>1$。

由图 5.49 可得：$K=0.5$ 时，闭环系统不稳定；$K=2$ 时，闭环系统稳定。

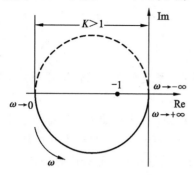
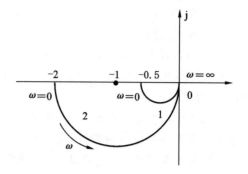

图 5.48　例 5.10 的奈氏图　　　　图 5.49　例 5.10 的 $K=2$ 和 $K=0.5$ 的奈氏图

2. $G(s)H(s)$ 在虚轴上有极点 $s=0$

1）奈氏路径选择

根据辐角原理，s 平面上的封闭曲线 Γ_s 不能通过 $F(s)$ 的零极点。只需对图 5.45 略作修改，即以半径为无穷小的半圆 $\rho\to 0$ 绕过 $s=0$ 的极点，如图 5.50 所示。其奈氏路径组成为：正虚轴 $s=j\omega$（$\omega: 0^+\to+\infty$）；半径为无穷大的右半圆 $s=Re^{j\theta}$，其中 $R\to\infty$，$\theta=\pi/2\to-\pi/2$，即顺时针旋转 $180°$；负虚轴 $s=j\omega$（$\omega:-\infty\to 0^-$）；半径为无穷小的右半圆 C_2：$s=\rho e^{j\theta}$，其中 $\rho\to 0$，$\theta=-\pi/2\to\pi/2$，即逆时针旋转 $180°$。

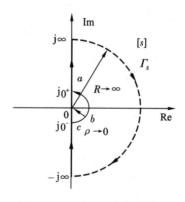

图 5.50　s 平面上的奈氏路径

2）奈奎斯特曲线

（1）当 $s=j\omega$（$\omega: 0^+\to+\infty$）时，映射曲线 Γ_{GH} 是系统的极坐标图 $G(j\omega)H(j\omega)$（$\omega: 0^+\to+\infty$）。

（2）当 $s=Re^{j\theta}\left(R\to\infty,\theta=\dfrac{\pi}{2}\to-\dfrac{\pi}{2}\right)$ 时，$G(s)H(s)$ 映射到 GH 平面的像是一点，和无虚轴上的极点相同。

（3）当 $s=j\omega$（$\omega:-\infty\to 0^-$）时，映射曲线 Γ_{GH} 是系统的极坐标图 $G(j\omega)H(j\omega)$（$\omega:-\infty\to 0^-$）。

（4）当 $s=\rho e^{j\theta}\left(\theta:-\dfrac{\pi}{2}\to\dfrac{\pi}{2}\right)$ 时，设

$$G(s)H(s) = K \frac{\prod\limits_{i=1}^{m}(\tau_i s + 1)}{s^{\nu} \prod\limits_{j=1}^{n-\nu}(T_j s + 1)} \quad (n \geqslant m) \tag{5.80}$$

则

$$G(s)H(s)\big|_{s=\lim\limits_{\rho \to 0}\rho e^{j\theta}} = \frac{K}{\rho^v}\bigg|_{\rho \to 0} e^{-j\nu\theta} = \infty e^{-j\nu\theta} \tag{5.81}$$

对于 $\nu=1$ 的 I 型系统，C_2 部分在 GH 平面的映射曲线为一个半径为无穷大的半圆，如图 5.51(a)所示，图中 a'、b'、c' 点分别为 a、b、c 的映射点。

对于 $\nu=2$ 的 II 型系统，C_2 部分在 GH 平面的映射曲线为一个半径为无穷大的圆，如图 5.51(b)所示。

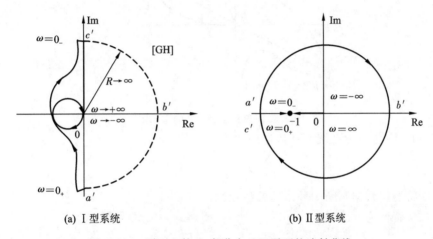

(a) I 型系统　　　　　　　　　　(b) II 型系统

图 5.51　s 平面上的 C_2 部分在 GH 平面的映射曲线

从以上分析可知，当系统的开环传递函数包含积分环节时，奈奎斯特曲线 Γ_{GH} 的绘制方法为：首先绘制出 $\omega: 0^+ \to +\infty$ 的奈氏曲线；然后从 $G(j0^+)H(j0^+)$ 开始，用虚线逆时针方向补画半径为无穷大的 $\nu \cdot 90°$ 的圆弧，此段圆弧对应于 $\omega: 0 \to 0^+$ 的幅相曲线；最后将上述奈奎斯特曲线作关于实轴的镜像曲线得到 $\mathrm{Im}(s) \leqslant 0$ 的奈氏曲线，即为 $\omega: -\infty \to 0$ 时的幅相曲线。由此绘制得到开环系统的奈氏曲线 $\Gamma_{GH}(\omega: -\infty \to 0 \to +\infty)$。

3. $G(s)H(s)$ 包含振荡环节

当开环系统含有等幅振荡环节时，设

$$G(s)H(s) = \frac{1}{s^2 + \omega_n^{2\nu_1}}G_1(s)(\nu_1 > 0, \ |G_1(\pm j\omega_n)| \neq \infty) \tag{5.82}$$

在 $\pm j\omega_n$ 附近取 $s = \pm j\omega_n + \varepsilon e^{j\theta}$（$\varepsilon$ 为正无穷小量，$\theta \in [-90°, +90°]$），即圆心为 $\pm j\omega_n$、半径为无穷小的半圆。考虑 s 在 $j\omega_n$ 附近沿 Γ_s 运动时，Γ_{GH} 的变化为

$$s = j\omega_n + \varepsilon e^{j\theta} \quad \theta \in [-90°, +90°]$$

因为 ε 为正无穷小，所以式(5.82)可写为

$$G(s)H(s) = \frac{1}{(2j\omega_n \varepsilon e^{j\theta} + \varepsilon^2 e^{j2\theta})^{\nu_1}}G_1(j\omega_n + \varepsilon e^{j\theta}) \approx \frac{e^{-j(\theta+90°)\nu_1}}{(2\omega_n \varepsilon)^{\nu_1}}G_1(j\omega_n) \tag{5.83}$$

所以得

$$A(\omega) = \infty$$

$$\varphi(\omega) = \begin{cases} \angle G_1(j\omega_n), & \theta = -90°, \ s = j\omega_n^- \\ \angle G_1(j\omega_n) - (\theta+90°)\nu_1, & \theta \in (-90°, 90°) \\ \angle G_1(j\omega_n) - (180°)\nu_1, & \theta = 90°, \ s = j\omega_n^+ \end{cases}$$

因此，s 沿 Γ 在 $j\omega_n$ 附近运动时，对应的 Γ_{GH} 闭合曲线为半径无穷大，圆心角等于 $\nu_1 \times 180°$ 的圆弧，即从 $G(j\omega_{n-})H(j\omega_{n-})$ 点起，以半径为无穷大顺时针作 $\nu_1 \times 180°$ 的圆弧至 $G(j\omega_{n+})H(j\omega_{n+})$ 点，如图 5.52 中虚线所示。上述分析表明，半闭合曲线 Γ_{GH} 由开环幅相曲线和根据开环虚轴极点所补作的无穷大半径的虚线圆弧两部分组成。

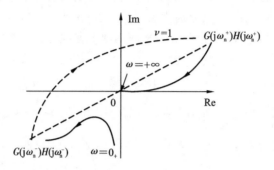

图 5.52 含有振荡环节的奈氏图

例 5.11 单位反馈系统开环传递函数为

$$G(s) = \frac{K}{s(T_1s+1)(T_2s+1)} \quad (K>0, \ T_1、T_2>0)$$

试用奈奎斯特稳定判据判断闭环系统的稳定性。

解 幅频特性为

$$|G(j\omega)| = \frac{K}{\omega \sqrt{(T_1\omega)^2+1} \sqrt{(T_2\omega)^2+1}}$$

相频特性为

$$\varphi(\omega) = -90° - \arctan T_1\omega - \arctan T_2\omega$$

由开环传递函数知，s 右半平面的开环极点数为零，即 $P=0$。系统的奈氏图如图 5.53 所示。其中，渐近线为 $\sigma_x = -K(T_1+T_2)$，$\omega_g = \dfrac{1}{\sqrt{T_1 T_2}}$ 时，开环幅相曲线与负实轴的交点为 $P(\omega_g) = -K\dfrac{T_1 T_2}{T_1+T_2}$。

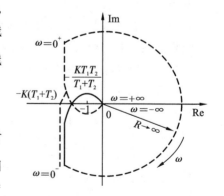

图 5.53 例 5.11 的奈氏图

由幅相曲线可看到，当 $K\dfrac{T_1 T_2}{T_1+T_2}>1$ 时，曲线顺时针包围 $(-1, j0)$ 点二圈，即 $N=-2$，所以 $N \neq P$，故闭环系统不稳定，且闭环特征方程正实部根个数 $Z=P+N=0+2=2$；当 $K\dfrac{T_1 T_2}{T_1+T_2}<1$ 时，曲线不包围 $(-1, j0)$ 点，即 $N=0$，所以有 $N=P$，故闭环系统稳定；当 $K\dfrac{T_1 T_2}{T_1+T_2}=1$ 时，曲线通过 $(-1, j0)$ 点，故闭环系统临界稳定。

则 ω：$-\infty \rightarrow 0 \rightarrow +\infty$，$G(j\omega)$ 曲线如图 5.53 所示。

例 5.12　单位反馈系统开环传递函数为

$$G(s)=\frac{K(T_2 s+1)}{s^2(T_1 s+1)} \quad (K>0,\ T_1>0,\ T_2>0)$$

试用奈奎斯特稳定判据判断闭环系统的稳定性。

解　幅频特性为

$$|G(j\omega)|=\frac{K\ \sqrt{(T_2\omega)^2+1}}{\omega^2\ \sqrt{(T_1\omega)^2+1}}$$

相频特性为

$$\varphi(\omega)=-180°-\arctan T_1\omega+\arctan T_2\omega$$

根据以上式子分别作出 $T_1<T_2$、$T_1=T_2$、$T_1>T_2$ 三种情况下的 $G(j\omega)$ 曲线，如图 5.54 所示。当 $T_1<T_2$ 时，$G(j\omega)$ 曲线不包围(-1, j0)点，因而闭环系统是稳定的；当 $T_1>T_2$ 时，$G(j\omega)$ 曲线以顺时针方向包围(-1, j0)点两周，因而闭环系统是不稳定的，在右半平面有两个根；当 $T_1=T_2$ 时，$G(j\omega)$ 曲线通过(-1, j0)点，因而闭环系统是临界稳定的。

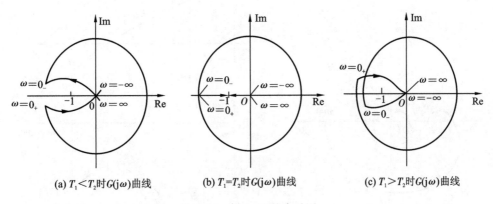

(a) $T_1<T_2$时$G(j\omega)$曲线　　(b) $T_1=T_2$时$G(j\omega)$曲线　　(c) $T_1>T_2$时$G(j\omega)$曲线

图 5.54　例 5.12 的奈氏图

5.4.4　奈奎斯特稳定判据在伯德图上的应用

对数频率稳定判据实际上是奈奎斯特稳定判据的另一种形式，它是利用开环系统的对数频率特性来判别闭环系统的稳定性的。由于开环对数频率特性可以通过试验获得，因此在工程上获得了广泛的应用。

1. 幅相、对数频率特性曲线的对应关系

图 5.55(a)、(b)分别表示系统的幅相频率特性曲线和其对应的对数频率特性曲线。由图 5.55 可以得出这两种特性曲线之间存在下述对应关系。

(1) **幅相频率特性图上的单位圆对应对数频率特性图上的零分贝线**，即对数幅频特性的横坐标轴。在 GH 平面上单位圆之外的区域对应对数幅频特性曲线零分贝线以上的区域，即 $L(\omega)>0$ dB 的部分；在 GH 平面上单位圆之内的区域对应对数幅频特性曲线零分贝线以下的区域，即 $L(\omega)<0$ dB 的部分。

(2) GH 平面上的负实轴与 Bode 图相频特性上的一180°线相对应。

2. 穿越次数的计算

下面给出通过确定开环幅相曲线在$(-1, j0)$点左侧实轴上的穿越次数来获得 N 的计算方法。

随着 ω 的增大，若开环幅相曲线 $G(j\omega)H(j\omega)$ 以逆时针方向包围$(-1, j0)$点一周，则开环幅相曲线必然从上至下穿过$(-1, j0)$点左侧的负实轴一次。这种穿越伴随着相角的增加，故称为正穿越。反之，若开环幅相曲线 $G(j\omega)H(j\omega)$ 按顺时针方向包围$(-1, j0)$点一圈，则开环幅相曲线必由下至上穿过$(-1, j0)$点左侧的负实轴一次。这种穿越伴随着相角的减小，故称为负穿越。记 N_+ 为正穿越次数，N_- 为负穿越次数，奈氏图上的正负穿越如图 5.55(a)所示。

根据上述对应关系，幅相频率特性曲线的穿越次数，也可以利用在 $L(\omega) > 0$ dB 的区间内 $\varphi(\omega)$ 曲线对$-180°$线的穿越次数来计算。在 $L(\omega) > 0$ 的区间内，$\varphi(\omega)$ 曲线自下而上通过$-180°$线为正穿越(相角增加)，如图 5.55(b)中的 B 点；$\varphi(\omega)$ 曲线自上而下通过$-180°$线为负穿越(相角减小)，如图 5.55(b)中的 A 点。

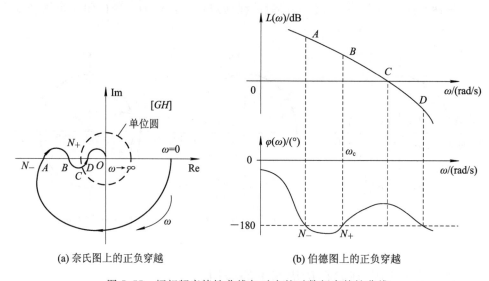

(a) 奈氏图上的正负穿越　　　　(b) 伯德图上的正负穿越

图 5.55　幅相频率特性曲线与对应的对数频率特性曲线

3. N 的计算

由于 $\omega: -\infty \to 0$ 与 $\omega: 0 \to \infty$ 时的开环幅相曲线关于实轴镜像，因此可由 $\omega: 0 \to \infty$ 时的开环幅相曲线上的正、负穿越次数 N_+、N_- 求出开环幅相曲线在复平面上顺时针围绕$(-1, j0)$点转过的圈数为

$$N = 2(N_- - N_+) \tag{5.84}$$

注意，在上述情况下，开环幅相曲线的 $\omega: 0 \to \infty$ 段可能会出现起始于(或终止于)$(-1, j0)$点左侧的负实轴的情况，记为半次穿越。若沿逆时针方向离开(或终止于)负实轴，则记为半次正穿越，即 $N_+ = 1/2$。

实际上，只需绘制 $\omega: 0 \to \infty$ 时的开环幅相曲线，同时联立式(5.79)和式(5.84)就可得根据正、负穿越次数之差来陈述的奈氏判据。

4. 对数频率稳定判据

比较系统的幅相频率特性曲线和其对应的对数频率特性曲线，可以得到如下对数频率稳定判据。

设系统有 P 个开环极点在 s 右半平面上，则闭环系统稳定的充要条件为：开环对数幅频特性 $L(\omega)>0$ 的所有频率范围内，对数相频特性曲线 $\varphi(\omega)$ 与 $-180°$ 线的正、负穿越数之差为 $P/2$，即

$$N_+ - N_- = \frac{P}{2} \tag{5.85}$$

若闭环系统不稳定，系统位于 s 右半平面的闭环极点个数为

$$Z = P - 2(N_+ - N_-) \tag{5.86}$$

应用对数频率稳定判据时，应注意以下两点：

（1）若开环传递函数存在积分环节，即开环系统存在 $s=0$ 的 v 重极点时，应从足够小的 ω 所对应的 $\varphi(\omega)$ 起向上补作 $v90°$ 的虚垂线。

（2）开环对数幅频特性 $L(\omega)>0$ 的所有频率范围内，$\varphi(\omega)$ 起始于或终止于 $-(2k+1)180°(k=0,\pm1,\pm2,\cdots)$ 线，记为半次穿越。

例 5.13　已知开环传递函数为

$$G(s) = \frac{100}{s^2(s/3+1)}$$

试用对数频率稳定判据判断闭环系统的稳定性。

解　由系统开环传递函数知，s 右半平面的极点数为零，即 $P=0$，画开环系统伯德图如图 5.56 所示。开环系统有两个积分环节，故在对数相频曲线 $\omega=0^+$ 处，向上补作 $180°$ 的短虚垂线作为曲线的一部分。

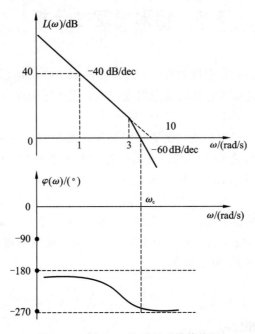

图 5.56　例 5.13 的开环系统伯德图

从图中可以看出，$N_-=1$，$N_+=0$，则有 $N_+ - N_- = -1 \neq P/2$，故闭环系统不稳定。系统位于 s 右半平面的闭环极点个数为

$$Z = P - 2(N_+ - N_-) = 0 - 2 \times (-1) = 2$$

例 5.14 已知某单位负反馈系统,其开环传递函数为

$$G(s)H(s) = \frac{2e^{-\tau s}}{s+1} \quad (\tau > 0)$$

试根据奈氏判据确定系统闭环稳定时,延迟时间 τ 值的范围。

解 延迟系统开环幅相曲线如图 5.57 所示。

例 5.14 解答

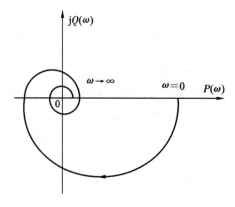

图 5.57 例 5.14 的奈氏图

系统闭环稳定时 τ 值的范围应为

$$\tau < \frac{\pi - \arctan\sqrt{3}}{\sqrt{3}} = \frac{2}{3\sqrt{3}}\pi$$

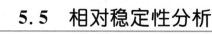

5.5 相对稳定性分析

系统的稳定程度是相对稳定性的概念,与系统的瞬态响应指标有着密切的关系。在设计一个控制系统时,不仅要求它必须是绝对稳定的,而且还应保证系统具有一定的稳定程度,即具备适当的相对稳定性。

对于开环稳定的最小相位系统,度量其闭环系统相对稳定性的方法是根据开环幅相曲线相对于 $(-1, j0)$ 点的接近程度来表征的。开环幅相曲线距离 $(-1, j0)$ 点越远,闭环系统的相对稳定性越高,其对应的闭环主导极点距离 s 平面的虚轴也越远;开环幅相曲线越靠近 $(-1, j0)$ 点,系统阶跃响应的振荡就越强烈,系统的相对稳定性就越

稳定裕度

差,此时闭环主导极点距离 s 平面的虚轴也越近。通常,**频域的相对稳定性即稳定裕度常用相角裕度 γ 和幅值裕度 K_g 来度量。**

5.5.1 幅值裕度

令开环频率特性的相位为

$$\varphi(\omega_g) = \angle G(j\omega_g)H(j\omega_g) = -\pi \tag{5.87}$$

时,称 ω_g 为系统的**穿越频率**,也称**相位交界频率**。定义**幅值裕度(或增益裕度)** 为

$$K_g = \frac{1}{|G(j\omega_g)H(j\omega_g)|} \tag{5.88}$$

幅值裕度 K_g 的含义是：对于闭环稳定的系统，如果系统开环幅频特性再增大 K_g 倍，则系统将处于临界稳定状态。对于闭环不稳定的系统，为使系统临界稳定，开环幅频特性应当减小到原来的 $1/K_g$。如图 5.58 所示的Ⅰ型系统的奈氏图中，当 $d=0.5$ 时，$K_g=1/d=2$，表明该系统到临界稳定时其增益还可以增加两倍。

在伯德图上，幅值裕度改以分贝(dB)表示：

$$20\lg K_g = 20\lg \frac{1}{|G(j\omega_g)H(j\omega_g)|} = -L(\omega_g)\mathrm{dB}$$

$$(5.89)$$

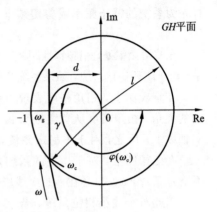

图 5.58　Ⅰ型系统的奈氏图

由奈奎斯特稳定判据可知，**针对最小相位系统，闭环稳定的充要条件是：$G(j\omega_g)H(j\omega_g)$ 曲线不包围 $(-1, j0)$ 点，此时 $K_g>1$，即 $20\lg K_g>0$ dB。** 反之，对于不稳定的闭环系统，其 $K_g<1$，即 $20\lg K_g<0$ dB。也就是说，当幅值裕度以分贝表示时，如果 K_g 大于 1，则幅值裕度为正值；如果 K_g 小于 1，则幅值裕度为负值。因此，正幅值裕度(以 dB 表示)表示系统是稳定的，负幅值裕度(以 dB 表示)表示系统是不稳定的，如图 5.59 所示。

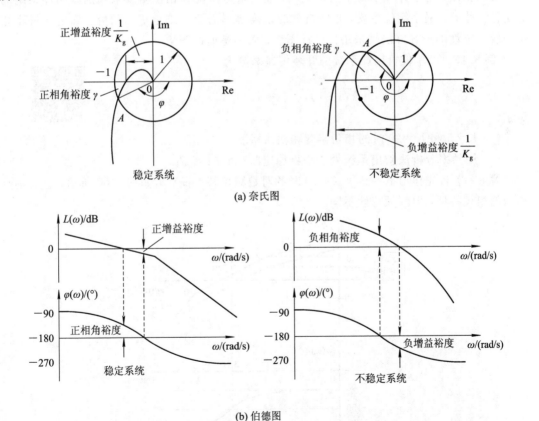

图 5.59　稳定系统和不稳定系统的增益裕度和相位裕度

5.5.2   相角裕度

令开环频率特性的幅值为

$$A(\omega_c) = |G(j\omega_c)H(j\omega_c)| = 1 \tag{5.90}$$

称ω_c为系统的截止频率或剪切频率。定义**相角裕度（或相位裕量）**为

$$\gamma = 180° + \angle G(j\omega_c)H(j\omega_c) \tag{5.91}$$

在剪切频率处，相频特性距离$-180°$线的相位差γ就是系统的相角裕度。相角裕度的含义是：对于闭环稳定系统，如果系统开环相频特性再滞后γ角度，则系统将处于临界稳定状态。

在奈氏图上，相角裕度表现为系统的开环幅相特性的幅值$A(\omega_c)=1$时的向量与负实轴的夹角。相角裕度从负实轴算起，逆时针为正，顺时针为负。对于稳定系统，A点必在负实轴以下；反之，对于不稳定系统，A点必在负实轴以上，如图5.59(a)所示。

在伯德图上，对于稳定的系统，$\varphi(\omega_c)$必在$-180°$线以上，这时称为正相角裕度；对于不稳定系统，$\varphi(\omega_c)$必在$-180°$线以下，这时称为负相角裕度，如图5.59(b)所示。

因此对于最小相位系统，若$\gamma>0$，则相应的闭环系统稳定；若$\gamma<0$，则相应的闭环系统不稳定。一般γ越大，系统的相对稳定性越好。工程上通常要求γ在$30°\sim60°$之间，增益裕度大于6 dB。

必须指出，对于开环不稳定的系统，不能用增益裕度和相位裕度来判别其闭环系统的稳定性。对于非最小相位系统，稳定裕度的正确解释需要仔细地进行研究。确定非最小相位系统稳定性的最好方法是采用极坐标图法，而不是伯德图法。

例5.15   设单位负反馈系统的开环传递函数为

$$G(s) = \frac{K}{s(s+1)(0.1s+1)}$$

试求：

（1）$K=5$和$K=20$时的相角裕度和幅值裕度。

稳定裕度例题

（2）用频率分析法求出系统处于临界稳定状态时的K值。

解   （1）首先作出$K=5$和$K=20$时的对数频率特性曲线，如图5.60所示，它们具有相同的相频特性，但幅频特性不同。

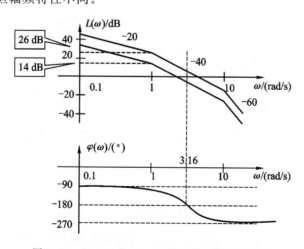

图5.60 $K=50$和$K=20$的对数频率特性曲线

参照图 5.60 计算可得，当 $K=5$ 时，$\omega_c=2.24$，$\gamma_1\approx11.4°$，$K_{g_1}=2.2$，$20\lg K_{g_1}$（dB）$\approx$ 6.85 dB；而当 $K=20$ 时，$\omega_c=4.47$，$\gamma_2\approx-11.5°$，$20\lg K_{g_2}\approx-5.2$ dB。因此 $K=5$ 时闭环系统稳定；$K=20$ 时闭环系统不稳定。

（2）对于闭环稳定的系统，如果系统开环幅频特性再增大 K_g 倍，则系统将处于临界稳定状态。此时 $K_{g_1}=2.2$，则 $K=2.2\times5=11$。

例 5.14 表明，减小开环增益 K 可以增大系统的相角裕度，提高系统的相对稳定性，但 K 的减小会使系统的稳态误差变大。因此，为了兼顾系统的稳态误差和过渡过程的要求，有必要应用校正方法，详见第 6 章校正的设计方法。

对于最小相位系统，开环对数幅频特性曲线和开环对数相频特性曲线有一一对应关系。当要求相角裕度在 $30°\sim60°$ 之间时，意味着开环对数幅频特性曲线在幅值截止频率附近的斜率应大于 -40 dB/dec，且有一定宽度。在大多数实际系统中，要求截止频率附近斜率为 -20 dB/dec。如果系统斜率设计为 -40 dB/dec，系统即使稳定，相角裕度也过小（如例 5.14）；如果此斜率设计为 -60 dB/dec 或更小，则系统就会不稳定。

5.5.3　基于开环对数频率特性的闭环系统性能分析

单位反馈系统的闭环传递函数由开环传递函数决定，利用开环对数频率特性分析闭环系统的性能时，通常将开环频率特性分成低、中、高三个频段。图 5.61 所示为一种典型的开环对数幅频特性渐近曲线。

三频段频率特性

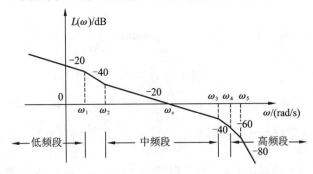

图 5.61　开环对数幅频特性渐近曲线

1. 低频段特性与系统的稳态精度

低频段通常是指 $L(\omega)$ 的渐近曲线在第一个转折频率以前的区段，这一段特性完全由系统开环传递函数中串联积分环节的数目 ν 和开环增益 K 决定。

（1）低频段的斜率为 0 dB/dec——0 型系统；

（2）低频段的斜率为 -20 dB/dec——Ⅰ 型系统；

（3）低频段的斜率为 -40 dB/dec——Ⅱ 型系统。

低频段的渐近线斜率越小，说明积分环节数目 ν 越多，系统稳态误差越小或消除了稳态误差。

低频段的高度由 $20\lg K$ 决定，即由开环增益 K 决定。 由第 3 章知，闭环系统的稳态误差与系统的型别、开环增益和输入信号有关，低频段位置越高，开环增益就越大，系统的稳态误差也越小。所以对给定的输入信号，系统是否有稳态误差以及稳态精度可由开环对数幅频特性的低频段渐近线确定。

2. 中频段特性与系统的动态性能关系

中频段是指开环对数幅频 $L(\omega)$ 在截止频率 ω_c 附近（或 0 分贝附近）的区段，这段特性集中反映了开环系统动态响应的稳定性和快速性。在通过开环频率特性分析系统的动态性能时，一般由开环频率特性的截止频率 ω_c 和相角裕度 γ 这两个开环频域指标衡量。由于系统的动态性能主要用调节时间 t_s 和最大超调量 M_p 两个时域指标来评价，为了用开环频率特性来评价系统的暂态性能，就必须分析频域指标与时域指标的关系。

1）二阶系统开环频域指标和时域指标的关系

对于典型二阶系统，第 3 章已建立时域指标超调量 $M_p\%$ 和调节时间 t_s 与阻尼比 ζ 的关系式。而欲确定 γ 和 ω_c 与 $M_p\%$ 和 t_s 的关系，只需确定 γ 和 ω_c 关于 ζ 的计算公式即可。

典型二阶系统的开环频率特性为

$$G(j\omega)=\frac{\omega_n^2}{j\omega(j\omega+2\zeta\omega_n)}=\frac{\omega_n^2}{\omega\sqrt{\omega^2+4\zeta^2\omega_n^2}}\angle\left(-\arctan\frac{\omega}{2\zeta\omega_n}-90°\right)$$

设 ω_c 为截止频率，则有

$$|G(j\omega_c)|=\frac{\omega_n^2}{\omega_c\sqrt{\omega_c^2+4\zeta^2\omega_n^2}}=1$$

可求得

$$\omega_c=\omega_n(\sqrt{4\zeta^4+1}-2\zeta^2)^{\frac{1}{2}} \tag{5.92}$$

按相角裕度定义

$$\gamma=180°+\angle G(j\omega_c)=90°-\arctan\frac{\omega_c}{2\zeta\omega_n}=\arctan\frac{2\zeta\omega_n}{\omega_c}$$

$$\gamma=\arctan\frac{2\zeta}{\sqrt{\sqrt{4\zeta^4+1}-2\zeta^2}} \tag{5.93}$$

因为

$$\frac{d}{d\zeta}(\sqrt{4\zeta^4+1}-2\zeta^2)=\frac{4\zeta}{\sqrt{4\zeta^4+1}}(2\zeta^2-\sqrt{4\zeta^4+1})<0$$

故 ω_c 为 ω_n 的增函数和 ζ 的减函数，γ 只与阻尼比 ζ 有关，且为 ζ 的增函数。上式表明典型二阶系统的相角裕度 γ 与阻尼比 ζ 存在一一对应关系，根据式(5.93)绘制 γ 与 ζ 曲线（见图 5.66），则相位裕度与超调量的关系如图 5.62 所示。

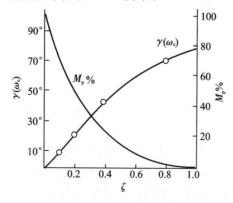

图 5.62　相位裕度与超调量的关系

由图 5.62 可知，ζ 越大，相角裕度 γ 越大，超调量 $M_p\%$ 越小，系统的相对稳定性越强。

由时域分析有

$$t_s = \frac{3}{\zeta\omega_n}$$

将(5.92)代入上式，得

$$t_s\omega_c = \frac{3}{\zeta}(\sqrt{4\zeta^4+1}-2\zeta^2)^{\frac{1}{2}}$$

进一步有

$$t_s\omega_c = \frac{6}{\tan\gamma} \tag{5.94}$$

当选定 γ 后，ω_c 较大时 t_s 较小，表明调节时间较短，系统的快速性较好。综上可知，可由 γ-ζ 曲线确定 ζ，再由 ζ 确定 $M_p\%$ 和 t_s。

2）中频段对系统动态性能的影响

如图 5.63(a)所示的系统，$L(\omega)$ 曲线的中频段斜率为 $-20\ \mathrm{dB/dec}$，而且占有较宽的频率区间，则其对应的开环传递函数为

$$G(s) = \frac{\omega_c}{s}$$

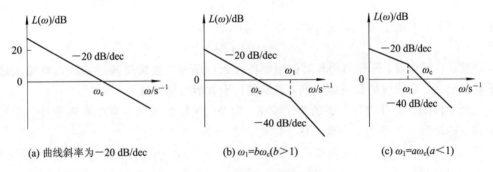

(a) 曲线斜率为 $-20\ \mathrm{dB/dec}$　　　　(b) $\omega_1 = b\omega_c(b>1)$　　　　(c) $\omega_1 = a\omega_c(a<1)$

图 5.63　中频段的对数幅频特性

对于单位负反馈系统，其闭环传递函数为

$$\Phi(s) = \frac{G(s)}{1+G(s)} = \frac{1}{\dfrac{1}{\omega_c}s+1}$$

这相当于一阶系统。系统的超调量 $M_p\% = 0$；调节时间 $t_s = \dfrac{3}{\omega_c}$，剪切频率 ω_c 愈大，调节时间 t_s 愈小，系统的响应速度愈快，这说明 ω_c 主要反映了闭环系统的快速性。

对于如图 5.63(b)所示的系统，取 $\omega_1 = b\omega_c(b>1)$，中频段斜率为 $-20\ \mathrm{dB/dec}$，则系统的相角裕度为

$$\gamma = 180° - 90° - \arctan\frac{\omega_c}{\omega_1} = 90° - \arctan\frac{1}{b}$$

由上式可知 b 越大，相角裕度 γ 越大，中频段斜率 $-20\ \mathrm{dB/dec}$ 占据较宽的频率区间，系统的相对稳定性较好。一般 γ 取 $30°\sim70°$。当 $b=2$ 时，$\gamma = 63.4°$。

对于如图 5.63(c)所示的系统，取 $\omega_1 = a\omega_c(a<1)$，中频段斜率为 $-40\ \mathrm{dB/dec}$，则系统

的相角裕度为

$$\gamma = 180° - 90° - \arctan\frac{\omega_c}{\omega_1} = 90° - \arctan\frac{1}{a}$$

当 $a=0.1$ 时，$r=5.8°$，此时系统的相对稳定性较差。当 a 很小时，系统的中频段斜率 -40 dB/dec 占据很宽的频率区间，系统近似为临界稳定，动态过程持续振荡，闭环系统不稳定。

综上所述，**为了获得良好的动态性能，$L(\omega)$ 曲线的中频段斜率期望为 -20 dB/dec，且占有较宽的频率区间以维持系统的相角裕度，保证获得满意的平稳性，并且以提高 ω_c 来增加系统的快速性。**

3. 高频段特性对系统性能的影响

高频段是指开环对数频率特性渐近线在中频段 $\omega > 10\omega_c$ 以后的区段，这部分特性是由系统中时间常数很小、频带很高的部件决定的。由于远离截止频率，一般分贝值都较低，故对系统的动态响应影响不大。但高频段的特性反映了系统对高频干扰的抑制能力。

对于单位负反馈系统，开环和闭环传递函数为

$$\Phi(s) = \frac{G(s)}{1+G(s)}$$

则频率特性为

$$\Phi(j\omega) = \frac{G(j\omega)}{1+G(j\omega)}$$

由于在高频段，一般情况下 $L(\omega) \ll 0$，即 $A(\omega) \ll 1$，所以

$$|\Phi(j\omega)| \approx |G(j\omega)|$$

因此，在高频段，开环与闭环对数幅频特性近似相等，直接反映了系统抑制输入端高频干扰的能力。高频段的分贝值越低，系统的抗干扰能力就越强。

三个频段的划分并没有严格的确定准则，但是三频段的概念为直接运用开环频率特性判别稳定的闭环系统的动态性能提供了原则和方向。

综上所述，对于最小相位系统，系统的性能完全可以由开环对数频率特性反映出来。要设计一个合理的系统，其开环对数幅频特性低、中、高三个频段的形状特征应包含以下三个方面。

（1）低频段的斜率小，增益大，以满足稳态精度的要求。

（2）中频段对数幅频特性的斜率期望为 -20 dB/dec，且具有较宽的频带，以增大相位裕量，提高闭环系统的快速性和稳定性，最终满足闭环系统的良好动态性能。

（3）高频段应有较小的斜率，其幅值应迅速衰减以抑制高频噪声的影响，从而提高系统抗干扰能力。

5.6   闭环频率特性与时域性能指标的关系

用超调量 M_p 和调节时间 t_s 来描述控制系统的时域动态性能指标具有直观和准确等优点，但仅适用于单位阶跃响应分析，而不能直接应用于频域的分析与综合。使用开环频率特性分析和设计系统的动态性能时，常采用相角裕度 γ 和幅值剪切频率 ω_c 两个特征量作

为开环频域指标；用闭环频率特性分析和设计系统时，通常以谐振峰值 M_r、频带宽度 ω_b 和谐振频率 ω_r 作为闭环频域指标。事实上，频域指标是表征系统动态性能的间接指标，它与系统时域动态性能指标之间存在着密切的关系。

5.6.1　闭环频率特性指标

单位反馈控制系统的闭环传递函数为

$$\Phi(s) = \frac{G(s)}{1+G(s)} = \frac{G(s)}{1+G(s)}$$

$$\Phi(j\omega) = \frac{G(j\omega)}{1+G(j\omega)} = |\Phi(j\omega)| e^{j\angle\Phi(j\omega)} = M(\omega)e^{j\alpha(\omega)} \tag{5.95}$$

式中，$|\Phi(j\omega)|$ 即 $M(\omega)$ 为闭环幅频特性；$\angle\Phi(j\omega) = \alpha(\omega)$ 为闭环相频特性。则相应的闭环对数幅频特性为

$$L(\omega) = 20\lg|\Phi(j\omega)| \tag{5.96}$$

典型闭环对数幅频特性如图 5.64 所示。

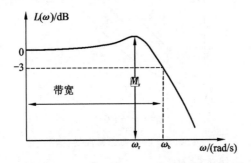

图 5.64　典型闭环对数幅频特性

1. 控制系统的频带宽度

设 $\Phi(j\omega)$ 为系统闭环频率特性，当闭环幅频特性下降到 $0.707|\Phi(j0)|$ 时频率为零时的分贝值以下 3 分贝，对应的频率称为带宽频率，记为 ω_b。即当 $\omega > \omega_b$ 时，有

$$20\lg|\Phi(j\omega)| < 20\lg|\Phi(j0)| - 3 \tag{5.97}$$

频率范围 $(0, \omega_b)$ 称为系统的带宽，如图 5.64 所示。带宽定义表明，对高于带宽频率的正弦输入信号，系统输出将呈现较大的衰减。对于 Ⅰ 型和 Ⅱ 型以上的开环系统，由于 $|\Phi(j0)| = 1$，$20\lg|\Phi(j0)| = 0$，故

$$20\lg|\Phi(j\omega)| < -3(\text{dB}), \quad \omega > \omega_b$$

带宽是频域中一项非常重要的性能指标。对于一阶和二阶系统，带宽频率和系统参数具有解析关系。

设一阶系统的闭环传递函数为

$$\Phi(s) = \frac{1}{Ts+1}$$

因为开环系统为 Ⅰ 型，$\Phi(j0) = 1$，按带宽定义有

$$20\lg|\Phi(j\omega_b)| = 20\lg\frac{1}{\sqrt{1+T^2\omega_b^2}} = 20\lg\frac{1}{\sqrt{2}}$$

可求得带宽频率为

$$\omega_{\mathrm{b}} = \frac{1}{T} \tag{5.98}$$

当取 $T=1$ 和 $T=3$ 时，系统的带宽分别为 $0 \leqslant \omega_{\mathrm{b}} \leqslant 1$（系统 I）和 $0 \leqslant \omega_{\mathrm{b}} \leqslant 0.33$（系统 II）。由图 5.65(a)所示的伯德图可知系统 I 的带宽是系统 II 带宽的三倍，由图 5.65(b)所示的阶跃响应和图 5.65(c)所示的斜坡响应可知系统 I 比系统 II 有较快的响应速度。带宽大，表明系统能通过较高频率的输入信号，暂态响应速度快。

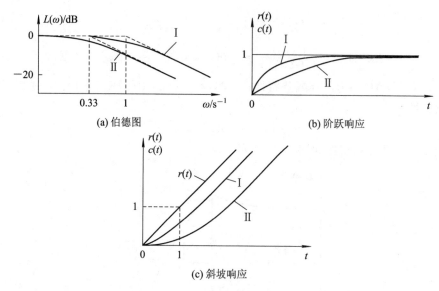

图 5.65　系统动态特性的比较

对于二阶系统，闭环传递函数为

$$\Phi(s) = \frac{\omega_{\mathrm{n}}^2}{s^2 + 2\zeta\omega_{\mathrm{n}}s + \omega_{\mathrm{n}}^2}$$

系统幅频特性为

$$|\Phi(\mathrm{j}\omega)| = \frac{1}{\sqrt{\left(1 - \dfrac{\omega^2}{\omega_{\mathrm{n}}^2}\right)^2 + 4\zeta^2 \dfrac{\omega^2}{\omega_{\mathrm{n}}^2}}}$$

因为 $|\Phi(\mathrm{j}0)| = 1$，由带宽定义得

$$\sqrt{\left(1 - \frac{\omega_{\mathrm{b}}^2}{\omega_{\mathrm{n}}^2}\right)^2 + 4\zeta^2 \frac{\omega_{\mathrm{b}}^2}{\omega_{\mathrm{n}}^2}} = \sqrt{2}$$

则

$$\omega_{\mathrm{b}} = \omega_{\mathrm{n}} \left[(1 - 2\zeta^2) + \sqrt{(1 - 2\zeta^2)^2 + 1} \right]^{\frac{1}{2}} \tag{5.99}$$

由式(5.98)知，一阶系统的宽带频率和时间常数 T 成反比。由式(5.99)知，二阶系统的宽带频率和自然频率 ω_{n} 成正比。令 $A = \left(\dfrac{\omega_{\mathrm{b}}}{\omega_{\mathrm{n}}}\right)^2$，由于

$$\frac{\mathrm{d}A}{\mathrm{d}\zeta} = \frac{-4\zeta}{\sqrt{(1 - 2\zeta^2)^2 + 1}} \left[\sqrt{(1 - 2\zeta^2)^2 + 1} + (1 - 2\zeta^2) \right] < 0$$

A 为 ζ 的减函数，故 ω_{b} 为 ζ 的减函数，即 ω_{b} 与阻尼比 ζ 成反比。根据第 3 章中一阶系统和二阶系统上升时间和调节时间与参数的关系可知，系统的单位阶跃响应的速度和带宽成正

比。对于任意阶次的控制系统，这一关系仍然成立。

鉴于系统复现输入信号的能力取决于系统的幅频特性和相频特性，对于输入端信号，带宽大，跟踪控制信号的能力强；而抑制输入端高频干扰的能力则弱，因此系统带宽的选择在设计中应折中考虑，不能一味求大。受环境变化，元器件老化，电源波动和传感器、执行器非线性等因素的影响，系统的输入和输出端不可避免地存在扰动和噪声，因此控制系统带宽的选择需综合考虑各种输入信号的频率范围及其对系统性能的影响，即应使系统对控制输入信号具有良好的跟踪能力和对扰动输入信号具有较强的抑制能力。

2. 零频幅值 $M(0)$

零频幅值表示频率接近于零时，系统稳态输出的幅值与输入幅值之比。若 $M(0)=1$，则表明系统响应的终值等于输入，静差为零；若 $M(0)\neq1$，表明系统有静差。零频幅值反映了系统的稳态精度。

3. 谐振频率 ω_r

谐振频率指闭环系统幅频特性出现谐振峰值时的频率 ω_r。ω_r 越大，暂态响应越快。

4. 谐振峰值 M_r

谐振峰值指闭环系统幅频特性的最大值。通常，M_r 越大，系统单位过渡过程的超调量 M_p 也越大，系统的稳定性越差。谐振峰值反映了系统的相对稳定性。

如果 M_r 的值在 $1.0 < M_r < 1.4$（$0\ dB < 20\lg M_r < 3\ dB$）范围内，相当于有效阻尼比 ζ 在 $0.4 < \zeta < 0.7$ 范围内，则通常可以获得满意的动态性能。当 M_r 的值大于 1.5 时，阶跃动态响应可能呈现出若干次过调。

工程上常用 MATLAB 方法确定闭环频率特性：在已知系统开环传递函数条件下，直接调用命令 feedback 和 bode，可立即得到闭环对数幅频和相频曲线，然后可判读出系统谐振频率 ω_r、谐振峰值 $20\lg M_r$（dB）及带宽频率 ω_b。

5.6.2　闭环频域指标和时域性能指标的关系

1. 系统闭环和开环频域指标的关系

系统开环频域指标截止频率 ω_c 与闭环指标带宽频率 ω_b 有着密切的关系。如果两个系统的稳定程度相仿，则 ω_c 大的系统，ω_b 也大；ω_c 小的系统，ω_b 也小。因此 ω_c 和系统响应速度存在正比关系，ω_c 可用来衡量系统的响应速度。鉴于闭环振荡性指标谐振峰值 M_r 和开环指标相角裕度 γ 都能表征系统的稳定程度，可以建立 M_r 和 γ 的近似关系，以及 ω_c 和 ω_b 的关系。

1）M_r 和 γ 的关系

谐振峰值 M_r 和相角裕度 γ 都反映了闭环系统超调量的大小，表征了系统的稳定程度。对于高阶系统，其谐振峰值与相角裕度之间的关系式为

$$M_r = M(\omega_r) = \frac{1}{|\sin\gamma(\omega_r)|} \approx \frac{1}{|\sin\gamma|} \tag{5.100}$$

由此可知，γ 较小时，式（5.100）的近似程度较高。在控制系统的设计中，一般先根据控制要求提出闭环频域指标 ω_b 和 M_r，再由式（5.100）确定相角裕度 γ 和选择合适的截止频率 ω_c，然后根据 γ 和 ω_c 选择校正网络的结构并确定参数。

2) ω_c 和 ω_b 的关系

典型二阶系统的开环频率特性为

$$G(\mathrm{j}\omega) = \frac{\omega_n^2}{\mathrm{j}\omega(\mathrm{j}\omega + 2\zeta\omega_n)} = \frac{\omega_n^2}{\omega\sqrt{\omega^2 + 4\zeta^2\omega_n^2}} \angle\left(-90° - \arctan\frac{\omega}{2\zeta\omega_n}\right)$$

设 ω_c 为截止频率，则有

$$|G(\mathrm{j}\omega_c)| = \frac{\omega_n^2}{\omega_c\sqrt{\omega_c^2 + 4\zeta^2\omega_n^2}} = 1$$

可求得

$$\omega_c = \omega_n\left(\sqrt{4\zeta^4 + 1} - 2\zeta^2\right)^{\frac{1}{2}} \tag{5.101}$$

由式(5.99)和式(5.101)求得

$$\frac{\omega_c}{\omega_b} = \sqrt{\frac{\sqrt{4\zeta^4 + 1} - 2\zeta^2}{(1 - 2\zeta^2) + \sqrt{(1 - 2\zeta^2)^2 + 1}}} \tag{5.102}$$

由式(5.102)知，当 $\zeta = 0.4$ 时，$\omega_b = 1.61\omega_c$；当 $\zeta = 0.7$ 时，$\omega_b = 1.56\omega_c$。

对于高阶系统，初步设计时可以近似取 $\omega_b = 1.6\omega_c$。

2. 开环频域指标和时域指标的关系

对于典型二阶系统，详见本章5.5.3节的二阶系统开环频域指标和时域指标的关系式(5.93)~(5.95)。

对于一般的高阶系统，开环频域指标和时域指标不存在解析关系式。通过对大量系统的 M_r 和 ω_c、M_r 和 ζ 的研究，归纳为下述两个近似估算公式。

$$M_p\% = 0.16 + 0.4\left(\frac{1}{\sin\gamma} - 1\right), \quad 35° \leqslant \gamma \leqslant 90° \tag{5.103}$$

$$t_s = \frac{K_0\pi}{\omega_c} \tag{5.104}$$

式中 $K_0 = 2 + 1.5\left(\frac{1}{\sin\gamma} - 1\right) + 2.5\left(\frac{1}{\sin\gamma} - 1\right)^2 (35° \leqslant \gamma \leqslant 90°)$。

在应用上述经验公式估算高阶函数的时域指标时，其结果一般偏于保守，即实际性能比估算结果要好。对控制系统进行初步设计时，使用经验公式可以保证系统达到性能指标的要求且可留有一定的余地，然后进一步应用 MATLAB 软件包进行验证。应用 MATLAB 软件包可以方便地获得闭环系统对数频率特性和系统时间响应，便于统筹兼顾系统的频域性能和时域性能。

例 5.16 设一单位反馈系统的开环传递函数为

$$G(s) = \frac{K}{s(Ts + 1)}$$

若已知单位速度信号输入下的稳态误差 $e_{ss}(\infty) = 0.1$，相角裕度 $\gamma = 60°$，试确定系统时域指标 $M_p\%$ 和 t_s。

解 因为该系统为 I 型系统，单位速度输入下的稳态误差为 $1/K$，由题设条件得 $K = 10$，由 $\gamma = 60°$ 查图5.66所示的典型二阶系统的 γ-ζ 曲线，可得阻尼比 $\zeta = 0.62$，因此超调量为

$$M_p\% = \mathrm{e}^{\frac{-\pi\zeta}{\sqrt{1-\zeta^2}}} \times 100\% = 7.5\%$$

由于

$$\frac{K}{T}=\omega_{\mathrm{n}}^{2},\quad \frac{1}{T}=2\zeta\omega_{\mathrm{n}},\quad \omega_{\mathrm{n}}=2K\zeta=12.4$$

则调节时间为

$$t_{\mathrm{s}}=\frac{3.0}{\zeta\omega_{\mathrm{n}}}=0.39\quad(\Delta=5\%)$$

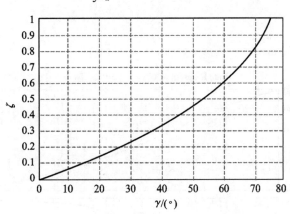

图 5.66　典型二阶系统的 γ-ζ 曲线

5.7　基于 MATLAB 的频率特性分析

伯德图和奈氏图是频率响应法中两种重要的图形。在对系统作分析时，为了减少绘图的工作量，前者的幅频特性常用它的渐近线近似表示；后者一般按实际的需要仅画出它的示意图。由于所得的图形是近似的，所以需要花费一定的时间。若采用本节介绍的 MAT-LAB 相关指令，就能既快速又较精确地绘制出上述频率特性的图形。

5.7.1　利用 MATLAB 绘制伯德图

1. 伯德图的功能指令 bode(num, den)

bode 指令表示在同一幅图中分上下两部分生成幅频特性和相频特性曲线。此命令不用给出频率 ω 的取值范围，而是在频率响应的范围内能自动选取 ω 值绘图。幅频和相频特性的横坐标均为 ω（单位为 rad/s），前者的纵坐标为 $L(\omega)$/dB，后者的纵坐标为 $\varphi(\omega)$/(°)。若要具体给出频率 ω 的范围，可调用指令 logspace(a,b,n) 和 bode(num, den, w) 来绘制伯德图。其中，指令 logspace(a, b, n) 是产生频率响应自变量 ω 的采样点，即在十进制数 10^{a} 和 10^{b} 之间产生 n 个十进制对数分度的等距离点，采样点 n 的具体值由用户确定。

　　例 5.17　已知一单位反馈控制系统的开环传递函数为

$$G(s)H(s)=\frac{10(0.2s+1)}{s(2s+1)}$$

试绘制该传递函数对应的伯德图。

　　解　先将 $G(s)$ 改写为如下的分式：

$$G(s)=\frac{\text{num}(s)}{\text{den}(s)}=\frac{2s+10}{2s^2+s}$$

然后用 bode(num den)指令，画出如图 5.67 所示的伯德图。

```
%MATLAB 程序 5.1
num=[2 10];den=[2 1 0];
w=logspace(-1,3,100);
bode(num,den,w);
grid on;
title('Bode Diagram of G(s)=10(1+0.2s)/[s(1+2s)]');
```

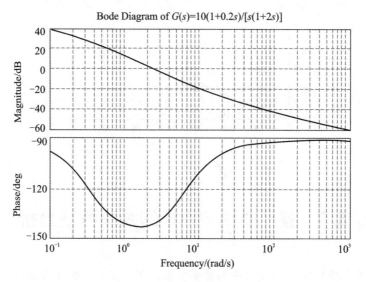

图 5.67 例 5.17 的伯德图

2. 伯德图的功能指令[mag, phase, w]=bode(num, den, w)

该程序中 ω 的取值范围是由用户根据需要而设定，而伯德图的幅值与相角的取值范围是由 MATLAB 自动生成的。若需要指定幅值和相角的取值范围，则需要调用如下的功能指令：

```
[mag,phase,w]=bode(num,den,w)
```

该指令等号左方的变量 mag 和 phase 是表示频率响应的幅值和相角，这些幅值和相角均由所选频率点的 ω 值经计算后得出。由于幅值的单位不是 dB，因此需增加一条指令：

```
mag dB=20 * log10(mag)
```

上述两条指令在应用时，还需加上如下的两条指令才能在屏幕上生成完整的伯德图。这两条指令是：

```
Subplot(2 1 1)semilgx(w, 20 * log10(mag));
Subplot(2 1 1)semilgx(w, phase);
```

例 5.18 已知一系统的开环传递函数为

$$G(s)=\frac{10(0.2s+1)}{s^2(s^2+8s+100)}$$

要求作出该系统 ω 值在 $10^{-2}\sim10^3$ 间的伯德图。

解 应用 MATLAB 程序 5.2，就可得到如图 5.68 所示的伯德图。

```
%MATLAB程序5.2
num=[2 10];den=[1 8 100 0 0];
w=logspace(-2,3,100);
[mag,phase,w]=bode(num,den,w);
subplot(211);
semilogx(w,20 * log10(mag));
grid on;
xlabel('ω/rad/s'); ylabel('L(ω)/dB');
title('Bode Diagram of G(s)=10(1+0.2s)/[s^2(s^2+8s+100)]');
subplot(212);
semilogx(w,phase);
xlabel('ω/(rad/s)'); ylabel('φ(°)');
grid on;
```

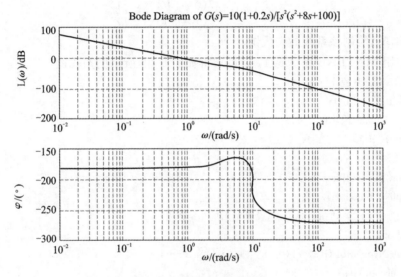

图 5.68　例 5.18 的伯德图

3. 用 MATLAB 求系统的相角裕度与幅值裕度

相角裕度与幅值裕度是衡量系统相对稳定性的两个重要指标，应用 MATLAB 的相关指令，就能很方便地求出它们的值。这个指令是：

$$[kg,pm,wcg,wcp]=margin(mag,phase,w)$$

其中指令等号的左方分别为待求的幅值裕度 kg(不是以 dB 为单位)、相位裕量 pm(以角度为单位)、相位为 -180° 处的频率 wcg 和幅值为 1(或 0 dB)处的频率 wcp。

例 5.19　求取例 5.18 系统的相位裕量和增益裕量。

解　%MATLAB程序5.3
```
num=[2 10];den=[1 8 100 0 0];
w=logspace(-2,3,100);
[mag,phase,w]=bode(num,den,w);
kgdb=20 * log10(kg)
[kg,pm,wcg,wcp]=margin(mag,phase,w)
```
该程序运行后，在 MATLAB 命令窗口依次显示下列数据：

kg＝239.7530

Pm＝ 2.1741

Wcg＝7.7234

Wcp＝ 0.3167

5.7.2　利用 MATLAB 绘制奈氏图

由于绘制奈氏图的工作量很大，因而在对系统进行分析时，一般只画出它的示意图。若用 MATLAB 去绘制，不仅快捷方便且所得的图形亦较精确，有助于对系统的分析。根据系统的开环传递函数，应用如下的 MATLAB 功能指令：

nyquist(num，den)

就能在屏幕上显示出所要绘制的奈氏图。

例 5.20　已知一系统的开环传递函数为

$$G(s)H(s)=\frac{7(0.5s+1)(s+1)}{(10s+1)(s-1)}$$

试用 MATLAB 绘制该系统的奈氏图。

解　应用 MATLAB 程序 5.4，就可求得如图 5.69 所示的奈氏图。

```
％MATLAB 程序 5.4
h1＝tf([7],[1]);
h2＝tf([0.5 1],[10 1]);
h3＝tf([1 1],[1-1]);
h＝h1 * h2 * h3;
[num,den]＝tfdata(h);
nyquist(num,den);
v＝[-8 3 -5 5];axis(v);％设置图形的坐标范围
grid on;
title('Nyquist of G(s)＝7(0.5s+1)(s+1)/(10s+1)(s-1)');
Nyquist of G(s)-7(0.5s+1)(s+1)(s-1)
```

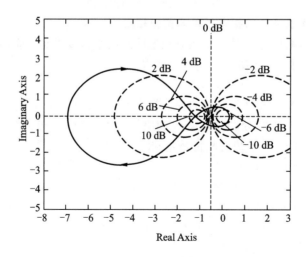

图 5.69　例 5.20 的奈氏图

当用户需要指定的频率 ω 时，可调用指令：

　　[Re,Im]＝nyquist(num,den,ω)

　　[Re,Im,w]＝nyquist(num,den)

这两条指令仅计算了系统频率响应的实部与虚部，其中 Re、Im 分别以矩阵元素的形式给出。如果要在屏幕上显示系统的奈氏图，则需要添加 plot(Re，Im)指令。

用 axis(v)指令设置图形的坐标范围，参照例 5.21。

例 5.21　已知一系统的开环传递函数为

$$G(s)H(s)=\frac{2}{s(0.02s+1)(0.5s+1)}$$

试用 MATLAB 绘制该系统的奈氏图。

　　解　应用 MATLAB 程序 5.5，就可求得如图 5.70 所示的奈氏图。

```
%MATLAB 程序 5.5
num=[2];den=[0.01 0.52 1 0];
w1=0.1:0.1:10;
w2=10:2:100;
w3=100:5:1000;
w=[w1 w2 w3];
[Re,Im]=nyquist(num,den,w);
plot(Re(:,:),Im(:,:),Re(:,:),-Im(:,:));
v=[-1.2 0.2 -3 3];
axis(v);
grid on;
title('Nyquist of G(s)=2.0/[s(1+0.5s)(1+0.02s)]');
xlabel('Re');
ylabel('Im');
```

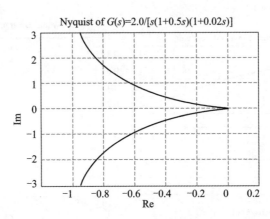

图 5.70　例 5.21 的奈氏图

如果只需要画出 ω 在 0～∞ 范围内变化的奈氏图，则只要把 plot 指令括号中的函数内容作如下的修改，使之变为

　　plot(Re(:,:),Im(:,:))

即可。

例 5.22　以例 5.19 所示的系统为例，应用 MATLAB 程序 5.6，就可求得如图 5.71

所示的奈氏图。

解　%MATLAB 程序 5.6

```
h1=tf([7],[1]);
h2=tf([0.5 1],[10 1]);
h3=tf([1 1],[1 -1]);
h=h1*h2*h3;
[num,den]=tfdata(h);
[Re,Im]=nyquist(num,den);
plot(Re(:,:),Im(:,:));
v=[-8 3 -5 5];
axis(v);%设置图形的坐标范围
grid on;
title('Nyquist of G(s)=7(0.5s+1)(s+1)/(10s
+1)(s-1)');
xlabel('Re');
ylabel('Im');
```

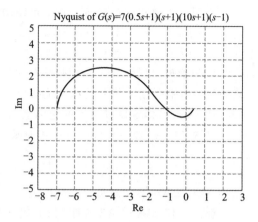

图 5.71　例 5.22 的奈氏图

5.7.3　一级倒立摆系统的频域法分析

在第 2 章 2.6 节已经得到了直线一级倒立摆的物理模型,实际系统的摆杆角度和小车加速度之间的开环传递函数为

$$\frac{\Phi(s)}{V(s)} = \frac{0.02725}{0.0102125s^2 - 0.26705}$$

式中,小车的加速度 $V(s)$ 为输入,摆杆的角度 $\Phi(s)$ 为输出。

在 MATLAB 下绘制系统的摆杆角度和小车加速度之间的 Bode 图和奈奎斯特图,分别如图 5.72 和图 5.73 所示。

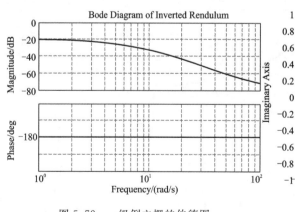

图 5.72　一级倒立摆的伯德图

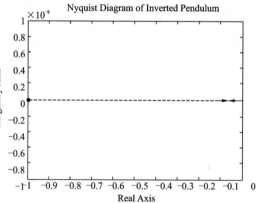

图 5.73　一级倒立摆的 Nyquist 图

绘制伯德图和奈奎斯特图的命令如下:

```
num=[0.02725];
den=[0.0102125 0 -0.26705];
bode(num,den)
```

title('Bode Diagram of Inverted Pendulum')

grid on

绘制奈奎斯特图的命令如下：

num＝[0.02725]；

den＝[0.0102125 0 −0.26705]；

Nyquist（num，den）

title('Nyquist Diagram of Inverted Pendulum')

通过以上可知，系统没有零点，但存在两个极点，其中一个极点位于右半 s 平面，根据奈奎斯特稳定判据，闭环系统稳定的充分必要条件是：当 ω 从 $-\infty$ 到 $+\infty$ 变化时，开环传递函数 $G(j\omega)$ 沿逆时针方向包围 $(-1,j0)$ 点 p 圈，其中 p 为开环传递函数在右半 s 平面内的极点数。对于直线一级倒立摆，由图 3.21 可以看出，开环传递函数在 s 右半平面有一个极点，因此 $G(j\omega)$ 需要沿逆时针方向包围 $(-1,j0)$ 点一圈。由图 5.73 知系统的奈奎斯特图并没有逆时针绕 $(-1,j0)$ 点一圈，因此系统不稳定，需要设计控制器使倒立摆系统稳定。这将在第 6 章控制系统的校正章节叙述之。

5.8　小　　结

本章介绍了控制系统的极坐标图、伯德图以及两种图形判别系统的稳定性方法。

　　小结　　　　　　第 5 章测验　　　　第 5 章测验答案

习　题　五

5-1　单位负反馈系统的开环传递函数为

$$G(s)=\frac{4}{s+1}$$

当把下列输入信号作用在闭环系统上时，求该系统的稳态输出。

（1）$r(t)=\sin(t+30°)$

（2）$r(t)=2\cos(2t-45°)$

（3）$r(t)=\sin(t+30°)-2\cos(2t-45°)$

5-2　若系统单位阶跃响应为

$$c(t)=1-1.2e^{-10t}+0.2e^{-60t}$$

试确定系统的频率特性。

5-3 已知 RLC 无源网络如图 5.74 所示。当 $\omega = 10$ rad/s 时，其幅频 $A = 1$，相频 $\varphi = 90°$，求其传递函数。

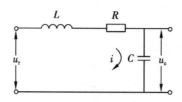

图 5.74 题 5-3 图

5-4 已知某单位负反馈系统的开环传递函数为 $G(s) = \dfrac{K}{s(Ts+1)}$，在正弦信号 $r(t) = \sin 10t$ 作用下，闭环系统的稳态响应 $c_s(t) = \sin\left(10t - \dfrac{\pi}{2}\right)$，试计算 K、T 的值。

5-5 已知系统的开环传递函数为

$$G(s)H(s) = \frac{K(\tau s+1)}{s^2(Ts+1)}$$

式中，K、τ、$T > 0$。试分析并绘制 $\tau > T$ 和 $T > \tau$ 两种情况下的概略开环幅相曲线。

5-6 已知系统的开环传递函数为

$$G(s)H(s) = \frac{1}{s^\nu(s+1)(s+2)}$$

试分别绘制 $\nu = 1，2，3$ 时系统的概略开环幅相曲线。这些曲线是否穿越 GH 平面的负实轴？如穿越，则求出与负实轴交点的频率和相应的幅值。

5-7 已知系统的开环传递函数为

$$G(s)H(s) = \frac{10}{s(2s+1)(s^2+0.5s+1)}$$

试分别计算 $\omega = 0.5$ 和 $\omega = 2.5$ 时开环频率特性的幅值 $A(\omega)$ 和相位 $\varphi(\omega)$。

5-8 已知系统的开环传递函数为

$$G(s)H(s) = \frac{10(0.1s+1)}{s(0.5s+1)}$$

要求选择频率点列表计算 $A(\omega)$、$L(\omega)$ 和 $\varphi(\omega)$，并据此在半对数坐标纸上绘制开环对数频率特性曲线。

5-9 已知系统的开环传递函数如下，试分别绘制各系统的对数幅频特性的渐近线和对数相频特性曲线。

(1) $G(s) = \dfrac{2}{(2s+1)(8s+1)}$ 　　(2) $G(s) = \dfrac{10(s+1)}{s^2}$

(3) $G(s) = \dfrac{10(s+0.2)}{s^2(s+0.1)}$ 　　(4) $G(s) = \dfrac{8\left(\dfrac{s}{0.1}+1\right)}{s(s^2+s+1)\left(\dfrac{s}{2}+1\right)}$

5-10 已知最小相位系统的开环对数幅频渐近特性曲线如图 5.75 所示，试写出它们的传递函数 $G(s)$，并计算剪切频率和相角裕度。

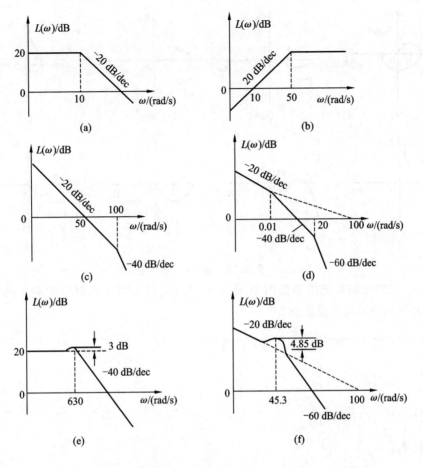

图 5.75   题 5-10 图

5-11   三个最小相位系统传递函数的对数幅频渐近曲线如图 5.76 所示，要求：

（1）写出对应的传递函数表达式。

（2）概略画出各个传递函数对应的对数相频曲线和其极坐标图。

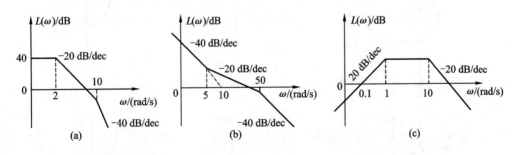

图 5.76   题 5-11 图

5-12   设开环系统的奈氏图如图 5.77 所示，其中 P 为 s 的右半平面上开环根的个数，ν 为系统开环积分环节的个数，试判别系统的稳定性。

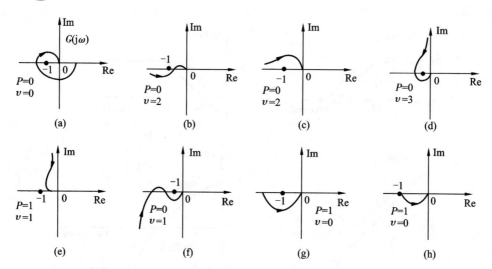

图 5.77　题 5-12 图

5-13　已知控制系统的奈氏图如图 5.78 所示，找出图中所对应的频率特性极坐标图，并判断其闭环系统的稳定性。

(1) $G_0(s) = \dfrac{k}{(T_1 s + 1)(T_2 s + 1)(T_3 s + 1)}$

(2) $G_0(s) = \dfrac{k}{s(T_1 s + 1)(T_2 s + 1)}$

(3) $G_0(s) = \dfrac{k}{s^2(Ts + 1)}$

(4) $G_0(s) = \dfrac{k}{Ts - 1}$

(5) $G_0(s) = \dfrac{k}{s(Ts - 1)}$

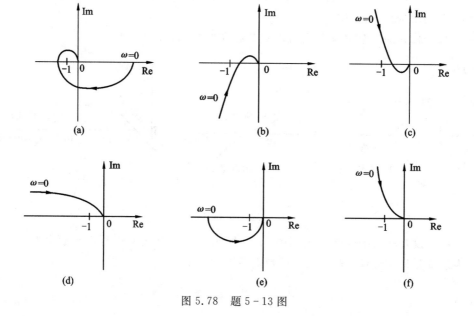

图 5.78　题 5-13 图

(6) $G_0(s) = \dfrac{k(T_2 s + 1)}{s(T_1 s - 1)}$

5-14　画出如下开环传递函数的奈氏图，并根据奈氏判据确定其闭环稳定性，指出有几个根在 s 平面的右半平面。

(1) $G(s) = \dfrac{1}{s(s+1)(2s+1)}$

(2) $G(s) = \dfrac{2}{s^2(s+1)(2s+1)}$

(3) $G(s) = \dfrac{1+6s}{s^2(s+1)(2s+1)}$

5-15　设单位负反馈系统的开环传递函数为

$$G(s) = \frac{K}{s(0.1s+1)(s+1)}$$

(1) 求系统相角裕量为 60° 时的 K 值；

(2) 求系统幅值裕量为 20 dB 时的 K 值；

(3) 估算谐振峰值 $M_r = 1.4$ 时的 K 值。

5-16　设单位反馈系统的开环传递函数为

$$G(s) = \frac{as+1}{s^2}$$

试确定相角裕度为 45° 时参数 a 的值。

5-17　已知单位负反馈系统的开环对数幅频渐近曲线如图 5.79 所示（最小相位系统）。试求：

(1) 系统的开环传递函数和系统的相角裕量，并说明系统的稳定性。

(2) 如果系统稳定，确定输入 $r(t) = t$ 时系统的稳态误差。

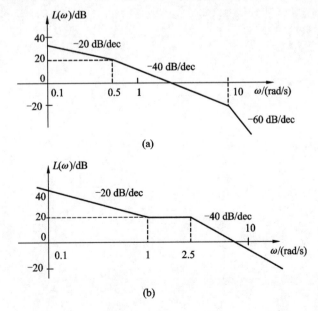

图 5.79　题 5-17 图

5-18 已知单位负反馈系统的开环对数幅频渐近曲线如图 5.80 所示(最小相位系统)。试求:

(1) 系统的开环传递函数和系统的相角裕量,并说明系统的稳定性。

(2) 如果系统稳定,确定输入 $r(t) = \frac{1}{2}t^2$ 时系统的稳态误差。

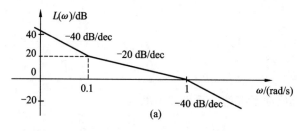

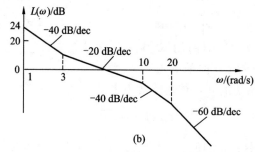

图 5.80 题 5-18 图

第6章 线性控制系统的校正

6.1 引 言

引言

前几章介绍了自动控制系统的时域分析法、根轨迹分析法及频域分析法，这些方法都是在现有的给定系统结构和参数的条件下，定量计算控制系统性能指标的，这些属于分析系统的范畴。但在工程实际中常常对给定的控制对象提出一定的性能指标要求，通过合理选择控制装置的结构和参数，使之满足系统设计指标的要求，这些属于设计系统的范畴，即控制系统的校正。

对控制系统一般有结构简单、运行可靠、性能稳定、准确及快速等方面的要求。当系统不满足这些要求时，可先调整系统的相关参数，如无效果则考虑采用校正的方法。

6.1.1 校正及校正装置

校正是指在原有系统中有目的地添加一些装置或元件，人为地改变系统的结构或参数，使之满足所要求的性能指标的过程。 即校正是为弥补系统的不足而进行的结构调整。

为达到校正的目的而在系统中引入的装置称为校正装置，用 $G_c(s)$ 来表示；除校正装置外的部分称为固有部分，用 $G(s)$ 来表示。控制系统的校正就是根据系统的固有部分和对性能指标的要求，确定校正装置的结构和参数。

构成校正装置的方式有很多种，一般取决于控制系统对象的性能及工作环境，可以是电气的、机械的、液压的、气动的，或它们的混合形式，其方式的选择视具体情况而定。如含有易燃流体时，宜选用气动式的校正装置、气动仪表及执行机构。实际系统中，使用最多的是电气校正装置。

电气校正装置分为无源的和有源的两种形式。**无源校正装置是指装置本身不带电源，主要由电阻、电容及电感等无源元件组成；而有源校正装置是由运算放大器及外围电路组成的(不用考虑阻抗匹配问题)。**

6.1.2 校正的方法

校正装置接入系统的方法称为校正方法。基本的校正方法有串联校正、反馈校正及前馈校正三种形式。

1. 串联校正

校正装置 $G_c(s)$ 配置在前向通道，与被控对象相串联的方法称为串联校正， 如图 6.1 所示。串联校正的设计较为直观、简单，易实现。它一般采用有源校正装置，接于前向通道能量较低的部分，所以校正装置的功率消耗较低。

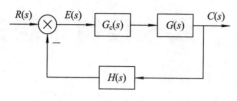

图 6.1　串联校正

2. 反馈校正

校正装置 $G_c(s)$ 与被控对象作反馈连接，形成局部反馈的方法称为反馈校正，如图 6.2 所示。反馈校正改造了被反馈包围环节的特性，能抑制由于这些环节参数波动或非线性因素对系统性能的不利影响。由于反馈校正装置的信号是从高功率点传向低功率点的，故一般采用无源校正装置。

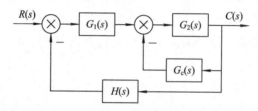

图 6.2　反馈校正

3. 前馈校正

在反馈控制回路中，加入前馈校正通路的方法称为前馈校正。前馈校正有两种基本形式：一种是前馈校正装置 $G_c(s)$ 接在给定值之后，直接送入反馈系统的前向通道，如图 6.3(a)所示；另一种是前馈校正装置 $G_c(s)$ 接在系统可测量扰动作用点与误差测量点之间，如图 6.3(b)所示。前馈校正主要用来克服可测量扰动的影响，在扰动作用到达之前，前馈校正装置就会产生前馈作用来抵消扰动的影响。如果扰动可测且各部分数学模型准确，前馈校正能很好地消除扰动影响，但是它不能克服由前馈通道本身引起的误差，所以一般与反馈控制联合使用。

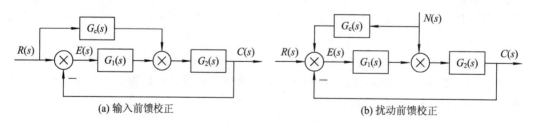

(a) 输入前馈校正　　　　　　　　　　　　(b) 扰动前馈校正

图 6.3　前馈校正

对于一个特定的系统，采用何种校正方式一般取决于该系统中信号的性质、可供元器件、价格及设计者的经验等。在大多数情况下，采用串联校正不仅比较经济，易于实现，而且设计较简单，易于掌握，故本章只讨论控制系统的串联校正，其校正装置的设计方法主要有根轨迹法和频率法。

6.1.3　系统的性能指标

控制系统的性能指标通常是由控制系统的使用单位或设计制造单位提出的,性能指标的提出应该根据系统工作的实际需要对不同系统有所侧重,切忌盲目追求高性能指标而忽视经济性,甚至脱离实际。

控制系统的性能包括稳态和动态两个方面,具体指标有以下几种。

1. 时域指标

(1) 稳态指标:稳态误差 e_{ss}(用稳态误差系数 K_p、K_v、K_a 来表示,它们能够反映系统的稳态控制精度)。

(2) 动态指标:过渡时间 t_s、超调量 $M_p\%$ 等,能够反映控制系统瞬态响应的品质。

2. 频域指标

(1) 开环频域指标:截止频率 ω_c、穿越频率 ω_g、相位裕量 γ、增益裕量 K_g。

(2) 闭环频域指标:谐振峰值 M_r、谐振频率 ω_r、频带宽度 ω_b。

3. 复数域指标

复数域指标是以系统的闭环极点在 s 复平面上的分布区域来定义的,主要有振荡度 θ(即阻尼比 ζ)、衰减度 η(与 $\zeta\omega_n$ 有关)。

以上三种不同类型的指标可以从不同角度表征控制系统的同一性能,如 t_s、ω_c 及 η 直接或间接地反映了系统的动态响应状况;M_p、γ 及 ζ 直接或间接地反映了系统动态响应的振荡程度。因此它们之间必然存在着内在关系,为了使性能指标能够适应不同的设计方法,根据需要可将其互相转换。

▶▶ 6.2　常用校正装置及其特性

6.2.1　超前校正装置

超前是指系统(或环节)在正弦信号作用下,使其正弦稳态输出信号的相位超前于输入信号的相位,即校正装置具有正的相角特性。超前角的大小与输入信号的频率有关。

常用校正装置
及其特性

由运算放大器构成的有源超前校正装置如图 6.4 所示,其传递函数为

$$G_c(s) = \frac{E_o(s)}{E_i(s)} = K_c\alpha\,\frac{1+Ts}{1+\alpha Ts} = K_c \cdot \frac{s+\dfrac{1}{T}}{s+\dfrac{1}{\alpha T}} \tag{6.1}$$

式中,$K_c=\dfrac{R_4C_1}{R_3C_2}$,$\alpha=\dfrac{R_2C_2}{R_1C_1}<1$,$T=R_1C_1$,$\alpha T=R_2C_2$。

超前校正装置的零、极点分布如图 6.5 所示。由于 $\alpha<1$,所以零点在极点的右侧,超前作用大于滞后作用。α 越小,极点离零点越远,超前作用越明显。下面通过伯德(Bode)图来分析 α 与超前角 φ_c 的关系。

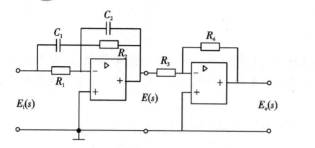 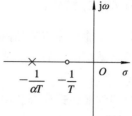

图 6.4　有源超前校正装置　　　图 6.5　超前校正装置的零、极点分布

式(6.1)的频率特性表达式为

$$G_c(j\omega) = K_c \alpha \frac{1 + j\omega T}{1 + j\alpha\omega T} \tag{6.2}$$

当 $K_c = \dfrac{1}{\alpha}$ 时，式(6.2)的对数幅频和相频特性的表达式分别为

$$L_c(\omega) = 20\lg |G_c(j\omega)| = 20\lg \sqrt{1 + (T\omega)^2} - 20\lg \sqrt{1 + (\alpha T\omega)^2} \tag{6.3}$$

$$\varphi_c(\omega) = \arctan(T\omega) - \arctan(\alpha T\omega) \tag{6.4}$$

根据式(6.3)、式(6.4)得到校正装置的对数频率特性如图 6.6 所示。

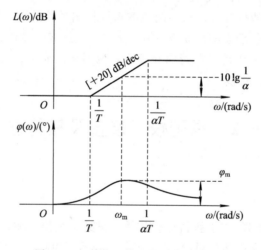

图 6.6　超前校正装置的对数频率特性

由图 6.6 可见，由于 $0 < \alpha < 1$，超前校正装置对频率在 $\omega_1 \sim \omega_2$ 之间的输入信号有明显的微分作用，在该频段内，输出信号的相位超前于输入信号，相位超前校正的名称由此而得。当 $\omega = \omega_m$ 时，相位超前量为最大值 φ_m，而 φ_m 出现在转折频率 $\omega_1 = 1/T$ 及 $\omega_2 = 1/\alpha T$ 的几何中心处。

证明　超前校正装置的相位表达式为

$$\varphi_c(\omega) = \arctan(T\omega) - \arctan\alpha(T\omega) = \arctan \frac{(1-\alpha)T\omega}{1 + \alpha T^2 \omega^2}$$

令 $\dfrac{d\varphi_c(\omega)}{d\omega} = 0$，解得

$$\omega_m = \frac{1}{T\sqrt{\alpha}} = \sqrt{\frac{1}{T} \cdot \frac{1}{\alpha T}} \tag{6.5}$$

由式(6.5)可知，ω_m 是校正装置转折频率 ω_1 和 ω_2 的几何中心点，即

$$\lg\omega_m = \frac{1}{2}\left(\lg\frac{1}{T}+\lg\frac{1}{\alpha T}\right)$$

将式(6.5)代入式(6.4)，求得对应 ω_m 时的最大超前角为

$$\varphi_m = \arctan\frac{1-\alpha}{2\sqrt{\alpha}} \tag{6.6}$$

式(6.6)可改写为

$$\varphi_m = \arcsin\frac{1-\alpha}{1+\alpha} \tag{6.7}$$

$$\alpha = \frac{1-\sin\varphi_m}{1+\sin\varphi_m} \tag{6.8}$$

将式(6.5)代入式(6.3)，求出 ω_m 对应的幅值为

$$L(\omega_m) = 10\lg\frac{1}{\alpha} \tag{6.9}$$

由式(6.8)可见，最大超前角 φ_m 仅与 α 值有关，α 值越小，输出信号相位超前越多。为了保持较高的系统信噪比，同时受装置物理结构的限制，实际中选用的 α 一般不小于 0.5。

6.2.2　滞后校正装置

有源滞后校正装置可采用如图 6.4 所示的电路形式，只要满足 $R_2C_2>R_1C_1$ 的条件便可提供滞后的相位角，其传递函数为

$$G_c(s) = \frac{E_o(s)}{E_i(s)} = K_c\beta\frac{1+Ts}{1+\beta Ts} = K_c\cdot\frac{s+\dfrac{1}{T}}{s+\dfrac{1}{\beta T}} \tag{6.10}$$

式中，$K_c=\dfrac{R_4C_1}{R_3C_2}$，$\beta=\dfrac{R_2C_2}{R_1C_1}>1$，$T=R_1C_1$，$\beta T=R_2C_2$。有源滞后校正装置的零、极点分布如图 6.7 所示，由于 $\beta>1$，所以零点在极点的左侧。

令 $K_c\beta=K$，当 $K=1$ 时，对应的频率特性为

$$G_c(j\omega) = \frac{1+j\omega T}{1+j\beta\omega T} \tag{6.11}$$

滞后校正装置的对数频率特性如图 6.8 所示。

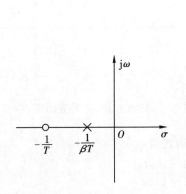

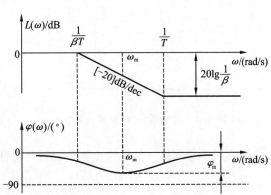

图 6.7　有源滞后校正装置的零、极点分布　　　图 6.8　滞后校正装置的对数频率特性

由图 6.8 可见，采用相位滞后校正对低频信号没有影响，而对高频信号具有削弱作用，即滞后校正具有低通滤波器的特性。β 值越大，校正装置抑制高频噪声的能力越强，最大的幅值衰减为 $20\lg\dfrac{1}{\beta}$。滞后校正装置正是利用这一特性对系统进行校正的。

滞后校正装置输出信号的相位滞后于输入信号的相位，与超前校正装置类似，最大滞后角 φ_m 出现在 ω_m 处，且 ω_m 正好是转折频率 $\omega_1=\dfrac{1}{\beta T}$ 与 $\omega_2=\dfrac{1}{T}$ 的几何中心点，即

$$\omega_m = \frac{1}{T\sqrt{\beta}} \tag{6.12}$$

$$\varphi_m = \arcsin\frac{1-\beta}{1+\beta} \tag{6.13}$$

6.2.3 滞后-超前校正装置

当系统开环频率特性与性能指标相差较大，精度要求较高，且只采用超前校正或滞后校正均不能满足性能指标的要求时，可以采用滞后-超前校正。滞后-超前校正是两种校正方法的结合应用，利用超前校正部分可增加频带宽度，从而提高系统的响应速度，并且可以加大稳定裕度，改善系统的平稳性，但是由于有增益损失而不利于稳态精度；滞后校正则可提高系统的平稳性和稳态精度，但降低了快速性。同时利用滞后和超前校正，可以全面提高系统的控制性能。

由运算放大器构成的有源滞后-超前校正装置如图 6.9 所示，其传递函数为

$$G_c(s) = \frac{E_o(s)}{E_i(s)} = K_c\,\frac{1+T_1 s}{1+\dfrac{T_1}{\beta}s}\cdot\frac{1+T_2 s}{1+\beta T_2 s} = K_c\,\frac{s+\dfrac{1}{T_1}}{s+\dfrac{\beta}{T_1}}\cdot\frac{s+\dfrac{1}{T_2}}{s+\dfrac{1}{\beta T_2}} \tag{6.14}$$

式中，$T_1=(R_1+R_3)C_1$，$T_2=R_2 C_2$，$\beta=\dfrac{R_2+R_4}{R_2}>1$，$K_c=\dfrac{R_2 R_4 R_6(R_1+R_3)}{R_1 R_3 R_5(R_2+R_4)}$。

滞后-超前校正装置的零、极点分布如图 6.10 所示。为了改善系统的稳态性能和产生较小的滞后角，校正装置滞后部分的零、极点必须靠近 s 平面的原点。

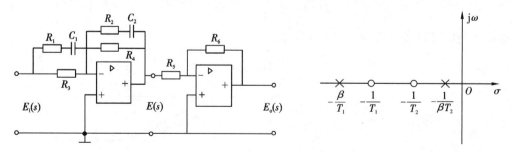

图 6.9 有源滞后-超前校正装置   图 6.10 滞后-超前校正装置的零、极点分布

令 $K_c=1$，则滞后-超前校正装置的频率特性表达式为

$$G_c(j\omega) = \frac{1+j\omega T_1}{1+j\omega\dfrac{\beta}{T_1}}\cdot\frac{1+j\omega T_2}{1+j\beta\omega T_2} \tag{6.15}$$

滞后-超前校正装置的对数频率特性如图 6.11 所示。

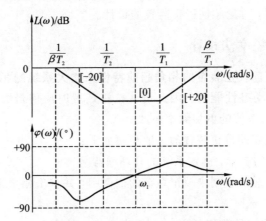

图 6.11　滞后-超前校正装置的对数频率特性

由图 6.11 可见，在 $\omega<\omega_1$ 的频段，校正装置具有相位滞后特性；而在 $\omega>\omega_1$ 的频段，校正装置具有相位超前的特性。根据式(6.15)可求得其相角表达式，从而确定相位过零时的频率为

$$\omega_1 = \frac{1}{\sqrt{T_1 T_2}} \tag{6.16}$$

6.3　频率法设计串联校正

频率法校正系统利用校正装置改变系统开环频率特性的形状，使其具有合适的低频、中频和高频特性，从而获得满意的稳态和动态响应特性。

频率法设计串联校正的具体要求如下：

(1) 低频区的增益满足稳态精度的要求。

(2) 中频区对数幅频特性的斜率为 $-20\ \text{dB/dec}$，且具有较宽的频带，以满足系统稳定性及响应快速性的要求。

(3) 高频区的幅值迅速衰减，以减少噪声的影响，提高系统的抗干扰能力。

在工程应用中，采用频率法对控制系统进行校正的方法一般有分析法和综合法两种。

1. 分析法

分析法又称试探法。设计者首先根据经验确定校正方案，然后根据性能指标的要求，有针对性地选择某一类型的校正装置(这些校正装置的结构已定，而参数可调)，再通过系统的分析和计算求出校正装置的参数，若经过验算仍不能满足全部性能指标，则需重新调整参数，甚至重新选择校正装置的结构，直至全部满足性能指标的要求。

分析法的优点是校正装置简单、容易实现，因此在工程上得到了广泛应用。

2. 综合法

综合法又称期望特性法。设计者根据性能指标的要求，构造出期望的对数频率特性，再根据系统固有特性去选择校正装置的特性和参数，使系统校正后的特性与期望特性一致。

综合法思路清晰、操作简单，但所得到的校正装置的数学模型可能较复杂，实现较困难。

下面以分析法为例,讨论超前校正装置的设计。

6.3.1　超前校正的频率法设计

超前校正的
频率法设计

超前校正是利用超前校正装置的相角超前特性来增大系统的相角裕量,从而改善系统的动态性能的。 因此设计校正装置时应使最大的超前角 φ_m 出现在校正后系统的剪切频率 ω'_c 处。

用频率法设计串联超前校正装置的一般步骤如下:

(1) 根据稳态误差的要求,确定系统的开环增益 K。

(2) 利用已知的 K 值,绘制未校正系统的伯德图,并求出相角裕量 γ 和幅值裕量 K_g。

(3) 确定 $\omega'_c(\omega_m)$ 和 α。

① 如果对校正后系统的剪切频率 ω'_c 已提出要求,则可确定 $\omega'_c = \omega_m$,在伯德图上查出对应的未校正系统的 $L(\omega'_c)$ 值,使得

$$L(\omega'_c) + 10\lg\frac{1}{\alpha} = 0$$

从而求得超前校正装置的 α 值。

② 如果对校正后系统的剪切频率 ω'_c 没有提出要求,则根据给定的相角裕度 γ',先求 φ_m,即

$$\varphi_m = \gamma' - \gamma + \varepsilon$$

式中 ε 为补偿量,用于补偿因超前校正装置的引入使系统的剪切频率增大而增加的附加滞后量。ε 可根据未校正系统开环幅频特性在剪切频率处的斜率进行估计,如斜率为 $-40\ \mathrm{dB/dec}$,一般取 $\varepsilon = 5° \sim 10°$;如斜率为 $-60\ \mathrm{dB/dec}$,一般取 $\varepsilon = 15° \sim 20°$。

根据所确定的最大相位超前角 φ_m,按式(6.8)算出相应的 α 值,即

$$\alpha = \frac{1 - \sin\varphi_m}{1 + \sin\varphi_m}$$

(4) 计算超前校正装置在 ω_m 处的幅值 $10\lg\frac{1}{\alpha}$(参见图6.6)。

由未校正系统的对数幅频特性求得其幅值为 $-10\lg\frac{1}{\alpha}$ 处的频率,该频率 ω_m 就是校正后系统的开环剪切频率 ω'_c,即

$$\omega'_c = \omega_m$$

(5) 确定校正装置的转折频率 ω_1 和 ω_2:

$$\omega_1 = \frac{1}{T} = \omega_m\sqrt{\alpha}, \qquad \omega_2 = \frac{1}{\alpha T} = \frac{\omega_m}{\sqrt{\alpha}}$$

(6) 画出校正后系统的伯德图,并验算相位裕量是否满足要求。如不满足,则需增大 ε 值,即从第(3)步开始重新进行计算。

例6.1　设一单位反馈系统的开环传递函数为

$$G_0(s) = \frac{4}{s(s+2)}$$

试设计一超前校正装置,使校正后系统的静态速度误差系数 K_v 等于 $20\ \mathrm{s}^{-1}$,相位裕量 γ' 不

小于 $50°$，增益裕量 $20\lg K_g$ 不小于 10 dB。

解 设超前校正装置的传递函数为

$$G_c(s) = K_c\alpha \frac{1+Ts}{1+\alpha Ts} = K \frac{1+Ts}{1+\alpha Ts}$$

（1）调整开环增益 K，使之满足系统对稳态速度误差系数 K_v 的要求。

$$K_v = \lim_{s\to 0} s \cdot G_c(s)G_0(s) = \lim_{s\to 0} s \cdot \frac{4K}{s(s+2)} = \frac{4K}{2} = 20 \quad (K=10)$$

当 $K=10$ 时，未校正系统的开环频率特性为

$$G_1(j\omega) = \frac{40}{j\omega(j\omega+2)} = \frac{20}{j\omega\left(1+\dfrac{j\omega}{2}\right)}$$

（2）绘制未校正系统的伯德图，如图 6.12 中的虚线所示。由图 6.12 可得 $\omega_c = 6.5$ s^{-1}，则原系统的相位裕量为

$$\gamma = 180° - 90° - \arctan\frac{\omega_c}{2} \approx 17°$$

（3）根据相位裕量的要求，确定超前校正装置的最大超前角（$\varepsilon=5°$）为

$$\varphi_m = \gamma' - \gamma + \varepsilon = 50° - 17° + 5° = 38°$$

根据超前角 φ_m，按式（6.8）算出相应的 α 值为

$$\alpha = \frac{1-\sin 38°}{1+\sin 38°} = 0.24$$

（4）超前校正装置在 ω_m 处的幅值为

$$10\lg\frac{1}{0.24} = 6.2 \text{ dB}$$

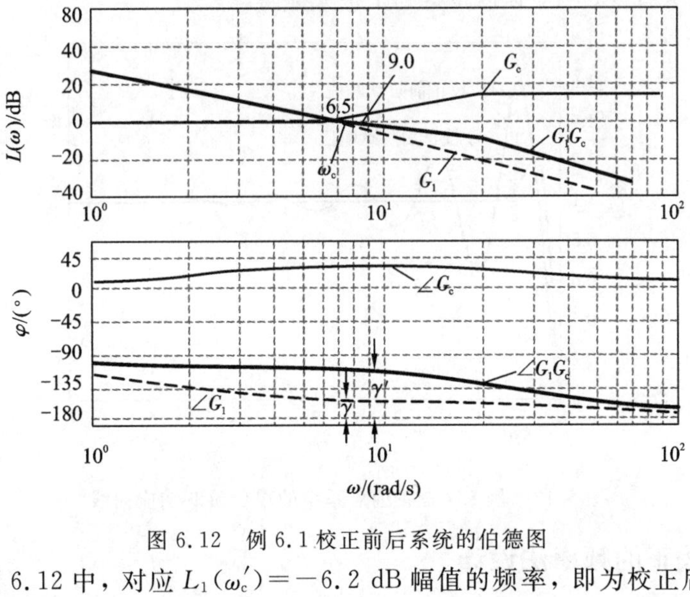

图 6.12 例 6.1 校正前后系统的伯德图

据此，在图 6.12 中，对应 $L_1(\omega_c') = -6.2$ dB 幅值的频率，即为校正后系统的剪切频率 $\omega_c' = \omega_m = 9$ s^{-1}。

（5）确定超前校正装置的转折频率：

$$\omega_1 = \frac{1}{T} = \omega_m\sqrt{\alpha} = 9\sqrt{0.24} = 4.41$$

$$\omega_2 = \frac{1}{\alpha T} = \frac{\omega_m}{\sqrt{\alpha}} = \frac{9}{\sqrt{0.24}} = 18.4$$

超前校正装置的传递函数为

$$G_c(s) = K_c \frac{s+4.41}{s+18.4} = K_c \alpha \frac{1+0.227s}{1+0.054s} = \frac{10(1+0.227s)}{1+0.054s}$$

式中，$K_c = \dfrac{K}{\alpha} = \dfrac{10}{0.24} = 41.7$。

画图时校正装置的传递函数 $G_c'(s) = \dfrac{1+0.227s}{1+0.054s}$（$K_c\alpha = 1$，开环增益已在 G_1 中体现），其伯德图如图 6.12 中实线所示。

（6）校正后系统的开环传递函数为

$$G_c(s)G_0(s) = \frac{4K_c(s+4.41)}{s(s+2)(s+18.4)} = \frac{20(1+0.227s)}{s\left(1+\dfrac{s}{2}\right)(1+0.054s)}$$

对应的伯德图如图 6.12 中的粗实线所示。由图可见，校正后系统的相位裕量 γ' 为 $50°$，增益裕量为 $+\infty$ dB，满足设计要求。

（7）由伯德图分析超前校正对系统性能的影响。

① 低频段：校正后 $K_v = 20$，满足系统对稳态性能的要求。

② 中频段：截止频率从 $6.5\ \text{s}^{-1}$ 增大到 $9\ \text{s}^{-1}$，表明校正后的频带变宽，即系统的动态响应变快。相位裕量由 $17°$ 增大到 $50°$，提高了系统的相对稳定性。

③ 高频段：校正后的高频分贝值增大，所以系统的抗干扰能力降低。

校正前后系统的单位阶跃响应曲线如图 6.13 所示。由图 6.13 可见，采用超前校正后，系统的超调量大大减少，响应速度也得到了很大提高。

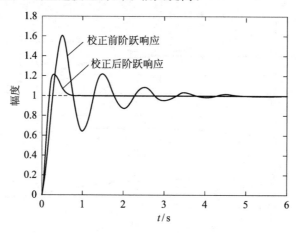

图 6.13　例 6.1 校正前后系统的单位阶跃响应曲线

6.3.2　滞后校正的频率法设计

　　串联滞后校正是利用滞后校正装置的高频幅值衰减特性，使校正后系统的剪切频率下降，从而使系统获得足够的相位裕量。因此，滞后校正装置的最大滞后角应远离系统的截止频率。在系统响应速度要求

频率法设计串联
校正-滞后校正

不高，而抑制噪声干扰要求较高的情况下，可考虑采用串联滞后校正方法。此外，如果未校正系统已具备满意的动态性能，仅稳态性能不满足指标要求，可通过串联滞后校正提高系统的稳态精度。

用频率法设计串联滞后校正装置的步骤如下：

（1）根据给定的系统稳态误差要求，确定系统的开环增益 K。

（2）利用确定的 K 值，绘制未校正系统的伯德图，并求出剪切频率 ω_c 及相位裕度 γ。

（3）根据系统对相位裕度 γ' 的要求，从未校正系统的相频特性上找到满足 γ' 的频率点，将该频率作为校正后系统的剪切频率 ω'_c。

$$\varphi(\omega'_c) = -180° + \gamma' + \varepsilon \tag{6.17}$$

式中，ε 用于补偿因滞后校正装置在 ω'_c 处产生的滞后相位，一般取 $\varepsilon = 5° \sim 15°$。

（4）设未校正系统在 ω'_c 处的幅值等于 $20\lg\beta$，据此确定滞后校正装置的 β 值。

（5）确定滞后校正装置的转折频率 $\omega_1\left(=\dfrac{1}{\beta T}\right)$ 和 $\omega_2\left(=\dfrac{1}{T}\right)$，并写出其传递函数。一般选取 $\omega_2 = 1/5\omega'_c \sim 1/10\omega'_c$。

（6）画出校正后系统的伯德图，并验算相位裕量是否满足要求。如不满足，则可通过改变 T 值，重新设计校正装置。

例 6.2　设一单位反馈系统开环传递函数为

$$G_0(s) = \frac{K}{s(0.5s+1)(s+1)}$$

要求稳态误差系数 $K_v = 5\ \text{s}^{-1}$，相位稳定裕度 $\gamma' \geqslant 40°$，增益裕量 $20\lg K_g \geqslant 10\ \text{dB}$，试设计滞后校正装置的参数。

解　（1）调整开环增益 K，满足系统对稳态速度误差系数 K_v 的要求。

$$K_v = \lim_{s \to 0} s \cdot G_0(s) = \lim_{s \to 0} s \cdot \frac{K}{s(0.5s+1)(s+1)} = K = 5\ \text{s}^{-1}$$

（2）增益调整后系统的开环对数频率特性为

$$G_1(j\omega) = \frac{5}{j\omega(j0.5\omega+1)(j\omega+1)}$$

相应的伯德图如图 6.14 中虚线所示。由图 6.14 可见，未校正系统的相位裕量 $\gamma \approx -20°$，校正前系统是不稳定的，必须对系统进行校正。

（3）选用滞后校正装置，确定 ω'_c。

由式（6.17）可得

$$\varphi(\omega'_c) = -180° + 40° + 10° = -130°$$

式中，ε 取 $10°$。

找出对应 $\varphi(\omega'_c) = -130°$ 的频率为 $\omega = 0.5\ \text{s}^{-1}$，并选择它作为校正后系统的剪切频率，即 $\omega'_c = 0.5\ \text{s}^{-1}$。

（4）确定 β 值。

由于校正前系统在 $\omega'_c = 0.5\ \text{s}^{-1}$ 处的幅值约为 $20\ \text{dB}$，于是得

$$20\lg\frac{1}{\beta} = -20\ \text{dB}$$

即 $\beta = 10$，取 $\omega_2 = \dfrac{1}{T} = \dfrac{\omega'_c}{5} = 0.1$，则 $\omega_1 = \dfrac{1}{\beta T} = 0.01$，滞后校正装置的传递函数为

$$G_c(s) = \frac{1}{10} \cdot \frac{s+0.1}{s+0.01} = \frac{1+10s}{1+100s}$$

（5）校正后系统的开环传递函数为

$$G_1(s)G_c(s) = \frac{5(1+10s)}{s(1+0.5s)(1+s)(1+100s)}$$

校正后系统的伯德图如图 6.14 中实线所示。由图 6.14 可见，相位裕量为 $40°$，增益裕量约为 11 dB。

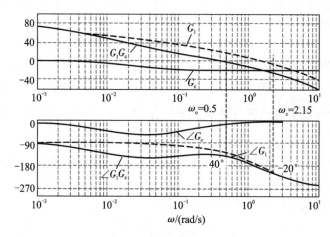

图 6.14　例 6.2 校正前后系统的伯德图

（6）在伯德图上分析滞后校正对系统性能的影响。

① 低频段：调整 K 值满足稳态速度误差系数的要求，$K_v = 5 \text{ s}^{-1}$。

② 中频段：以 -20 dB/dec 穿越零分贝线，校正后系统由不稳定变为稳定，且有一定的相位裕量，但由于剪切频率的降低，系统的响应速度变慢。

③ 高频段：校正后的高频分贝值减小，系统的抗干扰能力提高。

校正前后系统的单位阶跃响应曲线分别如图 6.15(a)、6.15(b)所示。由图 6.15 可见，校正前系统是不稳定的，而采用滞后校正后系统能稳定工作。

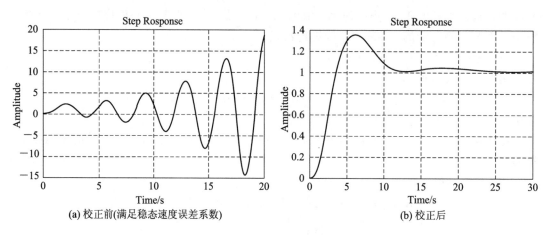

图 6.15　例 6.2 校正前后系统的单位阶跃响应曲线

6.3.3　滞后-超前校正的频率法设计

如果未校正系统不稳定，且对校正后系统的动态和稳态性能均有较高要求，若只采用超前校正或滞后校正难以达到预期的校正效果，则可以采用滞后-超前校正。**滞后-超前校正可看成是由滞后校正装置和超前校正装置串联而形成的。超前校正可增加频带宽度从而提高系统的快速响应能力，并且可使稳定裕度加大改善系统的相对稳定性，但是由于有增益损失而不利于稳态精度；滞后校正则可提高稳态精度，但降低了快速性。同时利用滞后和超前校正，可以全面提高系统的控制性能。**

滞后-超前校正装置设计步骤如下：

(1) 根据系统的稳态性能指标，确定开环增益 K。

(2) 绘制 K 调整后未校正系统的对数频率特性，并求出剪切频率 ω_c 及相位裕量 γ。

(3) 确定校正后系统的剪切频率 ω'_c。选取的 ω'_c 应兼顾快速性和稳定性，ω'_c 过大会增加超前校正的负担，过小又会使频带过窄，从而影响快速性。一般选取未校正系统相位裕量 $\gamma=0$ 时所对应的频率作为 ω'_c。

(4) 确定校正装置滞后部分的参数。为了使滞后校正部分不影响中频段的特性，一般滞后校正部分的第 1 个转折频率为

$$\omega_1 = \frac{1}{T_2} = \left(\frac{1}{5} \sim \frac{1}{10}\right)\omega'_c$$

选取 $\beta=10$，即可确定出 $\omega_2 = \dfrac{\omega_1}{\beta} = \dfrac{1}{\beta T_2}$。

(5) 确定校正装置超前部分的参数。因校正后系统对数幅频特性曲线在 ω'_c 处过 0 dB 线，故有

$$L(\omega'_c) = L_0(\omega'_c) + L_c(\omega'_c) = 0$$

因此，可过 $[\omega'_c, -L_0(\omega'_c)]$ 点作斜率为 $+20$ dB/dec 的直线，分别交滞后校正装置的频率特性曲线和横轴于两点，则这两个交点所对应的频率值即为相位超前校正装置的两个转折频率 ω_3 和 ω_4。

(6) 写出滞后-超前校正装置的传递函数。

(7) 校验校正后系统的各项性能指标。

例 6.3　设一单位反馈系统的开环传递函数为

$$G_0(s) = \frac{K}{s(s+2)(s+1)}$$

要求稳态误差系数 $K_v = 10$ s^{-1}，相位裕度 $\gamma' \geqslant 50°$，增益裕量 $20\lg K_g \geqslant 10$ dB，试设计一滞后-超前校正装置。

解　(1) 调整开环增益 K，以满足系统对稳态速度误差系数 K_v 的要求。

$$K_v = \lim_{s \to 0} s \cdot G_0(s) = \lim_{s \to 0} s \cdot \frac{K}{s(s+2)(s+1)} = \frac{K}{2} = 10 \text{ s}^{-1}$$

求得 $K = 20$ s^{-1}，则满足稳态速度误差要求的系统的传递函数为

$$G_1(s) = \frac{20}{s(s+2)(s+1)}$$

(2) 画出未校正系统 $G_1(s)$ 的对数频率特性，如图 6.16 中虚线所示。由图 6.16 可见，

系统的剪切频率 $\omega_c \approx 2.8 \ \mathrm{s}^{-1}$，对应的相位裕量 $\gamma \approx -32°$（<0），表明未校正系统是不稳定的。

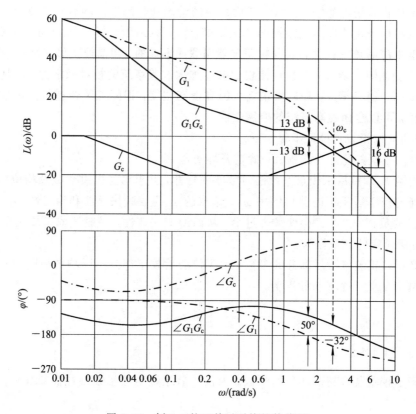

图 6.16　例 6.3 校正前后系统的伯德图

（3）确定校正后系统的剪切频率 ω'_c。由于本题对剪切频率没有提出具体要求，所以选取未校正系统相位裕量 $\gamma = 0$ 时所对应的频率作为校正后系统的剪切频率 ω'_c。

令 $\gamma = 180° + \varphi_0(\omega_0) = 0$，求得对应的 ω_0，选取 $\omega'_c = \omega_c = 1.5 \ \mathrm{s}^{-1}$。

（4）确定校正装置滞后部分的转折频率。根据

$$\omega_1 = \frac{1}{T_2} = \left(\frac{1}{5} \sim \frac{1}{10}\right)\omega'_c$$

可选 $\omega_1 = \dfrac{1}{T_2} = \dfrac{1}{10}\omega'_c = 0.15 \ \mathrm{s}^{-1}$，选取 $\beta = 10$，则

$$\omega_2 = \frac{1}{\beta T_2} = \frac{\omega_1}{\beta} = 0.015 \ \mathrm{s}^{-1}$$

求得校正装置滞后部分的传递函数为

$$\frac{s + \dfrac{1}{T_2}}{s + \dfrac{1}{\beta T_2}} = \frac{s + \omega_1}{s + \omega_2} = \frac{s + 0.15}{s + 0.015} = 10 \frac{1 + 6.67s}{1 + 66.7s}$$

（5）确定校正装置超前部分的参数。因校正后系统对数幅频特性曲线在 ω'_c 处过 0 dB 线，故有

$$L_0(\omega'_c) + L_c(\omega'_c) = 0$$

由图 6.16 可见，未校正系统在 $\omega'_c = 1.5 \text{ s}^{-1}$ 处的幅值为 $L_0(\omega'_c) = +13$ dB，因此，过 $[1.5 \text{ s}^{-1}, -13 \text{ dB}]$ 点作斜率为 $+20$ dB/dec 的直线，该直线与滞后校正部分的频率特性和横轴相交于两点，这两个交点所对应的频率值即为超前校正部分的两个转折频率 ω_3 和 ω_4。它们分别为

$$\omega_3 = \frac{1}{T_1} = 0.7 \text{ s}^{-1}, \quad \omega_4 = \frac{1}{\alpha T_1} = 7 \text{ s}^{-1}$$

所以超前部分的传递函数为

$$\frac{s + \dfrac{1}{T_1}}{s + \dfrac{1}{\alpha T_1}} = \frac{s + \omega_3}{s + \omega_4} = \frac{s + 0.7}{s + 7} = \frac{1}{10} \cdot \frac{1 + 1.43s}{1 + 0.143s}$$

由以上参数可写出滞后-超前校正装置的传递函数为

$$G_c(s) = \frac{s + 0.15}{s + 0.015} \cdot \frac{s + 0.7}{s + 7} = \frac{1 + 6.67s}{1 + 66.7s} \cdot \frac{1 + 1.43s}{1 + 0.143s}$$

其对应的对数频率特性 $L_c(\omega)$ 及 $\varphi_c(\omega)$ 如图 6.16 所示。

（6）校正后系统的开环传递函数为

$$G(s) = G_1(s)G_c(s) = \frac{10(1 + 6.67s)(1 + 1.43s)}{s(1+s)(1+0.5s)(1+66.7s)(1+0.143s)}$$

相应的伯德图如图 6.16 中实线所示。

（7）在伯德图上分析滞后-超前校正对系统性能的影响。

① 低频段：调整 K 值以满足稳态速度误差系数的要求，$K_v = 10 \text{ s}^{-1}$。

② 中频段：以 -20 dB/dec 穿越零分贝线，校正前相位裕量是负的，校正后 $\gamma' = 50°$、$20 \lg K_g \geqslant 10$ dB，但剪切频率降低，系统的响应速度变慢。

③ 高频段：校正后系统的抗干扰能力不变。

 6.4 PID 控制器

反馈控制系统的一般结构如图 6.17 所示，图中 $G_c(s)$ 为控制器（或称调节器），$G_0(s)$ 为被控对象，$H(s)$ 为检测元件。系统中的 $e(t)$ 为给定信号和反馈信号的偏差量，它经控制器处理后，产生被控对象所需要的控制信号 $m(t)$。

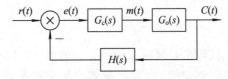

图 6.17　反馈控制系统的一般结构

图 6.17 中的控制器 $G_c(s)$ 即为校正装置，通常采用比例-微分（PD）、比例-积分（PI）或比例-积分-微分（PID）调节规律，它们所起的作用等同于前面所讲的超前、滞后及滞后-超前校正装置。在当今应用的工业控制器中，采用的基本控制规律主要是 PID。即使是自动化技术飞速发展、新的控制方法不断涌现的今天，PID 作为最基本的控制方式仍显示出强

大的生命力。

6.4.1 PID 控制器原理

工程实际中常采用的控制器(或称调节器)的类型、电原理图、输入-输出关系及传递函数如表 6.1 所示。

表 6.1 工程中常采用的控制器

控制器类型	电原理图	输入-输出关系	传递函数
比例控制器 (P 调节器)		$m(t) = K_p \cdot e(t)$ 式中：$K_p = \dfrac{R_2}{R_1}$	$G_c(s) = K_p$
比例-积分 控制器 (PI 调节器)		$m(t) = K_p e(t) + \dfrac{K_p}{T_i}\displaystyle\int_0^t e(\tau)\mathrm{d}\tau$ 式中：$K_p = \dfrac{R_2}{R_1}$，$T_i = R_2 C$	$G_c(s) = K_p \dfrac{1 + T_i s}{T_i s}$
比例-微分 控制器 (PD 调节器)		$m(t) = K_p e(t) + K_p T_d \dfrac{\mathrm{d}e(t)}{\mathrm{d}t}$ 式中：$K_p = \dfrac{R_2}{R_1}$，$T_d = R_1 C$	$G_c(s) = K_p(1 + T_d s)$
比例-积分-微 分控制器 (PID 调节器)		$m(t) = K_p e(t) + \dfrac{K_p}{T_i}\displaystyle\int_0^t e(\tau)\mathrm{d}\tau$ $+ K_p T_d \dfrac{\mathrm{d}e(t)}{\mathrm{d}t}$ 式中：$K_p = \dfrac{R_1 C_1 + R_2 C_1}{R_1 C_2}$， $T_i = R_1 C_1 + R_2 C_2$， $T_d = \dfrac{R_1 C_1 R_2 C_2}{R_1 C_1 + R_2 C_2}$	$G_c(s) = K_p + \dfrac{K_p}{T_i s} + K_p T_d s$

1. 比例控制器

比例控制器的特点为：输出能迅速响应输入的变化，系统快速响应性能好；当 K_p 取得足够大时，系统在稳态时的输出基本上等于其阶跃输入；但随着 K_p 的增大，系统的稳定性会变差。

2. 比例-积分控制器

积分控制器的特点为：其输出是对输入信号 $e(t)$ 的累积，只要 $e(t) \neq 0$，输出将随时间的增长而不断地变化，一直到 $e(t) = 0$ 时输出量才为某一稳态值。因而积分控制可以提高系统的型别，消除或减小系统的稳态误差。但积分控制器的输出随着积分时间的增长逐步跟踪输入信号的变化，因而系统的快速响应性较差，同时积分的引入会降低系统的稳定性。

比例-积分控制器的特点为：该控制器实际上是一种滞后校正装置，可视为由一个积分控制器与一个比例-微分控制器串联组成，因而具有两者的优点。积分部分用于提高系统型别，即提高系统的稳态精度；比例-微分部分用于改善系统的动态性能，从而使系统具有良好的动态和稳态性能。

3. 比例-微分控制器

微分控制器的特点为：其输出与输入信号的变化率成正比，它把输入信号的变化趋势及时反映到输出量上，即提前产生对系统的控制作用。微分控制能增大系统的阻尼，改变系统的稳定度，但会放大信号中的噪声，降低系统的抗干扰能力。由于微分作用的特殊性，一般不单独使用，实际应用中总是以比例-微分或比例-微分-积分的控制形式出现。

比例-微分控制器的特点为：该控制器实际上是一种超前校正装置，可以改善系统的稳定性，加快系统的响应速度，但它不能提高系统的稳态精度，且会降低系统的抗干扰能力。

4. 比例-积分-微分控制器

比例-积分-微分控制器的特点为：该控制器实际上是一种滞后-超前校正装置，比例-积分部分用于提高系统的稳态精度，比例-微分部分用于改善系统的动态性能，两者相辅相成，使校正后的系统具有很好的动态和稳态性能。

6.4.2　PID 校正的参数整定法设计

PID 控制器参数的整定方法有理论计算整定法和工程整定法两类。前面介绍的频率响应法属于理论计算整定法，它基于被控对象的数学模型（传递函数或频率特性），通过计算方法直接求得控制器参数整定值，其综合理论及所导出的结果是工程整定法的理论依据和基础。但在实际应用中，被控对象的数学模型一般是近似的，所得控制器的特性与理想PID 特性也存在差距，加之理论计算中忽略了一些次要因素或作简化处理等，使所求得的参数有待于现场调试后才能最后确认，因此在工程实际中常采用工程整定法。工程整定法的特点是：不依赖被控对象的数学模型，而是在频率响应法的理论基础上通过工程实践总结出来的经验，只要通过并不复杂的实验便能获得控制其参数的近似整定值，简单实用、易于掌握。

PID 控制器的传递函数为

$$G_c(s) = K_p\left(1 + \frac{1}{T_i s} + T_d s\right) \tag{6.18}$$

式中，参数 K_p、T_i 和 T_d 分别为 PID 控制器的比例增益、积分时间常数和微分时间常数。

PID 控制器参数整定的实质是：在一定的性能指标下通过调整控制器的参数 K_p、T_i 和 T_d，使其特性与被控对象的特性相匹配，以获得最佳的控制效果，即称为"最佳整定"，相应的控制参数被称为"最佳整定参数"。

具有 PID 控制器的闭环系统框图如图 6.18 所示。当被控对象的数学模型能用解析法或实验法确定时，可用前面介绍的校正方法来确定 PID 控制器的相关参数；若很难求得其精确的数学模型，可用下面介绍的几种工程整定方法来调整 PID 控制器的参数。

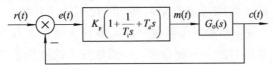

图 6.18　具有 PID 控制器的闭环系统框图

1. Z-N 法则第一法

Z-N 法则第一法

2. Z-N 法则第二法

Z-N 法则第二法是一种闭环的整定方法，它不需要知道被控对象的数学模型，而是依据系统临界稳定运行状态下的试验信息对 PID 参数进行整定的。其具体的做法是：先将 PID 控制器置于比例控制状态（即置积分时间常数为最大值（$T_i = \infty$），微分时间常数为最小值（$T_d = 0$）），使闭环系统投入运行；然后将比例系数 K_p 的值由零逐步增大，直到系统的输出首次呈现持续的等幅振荡（如图 6.19 所示）为止，此时对应的 K_p 值称为临界增益，用 K_c 表示，并记下振荡的周期 T_c。对于这种情况，齐格勒和尼科尔斯又提出如表 6.2 所示的公式，以确定相应 PID 控制器参数的整定值。

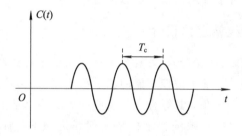

图 6.19　具有周期 T_c 的持续振荡

表 6.2　Z-N 法则第二法

控制器的类型	K_p	T_i	T_d
P	$0.5K_c$	∞	0
PI	$0.45K_c$	$T_c/1.2$	0
PID	$0.6K_c$	$0.5T_c$	$0.125T_c$

由式(6.18)和表 6.2 求得相应 PID 控制器的传递函数为

$$G_c(s) = K_p\left(1 + \frac{1}{T_i s} + T_d s\right) = 0.6K_c\left(1 + \frac{1}{0.5T_c s} + 0.125T_c s\right)$$

$$= 0.075K_c T_c \frac{\left(s + \frac{4}{T_c}\right)^2}{s} \tag{6.19}$$

Z-N 法则第二法简单、方便，适用于很多系统。但使用该方法时控制系统应工作在线性区，否则得到的持续振荡曲线可能是限制环，因此不能用此时的数据来整定 PID 的参数。另外，由于该方法是根据系统的等幅振荡试验数据来整定参数的，因此它的使用场合受到了一定的限制。例如锅炉水位控制系统，或惯性较大的液位系统是不允许出现等幅振荡的，故不能用此法来整定参数。

例 6.4　一具有 PID 控制器的系统如图 6.20 所示。PID 的传递函数为

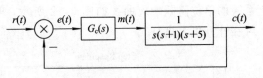

图 6.20　具有 PID 控制器的系统

$$G_c(s) = K_p\left(1 + \frac{1}{T_i s} + T_d s\right)$$

试用 Z－N 法则确定 PID 控制器的参数 K_p、T_i 和 T_d 的值。

解　由于被控对象的传递函数中含有积分环节，因而只能用 Z－N 法则第二法去确定 PID 控制器的参数。假设 $T_i = \infty$、$T_d = 0$，则系统的闭环传递函数为

$$\frac{C(s)}{R(s)} = \frac{K}{s(s+1)(s+5) + K}$$

闭环特征方程式为

$$s^3 + 6s^2 + 5s + K = 0$$

令 $s = j\omega$，代入上式得

$$j\omega(5 - \omega^2) + K - 6\omega^2 = 0$$

于是有

$$5 - \omega^2 = 0,\; K - 6\omega^2 = 0$$

解得 $K = K_c = 30$，$\omega = \sqrt{5}\ \text{s}^{-1}$，$T_c = \dfrac{2\pi}{\omega} = \dfrac{2\pi}{\sqrt{5}} = 2.81\ \text{s}$。

根据求得的 K_c 和 T_c 值，由表 6.2 得

$$K_p = 0.6K_c = 18$$
$$T_i = 0.5T_c = 1.405\ \text{s}$$
$$T_d = 0.125T_c = 0.3513\ \text{s}$$

因而所求 PID 控制的传递函数为

$$G_c(s) = 18\left(1 + \frac{1}{1.405s} + 0.3513s\right) = \frac{6.3223(s + 1.4235)^2}{s}$$

采用 Z－N 法则第二法对 PID 控制器参数进行整定后的闭环传递函数为

$$\frac{C(s)}{R(s)} = \frac{6.3223s^2 + 18s + 12.811}{s^4 + 6s^3 + 11.3223s^2 + 18s + 12.811}$$

该系统的单位阶跃响应曲线如图 6.21 所示。由图 6.21 可见，系统的超调量约为 62%，调节时间约为 10 s，显然所整定的控制器参数并不是最佳的。例 6.4 结果说明：由于控制器参数的整定值与具体被控对象的特性和给定的性能指标密切相关，故工程整定法给出的不可能是各类系统通用的最佳整定值，而只是 PID 参数的一个较好的估计值，它可作为进一步调试的起点。

若对例 6.4 中的 PID 参数作进一步的调整，保持 $K_p = 18$ 不变，把 PID 的双重零点位置移至 $s = -0.65$ 处，则 PID 控制器的传递函数变为

$$G_c(s) = 18\left(1 + \frac{1}{3.077s} + 0.7692s\right) = \frac{13.846(s + 0.65)^2}{s}$$

系统闭环传递函数变为

$$\frac{C(s)}{R(s)} = \frac{13.846s^2 + 18s + 5.85}{s^4 + 6s^3 + 18.846s^2 + 18s + 5.85}$$

系统的单位阶跃响应曲线如图 6.22 所示，可见超调量降至 18%。PID 参数的进一步调整可在计算机上进行。

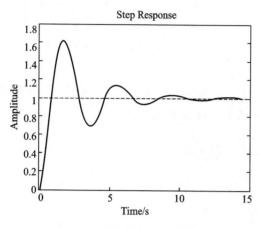

图 6.21　PID 参数整定后系统的
单位阶跃响应曲线

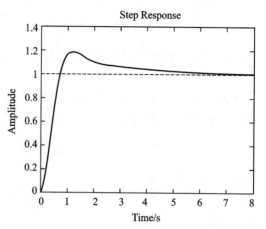

图 6.22　PID 参数进一步调整后系统的
单位阶跃响应曲线

⯈⯈ 6.5 基于 MATLAB 的一级倒立摆系统的频域分析与设计

2.6 小节已经提到直线一级倒立摆的物理模型，实际系统的摆杆角度和小车加速度之间的开环传递函数为

$$G(s) = \frac{\Phi(s)}{V(s)} = \frac{0.02725}{0.0102125s^2 - 0.26705}$$

式中，输入为小车的加速度 $V(s)$，输出为摆杆的角度 $\Phi(s)$。

由上式可见，直线一级倒立摆系统没有零点，两个极点中有一个极点位于 s 的右半平面，因此系统是不稳定的，需要设计控制器才能使其稳定工作。

设计要求为：稳态位置误差系数 $K_p = 10$，相位裕量 $\gamma = 50°$，增益裕量 $K_g \geqslant 10$ dB。

6.5.1　采用超前校正装置设计

1. 校正装置（即控制器）设计

设超前校正装置的传递函数为

$$G_c(s) = K_c \alpha \frac{Ts+1}{\alpha Ts+1} = K_c \frac{s+\dfrac{1}{T}}{s+\dfrac{1}{\alpha T}}$$

校正后系统具有的开环传递函数为 $G_c(s) \cdot G(s)$。

设 $G_1(s)$ 为满足稳态位置误差要求的开环传递函数，则

$$G_1(s) = KG(s) = \frac{0.02725K}{0.0102125s^2 - 0.26705}$$

式中，$K = K_c \alpha$。

2. 根据稳态位置误差要求计算增益 K

$$K_p = \lim_{s \to 0} G_c(s)G(s) = \lim_{s \to 0} K_c \alpha \frac{1+Ts}{1+\alpha Ts} \cdot \frac{0.027\,25}{0.010\,2125s^2 - 0.267\,05} = 10$$

解得 $K_c \alpha = 98 = K$。于是有

$$G_1(s) = KG(s) = \frac{0.027\,25 \times 98}{0.010\,2125s^2 - 0.267\,05}$$

绘制满足稳态位置误差要求的一级倒立摆系统未校正的伯德图，如图 6.23 所示，由图 6.23 可见原系统不稳定，需增设校正装置以使其稳定工作。

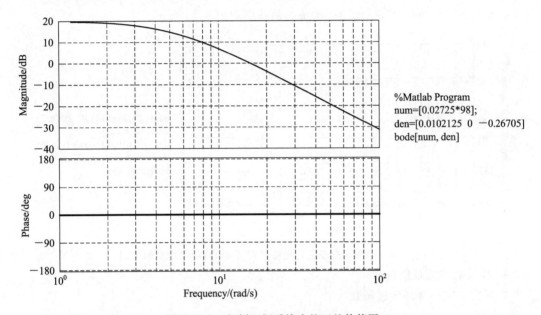

```
%Matlab Program
num=[0.02725*98];
den=[0.0102125  0  −0.26705]
bode[num, den]
```

图 6.23　一级倒立摆系统未校正的伯德图

3. 超前校正装置设计

(1) α 值的确定。

由图 6.23 可见，校正前系统的相位裕量为 $\gamma = 0°$，而设计要求的相位裕量 $\gamma' = 50°$，因此拟采用超前校正来改造系统。由于超前校正使剪切频率提高，从而增加了系统的相位滞后量，所以在设计时需留有一定的相位裕量。设需要的最大相位超前量为

$$\varphi_m = 50° + \varepsilon \approx 55°$$

由 $\sin\varphi_m = \dfrac{1-\alpha}{1+\alpha}$ 得

$$\alpha = 0.0994$$

(2) 校正后剪切频率 ω_c' 的确定。

由于校正装置的最大相位超前角 φ_m 发生在两个转折频率的几何中心点上，即

$$\omega = \frac{1}{\sqrt{\alpha}T}$$

在 $\omega = \dfrac{1}{\sqrt{\alpha}T}$ 处，超前校正装置的幅值的变化为

$$\left| \frac{1+j\omega T}{1+j\omega\alpha T} \right|_{\omega=1/(\sqrt{\alpha}T)} = 20\lg\frac{1}{\sqrt{\alpha}} = 10.0261 \text{ dB}$$

由图 6.23 可知，在 $|G_1(\mathrm{j}\omega)| = -10.0261$ dB 处的频率 $\omega = 28.5$ rad/s，故选此频率作为校正后系统的剪切频率 ω'_c，则

$$\frac{1}{T} = \sqrt{\alpha} \cdot \omega'_\mathrm{c} = 8.9854, \qquad \frac{1}{\alpha T} = \frac{\omega'_\mathrm{c}}{\sqrt{\alpha}} = 90.3965$$

（3）校正装置的传递函数。

超前校正装置的传递函数为

$$G_\mathrm{c}(s) = K_\mathrm{c}\alpha \frac{Ts+1}{\alpha Ts+1} = K_\mathrm{c}\frac{s+8.9854}{s+90.3965}$$

式中，$K_\mathrm{c} = K/\alpha = 985.9155$。校正后系统的伯德图如图 6.24 所示。

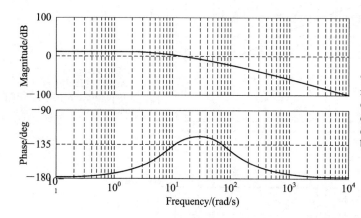

图 6.24　采用超前校正装置校正后一级倒立摆系统的伯德图

4. 校正后系统性能分析

校正后系统的开环传递函数为

$$G_\mathrm{c}(s)G(s) = \frac{2.6705(0.1129s+1)}{(0.011s+1)(0.0102125s^2 - 0.26705)}$$

系统的单位阶跃响应如图 6.25 所示。由图 6.25 可见，一级倒立摆系统遇到干扰后，摆角在 0.5 s 内可以达到新的平衡，但是超调量比较大，且存在一定的稳态误差。

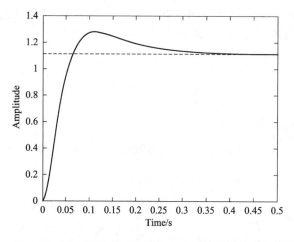

图 6.25　采用超前校正装置校正后一级倒立摆系统的单位阶跃响应（一阶控制器）

6.5.2 采用滞后-超前校正装置设计

设滞后-超前装置的传递函数为

$$G_c(s) = K_c \frac{\left(s + \dfrac{1}{T_1}\right)\left(s + \dfrac{1}{T_2}\right)}{\left(s + \dfrac{\beta}{T_1}\right)\left(s + \dfrac{1}{\beta T_2}\right)}$$

参照前面介绍的设计过程，可得设计结果为

$$G_c(s) = 980 \cdot \frac{s + 8.9854}{s + 90.3965} \cdot \frac{s + 2}{s + 0.1988}$$

$$G_c(s)G(s) = \frac{26.7050(s + 8.9854)(s + 2)}{(s + 90.3965)(s + 0.1988)(0.0102125s^2 - 0.26705)}$$

其位置误差系数为

$$K_p = \lim_{s \to 0} G_c(s)G(s) = 100.6$$

可见，采用滞后-超前校正后，系统的稳态性能得到了很大的提高，稳态误差近似为零，系统的相角裕量为 51°，和超前校正相差不大，满足设计要求。采用滞后-超前校正后的一级倒立摆系统的伯德图如图 6.26 所示，其单位阶跃响应如图 6.27 所示。

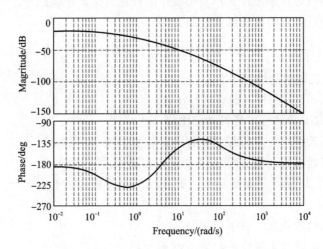

图 6.26 采用滞后-超前校正后倒立摆系统的伯德图

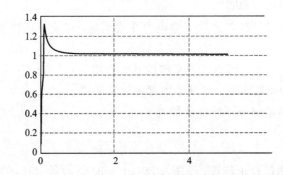

图 6.27 采用滞后-超前校正后倒立摆系统的单位阶跃响应

6.6 小　结

本章介绍了系统校正的概念、三种校正装置及校正装置的设计方法、PID 控制器参数的整定。

小结　　　根轨迹法设计串联校正　　第 6 章测验　　第 6 章测验答案

习　题　六

6-1　对于最小相位系统，采用频率特性法实现控制系统的动静态校正的基本思路是什么？静态校正的理论依据是什么？动态校正的理论依据是什么？

6-2　已知校正装置的传递函数分别为

$$G_1(s)=0.1\left(\frac{s+1}{0.1s+1}\right), \; G_2(s)=0.1\left(\frac{s+1}{0.2s+1}\right), \; G_3(s)=\frac{s+1}{2s+1}, \; G_4(s)=\frac{s+1}{100s+1}$$

(1) 绘制各校正装置的伯德图。

(2) 对 $G_1(s)$、$G_2(s)$ 的校正装置进行比较。

(3) 对 $G_3(s)$、$G_4(s)$ 的校正装置进行比较。

6-3　某闭环系统有一对闭环主导极点，若要求该系统的动态性能指标满足过渡过程时间 $t_s \leqslant a(a>0)$，超调量 $M_p\% \leqslant b(0<b<100)$，试在图 6.28 所示的复平面图上画出闭环主导极点的允许区域。

6-4　着重从物理概念回答下列问题：

(1) 有源校正装置与无源校正装置有何不同特点？在实现校正规律时，它们的作用是否相同？

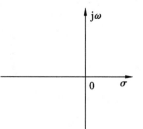

图 6.28　题 6-3 图

(2) 如果 Ⅰ 型系统经过校正之后希望成为 Ⅱ 型系统，应该采用哪种校正规律才能保证系统的稳定性？

(3) 串联超前校正为什么可以改善系统的动态性能？

(4) 从抑制噪音的角度考虑，最好采用哪种校正形式？

6-5　单位负反馈系统开环传递函数为

$$G(s)=\frac{400}{s^2(0.01s+1)}$$

若采用串联最小相位校正装置，题图 6.29(a)、(b)、(c) 所示分别为三种推荐的串联校正装置的 Bode 图。

(1) 写出校正装置所对应的传递函数，绘制其对数相频特性草图。

（2）哪一种校正装置可以使校正后的系统稳定性最好？

（3）哪一种校正装置对高频信号的抑制能力最强？

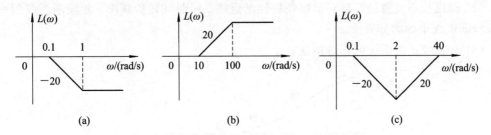

图 6.29　题 6-5 图

6-6　已知最小相位系统的开环对数幅频特性曲线如图 6.30 所示。

（1）写出开环传递函数。

（2）确定使系统稳定的 K 的取值区间。

（3）分析系统是否存在闭环主导极点，若有，则利用主导极点的位置确定是否可通过 K 的取值，使动态性能指标同时满足 $t_s \leqslant 6$ s，$M_p \% \leqslant 20\%$，并说明理由。

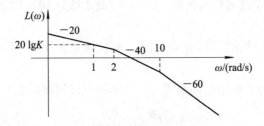

图 6.30　题 6-6 图

6-7　已知一单位反馈系统，其前向通道的传递函数为

$$G(s) = \frac{K}{s(s+1)}$$

要求设计一超前校正装置，使校正后系统的相角裕量为 45°，增益裕量不小于 8 dB，静态速度误差系数不小于 10。

6-8　一单位反馈系统，其前向通道的传递函数为

$$G(s) = \frac{4}{s(1+2s)}$$

要求设计一滞后校正装置，使校正后系统的相角裕量为 40°，静态速度误差系数不变。

6-9　控制系统开环传递函数为

$$G(s) = \frac{10}{s(0.5s+1)(0.1s+1)}$$

（1）绘制系统 Bode 图，并求取截止频率和相角裕量。

（2）采用传递函数为 $G_c(s) = \dfrac{0.4\,s+1}{0.05\,s+1}$ 的串联超前校正装置，绘制校正后的系统伯德图，并求取截止频率和相角裕量，讨论校正系统性能有何改进。

6-10　已知单位负反馈系统的对象传递函数为

$$G_0(s) = \frac{100}{s(s+2)(s+10)}$$

其串联校正后的开环对数幅频特性渐近线如图 6.31 所示。

（1）写出串联校正装置的传递函数，并指出是哪一类校正。

（2）画出校正装置的开环对数幅频特性渐近线。标明其转折频率、各段渐近线斜率及高频段渐近线坐标的分贝值。

（3）计算校正后系统的相角裕量。

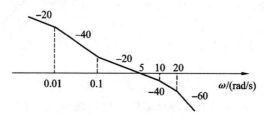

图 6.31　题 6－10 图

6－11　设单位反馈系统的开环传递函数为

$$G(s) = \frac{40}{s(0.2s+1)(0.0625s+1)}$$

（1）若要求校正后系统的相角裕量为 30°，幅值裕量为 10～12 dB，试设计串联超前校正装置。

（2）若要求校正后系统的相角裕量为 50°，幅值裕量为 30～40 dB，试设计串联滞后校正装置。

6－12　为满足稳态性能指标的要求，一个单位反馈伺服系统的开环传递函数为

$$G_0(s) = \frac{200}{s(0.1s+1)}$$

试设计一个校正装置，使已校正系统的相角裕量 $\gamma \geqslant 45°$，穿越频率 $\omega_c \geqslant 50$ rad/s。

6－13　单位反馈控制系统的开环传递函数表达式如下。若要求单位斜坡输入 $r(t) = t$ 时，稳态误差 $e_{ss} \leqslant 0.06$，相角裕量 $\gamma \geqslant 45°$，试设计串联滞后校正装置。

$$G_0(s) = \frac{k}{s(s+1)(0.01s+1)}$$

6－14　图 6.32 所示为一采用 PD 串联校正的控制系统。

（1）当 $K_p = 10$，$K_d = 1$ 时，求相角裕量 γ。

（2）若要求该系统剪切频率 $\omega_c = 5$，相角裕量 $\gamma = 50°$，求 K_p、K_d 的值。

图 6.32　题 6－14 图

第 7 章　线性离散控制系统

7.1　概　述

随着计算机技术的迅速发展，计算机作为控制器已广泛应用于工业系统中，被称为计算机控制系统。其在数据测量、算法设计上显示了巨大的优越性，大幅度提高了系统的可靠性和控制精度。前面各章介绍的都是连续控制系统，它们中的所有变量都是时间的连续函数。而在计算机控制系统中，被控对象虽然在连续信号的作用下工作，但计算机的输入输出信号是离散的数字信号，被称为离散控制系统。

7.1.1　离散控制系统的基本概念

离散信号在时间上是离散的，只在某些特殊时间点上定义有数值，其幅值可以是连续的，也可以是离散的。**幅值连续的信号可称为采样信号；幅值不连续的离散信号可称为数字信号。**

概述

计算机控制系统是典型的离散系统，其结构如图 7.1 所示。

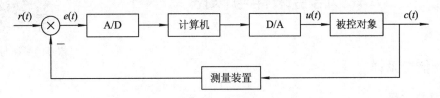

图 7.1　计算机控制系统典型结构图

图中，A/D 表示模/数转换，D/A 表示数/模转换。图 7.1 是一个闭环控制系统，系统中的信号是混合式的。其中，计算机的输入输出信号是数字量，其他部分的信号是模拟量。具体来说，输入量、输出量是连续的模拟信号，它们的差值 $e(t)$ 由 A/D 转换器转化为数字量输入计算机进行运算，其输出仍是数字化的离散信号，这个信号不能直接施加到被控对象，必须经过 D/A 转换器转换为连续的模拟量信号才能驱动被控对象。在整个过程中，A/D 转换器相当于一个采样开关，D/A 转换器相当于一个保持器，这样计算机控制系统又可以等效为如图 7.2 所示的结构图。

因此，与连续时间系统不同，计算机只能在离散的时间点上测量和处理数据，控制作用也只有在离散的时间点上才可以进行修改。这种一处或几处的信号仅定义在离散时间点上的系统被称为离散控制系统。由于离散信号往往是经过采样后得到的，因此离散控制系统又称为采样控制系统。

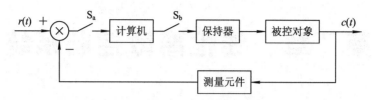

图 7.2　采样控制系统典型结构图

计算机技术的引入使离散控制系统具有如下的优点：

（1）数字信号的引入，提高了系统的抗干扰能力。

（2）允许采用高灵敏度的控制元件和测量元件，实现了高精度的控制。

（3）控制器的结构和参数易于修改，可以完成更加复杂的控制任务。

（4）可用一台计算机分时控制若干个系统，提高了设备的利用率。

（5）计算机除了作控制器外，还兼有显示、报警等功能。

7.1.2　离散控制系统的分析与校正设计方法

与连续控制系统一样，离散控制系统也是一种动态系统，它的性能也是由稳态和动态两个部分组成。因此，对它的研究可以借鉴连续系统的研究方法，但是离散信号的引入又使其具有特殊性。目前，分析离散系统常用的方法有两种：一种是 Z 变换法，另一种是状态空间分析法。一般情况下，输出采样序列能准确地反映出系统输出的真实情况，但在一些特殊情况下，系统输出会在采样间隔中出现振荡和纹波，这是采样系统的一个特殊问题，需要通过设计相应的控制策略来避免。

7.2　信号采样与保持

信号的采样与保持

7.2.1　信号采样

1. 采样过程

把连续时间信号转换成离散信号的过程称为采样过程，实现采样的装置称为采样器或采样开关。反之，**把采样后的离散信号恢复为连续信号的过程称为信号的复现。**

采样器的采样过程可以用一个周期性闭合的采样开关来表示，如图 7.3 所示。

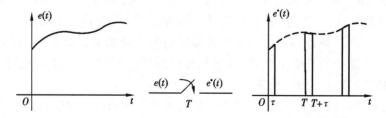

图 7.3　采样过程

假设采样器每隔时间 T（秒）闭合一次，闭合的持续时间为 τ；采样器的输入 $e(t)$ 为连续信号；输出 $e^*(t)$ 为宽度等于 τ 的调幅脉冲序列。用数学形式描述为

$$e^*(t) = e(t)\delta_T(t) \tag{7.1}$$

由图 7.3 可以看出，采样过程会将采样间隔之间的信息丢失。开关闭合时间 τ 非常小，通常为毫秒到微秒级，远小于采样周期 T 和系统连续部分的最大时间常数，因此可认为 τ 趋于 0。这样就等效为一个理想采样开关。理想采样器的输出信号 $e^*(t)$ 只在采样瞬时 $t=kT$ 时出现 $e(t)$ 的幅值。

理想采样过程可以看成一个幅值调制过程，它的输入、输出关系如图 7.4 所示，调制波是被采样的信号 $e(t)$，载波是单位脉冲序列 $\delta_T(t)$。$\delta_T(t)$ 可以表示为

$$\delta_T(t) = \sum_{k=0}^{\infty} \delta(t-kT)$$

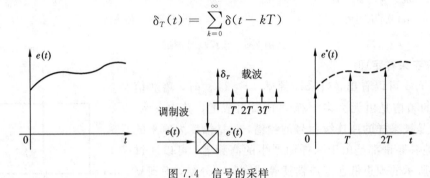

图 7.4　信号的采样

由图 7.4 和式(7.1)可得采样函数为

$$e^*(t) = \sum_{k=0}^{\infty} e(kT)\delta(t-kT) \tag{7.2}$$

式(7.2)的 $\delta(t-kT)$ 表示脉冲产生的时刻，$e(kT)$ 为 kT 时刻的脉冲强度。

2. 采样过程的数学描述

单位脉冲序列是以采样周期 T 为周期的周期信号，可以展开成傅氏级数为

$$\delta_T(t) = \sum_{k=-\infty}^{+\infty} c_k \mathrm{e}^{\mathrm{j}k\omega_s t}$$

式中，$\omega_s = 2\pi/T$ 为采样频率，c_k 为傅氏级数的系数，且

$$c_k = \frac{1}{T} \int_{-T/2}^{T/2} \delta_T(t) \mathrm{e}^{-\mathrm{j}k\omega_s t} \mathrm{d}t$$

在 $t=-T/2$ 到 $t=T/2$ 期间，$\delta_T(t)$ 只在 $t=0$ 时出现了一个单位脉冲，在其他时间里都为零，根据脉冲函数的性质有

$$c_k = \frac{1}{T} \int_{-T/2}^{T/2} \delta_T(t) \mathrm{e}^{-\mathrm{j}k\omega_s t} \mathrm{d}t = \frac{1}{T} \int_{0^-}^{0^+} \delta_T(t) \mathrm{e}^{-\mathrm{j}k\omega_s t} \mathrm{d}t = \frac{1}{T} \int_{0^-}^{0^+} \delta(t) \mathrm{d}t = \frac{1}{T}$$

于是有 $\delta_T(t) = \dfrac{1}{T} \displaystyle\sum_{k=-\infty}^{+\infty} \mathrm{e}^{\mathrm{j}k\omega_s t}$。根据 $e^*(t) = e(t) \displaystyle\sum_{k=0}^{\infty} \delta(t-kT)$，有

$$e^*(t) = \frac{1}{T} \sum_{k=-\infty}^{+\infty} e(t) \mathrm{e}^{\mathrm{j}k\omega_s t}$$

对上式作傅氏变换，并用复位移定理有

$$E^*(\mathrm{j}\omega) = \frac{1}{T} \sum_{k=-\infty}^{+\infty} E[\mathrm{j}(\omega + k\omega_s)]$$

设连续信号 $e(t)$ 的频谱 $E(\mathrm{j}\omega)$ 为一带宽有限的连续频谱，如图 7.5(a)所示。而采样信号 $e^*(t)$ 的频谱 $E^*(\mathrm{j}\omega)$ 具有以采样频率 ω_s 为周期的无穷多个频谱分量，如图 7.5(b)所示，

图中 $k=0$ 的分量 $(1/T)E(j\omega)$ 称为 $E^*(j\omega)$ 的主分量，其余 $k\neq0$ 的分量称为 $E^*(j\omega)$ 的补分量，补分量是在采样过程中引进的高频分量。

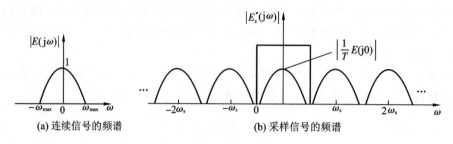

(a) 连续信号的频谱 　　　　　　　　 (b) 采样信号的频谱

图 7.5　采样信号频谱

3. 香农采样定理

由图 7.5 可以看出，当采样频率 $\omega_s>2\omega_{max}$ 时，离散信号 $e^*(t)$ 的频谱是由无穷多个孤立频谱组成的，其中 $k=0$ 对应的就是被采样的原连续信号的频谱，只是幅度为原来的 $1/T$，其他各频谱都是由于采样而产生的高频谱，可以通过如图 7.6 所示的理想低通滤波器滤除掉高频谱分量，得到复原的连续时间信号。

当 $\omega_s<2\omega_{max}$ 时，离散信号 $e^*(t)$ 的频谱不再由孤立的频谱组成，由于相互重叠使频谱发生了畸变，无法通过滤波器得到复原的信号，如图 7.7 所示。

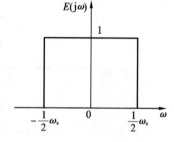

图 7.6　理想低通滤波器

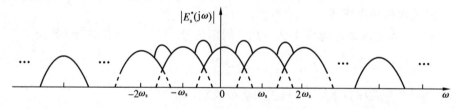

图 7.7　$\omega_s<2\omega_{max}$ 时的频谱图

因此，要使采样信号能够反映连续时间信号的变化规律，采样频率就应足够高。设连续信号 $e(t)$ 的频谱是有限的，最高频谱分量的频率为 ω_{max}，若要求采样信号不丢失连续信号所包含的信息，**采样频率 ω_s 应满足**

$$\omega_s=\frac{2\pi}{T}\geqslant2\omega_{max}$$

即采样频率应大于等于连续信号最高频谱分量频率的两倍，这便是**香农采样定理**。

设计离散系统时，香农采样定理是必须严格遵守的一条准则，因为它指明了理论上从采样信号中不失真地复现原连续信号所必需的最小采样周期 T。

7.2.2　零阶保持器

为了实现对被控对象的有效控制，必须把离散信号恢复为相应的连续信号。由 7.2.1 小节的推导可知，如果系统满足香农采样定理，采样后的离散信号就可以复现原连续信号。但图 7.5 的理想滤波器在物理上很难实现，因此，需要寻求一种既在特性上接近理想滤波器，又在物理上可实现的滤波器，而保持器就是这种实际滤波器的一个典型代表。

保持器是一种时域的外推装置，即按过去时刻或现在时刻的采样值进行外推。通常把按常数、线性函数和抛物线函数外推的保持器分别称为零阶、一阶和二阶保持器。由于一阶和二阶保持器的结构复杂，而且在采样频率足够高的情况下，它们的性能并不比零阶保持器具有明显优势，因此，实际中常用的是零阶保持器。

零阶保持器的单位理想脉冲响应函数如图 7.8(a)所示，它可以由两个单位阶跃函数之和来表示，如图 7.8(b)所示。

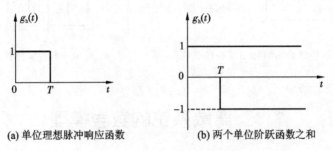

(a) 单位理想脉冲响应函数　　　(b) 两个单位阶跃函数之和

图 7.8　零阶保持器的输出特性

零阶保持器的数学表达式为

$$g_h(t) = 1(t) - 1(t - T) \tag{7.3}$$

对式(7.3)取拉氏变换，可得零阶保持器的传递函数为

$$G_h(s) = \frac{1 - e^{-Ts}}{s} \tag{7.4}$$

其频率特性为

$$G_h(j\omega) = \frac{1 - e^{-j\omega T}}{j\omega} = \frac{e^{-\frac{j\omega T}{2}}(e^{\frac{j\omega T}{2}} - e^{-\frac{j\omega T}{2}})}{j\omega} = T\frac{\sin\frac{\omega T}{2}}{\frac{\omega T}{2}}e^{-\frac{j\omega T}{2}}$$

幅频特性和相频特性分别为

$$\left| G_h(j\omega) \right| = \left| T\frac{\sin\frac{\omega T}{2}}{\frac{\omega T}{2}} \right|, \quad \angle G_h(j\omega) = \angle \sin\frac{\omega T}{2} + \frac{-\omega T}{2}$$

零阶保持器幅频和相频特性曲线如图 7.9 所示，可以看出零阶保持器是一个低通滤波器。

由图 7.9 可见，零阶保持器具有如下特性：

(1) 低通特性。幅频特性图中，幅值随频率值的增大而迅速衰减，说明它是一个近似的低通滤波器。但从图中也可以看出，除了让主频谱通过外，还有部分附加的高频频谱分量通过，从而造成数字控制系统中纹波的出现。

(2) 相角滞后特性。相频特性图中，相角滞后随频率值 ω 的增大而变大，在采样频率处，相角滞后可达 $-180°$，从而使系统的稳定性变差。

因此，从零阶保持器恢复的信号与原连续信号是有差别的，如图 7.10 所示。可见，复原信号在相位上比原信号平均滞后时间为 $T/2$。

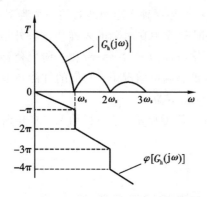 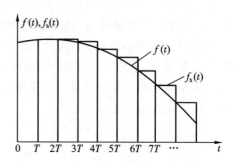

图 7.9　零阶保持器的幅频和相频特性曲线图　　　图 7.10　零阶保持器的复原信号

7.3　离散系统的数学模型

离散系统的数学模型有差分方程、脉冲传递函数和离散状态空间表达式三种。本章节只介绍差分方程和脉冲传递函数这两种模型。

7.3.1　Z 变换

1. Z 变换

Z 变换的思想来源于连续系统。线性连续控制系统的动态及稳态性能，可以应用拉氏变换的方法进行分析。与此相似，线性离散系统的性能，可以采用 Z 变换的方法来获得。Z 变换实际上是采样函数拉氏变换的变形，它是研究线性离散控制系统的重要数学工具。

Z 变换

设采样后的离散信号为

$$f^*(t) = \sum_{n=0}^{\infty} f(nT)\delta(t - nT) \tag{7.5}$$

对式(7.5)取拉氏变换，得

$$F^*(s) = \sum_{n=0}^{\infty} f(nT)e^{-nTs} \tag{7.6}$$

上式各项均含有因子 e^{sT}。为方便直接计算，引入一个新的变量 $z = e^{Ts}$，于是式(7.6)可改写为

$$F(z) = \sum_{n=0}^{\infty} f(nT)z^{-n} \tag{7.7}$$

式(7.7)表明 $F(z)$ 是 $f^*(t)$ 的 Z 变换，可以看出，Z 变换的引入将 s 的超越函数转换为 z 的有理分式。

常用的 Z 变换有以下三种方法。

1) 级数求和法

级数求和法是直接根据 Z 变换的定义将式(7.7)展开为如下形式：

$$F(z) = f(0) + f(T)z^{-1} + f(2T)z^{-2} + \cdots + f(nT)z^{-n} + \cdots \qquad (7.8)$$

虽然该表达式具有无穷多项，但常用函数的 Z 变换的级数展开式都可以写成闭合形式。

例 7.1　求单位阶跃函数的 Z 变换。

解　当 $t \geqslant 0$ 时，$f(t) = 1(t)$，$f(nT) = 1$。由式(7.8)可得

$$F(z) = \sum_{n=0}^{\infty} z^{-n} = 1 + z^{-1} + z^{-2} + z^{-3} + \cdots$$

如果 $|z| > 1$，则上式可写为如下闭合形式：

$$F(z) = \frac{1}{1 - z^{-1}} = \frac{z}{z - 1}$$

因为 $|z| = |e^{sT}| = e^{\sigma T} > 1$，所以条件 $\sigma > 0$，这也是单位阶跃函数可进行拉氏变换的条件。

例 7.2　试求理想脉冲序列的 Z 变换。

解
$$e^*(t) = \delta_T(t) = \sum_{n=0}^{\infty} \delta(t - nT)$$

由拉氏变换可知

$$E^*(s) = \sum_{n=0}^{\infty} e^{-nsT}$$

因此

$$E(z) = \sum_{n=0}^{\infty} z^{-n} = 1 + z^{-1} + z^{-2} + z^{-3} + \cdots$$

将上式写成闭合形式为

$$E(z) = \frac{1}{1 - z^{-1}} = \frac{z}{z - 1}$$

从例 7.1 和例 7.2 可见，相同的 Z 变换对应于相同的采样函数，但不一定对应于相同的连续函数，这是利用 Z 变换分析离散系统时需要特别注意的一个问题。

例 7.3　已知 $f(t) = e^{-at}$，$a > 0$，求 $F(z)$。

解　$f(t)$ 对应的离散信号为

$$f^*(t) = \sum_{n=0}^{\infty} e^{-anT} \delta(t - nT)$$

它的 Z 变换为

$$F(z) = \sum_{n=0}^{\infty} e^{-anT} z^{-n} = 1 + e^{-aT}z^{-1} + e^{-2aT}z^{-2} + e^{-3aT}z^{-3} + \cdots$$

当 $|e^{-aT}z^{-1}| < 1$ 时，可写成如下闭合形式：

$$F(z) = \frac{1}{1 - e^{-at}z^{-1}} = \frac{z}{z - e^{-at}}$$

可以证明，任何序列的 Z 变换都有一个由 $|z| > R$ 所规定的收敛域，收敛半径 R 取决于序列本身。

2) 部分分式法

先求出已知连续函数 $f(t)$ 的拉氏变换 $F(s)$ 为

$$F(s) = \frac{b_0 s^m + b_1 s^{m-1} + \cdots + b_m}{a_0 s^n + a_1 s^{n-1} + \cdots + a_n} \qquad (n > m)$$

然后将有理分式函数 $F(s)$ 展开成部分分式之和的形式，即

$$F(s) = \sum_{i=1}^{n} \frac{A_i}{s + p_i}$$

这样，每一个分式都对应简单的时间函数，可以通过查表法直接得出其相应的 Z 变换，最后通过线性叠加求出 $F(z)$，即

$$F(z) = \sum_{i=1}^{n} \frac{A_i z}{z - e^{-p_i T}}$$

例 7.4 求解 $F(s) = \dfrac{a}{s(s+a)}$ 的 Z 变换。

解 因为

$$F(s) = \frac{A}{s} + \frac{B}{s+a} = \frac{1}{s} - \frac{1}{s+a}$$

而

$$Z\left(\frac{1}{s}\right) = \frac{z}{z-1}, \quad Z\left(\frac{1}{s+a}\right) = \frac{z}{z-e^{-aT}}$$

所以

$$F(z) = \frac{z}{z-1} - \frac{z}{z-e^{-aT}} = \frac{z(1-e^{-aT})}{(z-1)(z-e^{-aT})}$$

例 7.5 求解 $C(s) = \dfrac{a}{s^2(s+a)}$ 的 Z 变换。

解
$$Z\left[\frac{a}{s^2(s+a)}\right] = Z\left[\frac{1}{s^2} - \frac{1}{as} + \frac{1}{a(s+a)}\right] = Z\left[t - \frac{1}{a}1(t) + \frac{1}{a}e^{-at}1(t)\right]$$

$$= \frac{Tz}{(z-1)^2} - \frac{z}{a(z-1)} + \frac{z}{a(z-e^{-aT})}$$

$$= \frac{Tz}{(z-1)^2} - \frac{z(1-e^{-aT})}{a(z-1)(z-e^{-aT})}$$

3）留数计算法

设连续函数 $f(t)$ 的拉氏变换为 $F(s)$，且为真有理分式，令 $p(k)(k=1, 2, \cdots, n)$ 为 $F(s)$ 的极点，则 $F(s)$ 的 Z 变换可通过计算下列的留数求得：

$$F(z) = \sum_{k=1}^{n} \text{Res}\left[F(s)\frac{z}{z-e^{Ts}}\right]_{s=p_k} = \sum_{k=1}^{n} R_k \qquad (7.9)$$

式中，$R_k = \text{Res}\left[F(s)\dfrac{z}{z-e^{Ts}}\right]_{s=p_k}$ 为 $F(s)\dfrac{z}{z-e^{Ts}}$ 在 $s=p_k$ 上的留数。

当 $F(s)$ 具有 $s=p$ 的一阶极点时，对应的留数为

$$R = \lim_{s \to p}\left[(s-p)F(s)\frac{z}{z-e^{Ts}}\right] \qquad (7.10)$$

当 $F(s)$ 具有 $s=p$ 的 q 阶重极点时，对应的留数为

$$R = \frac{1}{(q-1)!}\lim_{s \to p}\frac{\mathrm{d}^{q-1}}{\mathrm{d}s^{q-1}}\left[(s-p)^q F(s)\frac{z}{z-e^{Ts}}\right] \qquad (7.11)$$

例 7.6 已知 $F(s) = \dfrac{s+3}{(s+1)(s+2)}$，求 $F(z)$。

解
$$F(z) = \left[(s+1)\frac{s+3}{(s+1)(s+2)}\frac{z}{z-e^{Ts}}\right]_{s=-1} + \left[(s+2)\frac{s+3}{(s+1)(s+2)}\frac{z}{z-e^{Ts}}\right]_{s=-2}$$

$$= \frac{2z}{z-e^{-T}} - \frac{z}{z-e^{-2T}}$$

例 7.7　试求 $F(s)=\dfrac{1}{s^2}$ 的 Z 变换。

解
$$R=\lim_{s\to 0}\frac{\mathrm{d}}{\mathrm{d}s}\left(s^2\frac{1}{s^2}\frac{z}{z-\mathrm{e}^{Ts}}\right)=\frac{Tz}{(z-1)^2}$$

常用函数的 Z 变换与拉氏变换对照表见表 7.1 所示。

表 7.1　常用函数的 Z 变换与拉氏变换对照表

序号	$E(s)$	$e(t)$	$E(z)$
1	e^{-nTs}	$\delta(t-nT)$	z^{-n}
2	1	$\delta(t)$	1
3	$\dfrac{1}{s}$	$1(t)$	$\dfrac{z}{z-1}$
4	$\dfrac{1}{s^2}$	t	$\dfrac{Tz}{(z-1)^2}$
5	$\dfrac{1}{s^3}$	$\dfrac{1}{2}t^2$	$\dfrac{T^2z(z+1)}{2(z-1)^3}$
6	$\dfrac{1}{s-\dfrac{\ln a}{T}}$	$a^{\frac{t}{T}}$	$\dfrac{z}{z-a}$
7	$\dfrac{1}{s+a}$	e^{-at}	$\dfrac{z}{z-\mathrm{e}^{-aT}}$

2. Z 变换的基本性质

(1) 线性定理。设 $f_1(t)$ 和 $f_2(t)$ 的 Z 变换分别为 $F_1(z)$ 和 $F_2(z)$，a_1 和 a_2 是常数，则有
$$Z[a_1f_1(t)+a_2f_2(t)]=a_1F_1(z)+a_2F_2(z)$$

(2) 滞后定理。设 $t<0$ 时，$f(t)=0$，$Z[f(t)]=F(z)$，则
$$Z[f(t-kT)]=z^{-k}F(z)$$

式中，k、T 均为常量。

(3) 超前定理。设 $Z[f(t)]=F(z)$，则
$$Z[f(t+kT)]=z^kF(z)-z^k\sum_{n=0}^{k-1}f(nT)z^{-n}$$

(4) 终值定理。$Z[f(t)]=F(z)$，且 $F(z)$ 不含有 $z=1$ 的二重及以上的极点和单位圆外的极点，则 $f(t)$ 的终值为
$$\lim_{t\to\infty}f(t)=\lim_{n\to\infty}f(nT)=\lim_{z\to 1}(z-1)F(z)$$

(5) 复数位移定理。设 $Z[f(t)]=F(z)$，则
$$Z[f(t)\mathrm{e}^{\pm at}]=F(z\mathrm{e}^{\pm aT})$$

(6) 卷积定理。设 $c(t)$、$g(t)$ 和 $r(t)$ 的 Z 变换分别为 $C(z)$、$G(z)$ 和 $R(z)$，且当 $t<0$

时，$c(t)=g(t)=r(t)=0$，已知

$$C(kT) = \sum_{n=0}^{k} g[(k-n)T]r(nT)$$

则

$$C(z) = G(z)R(z)$$

例 7.8 试用实数位移定理计算滞后一个采样周期的指数函数 $e^{-a(t-T)}$ 的 Z 变换，其中 a 为常数。

解 $$Z[e^{-a(t-T)}] = z^{-1}Z[e^{-at}] = z^{-1} \cdot \frac{z}{z-e^{-aT}} = \frac{1}{z-e^{-aT}}$$

例 7.9 试用复数位移定理计算函数 te^{-aT} 的 Z 变换。

解 令 $e(t)=t$，则

$$E(z) = Z(t) = \frac{Tz}{(z-1)^2}$$

根据复数位移定理，有

$$E(ze^{aT}) = Z[te^{-aT}] = \frac{T(ze^{aT})}{(ze^{aT}-1)^2} = \frac{Tze^{aT}}{(z-e^{-aT})^2}$$

例 7.10 应用终值定理确定下列函数的终值：

$$E(z) = \frac{z^2}{(z-0.8)(z-0.1)}$$

解 $E(z)$ 在单位圆外和单位圆上没有极点，故可以应用终值定理，有

$$e^*(\infty) = \lim_{z \to 1}(z-1)E(z) = \lim_{z \to 1}(z-1)\frac{z^2}{(z-0.8)(z-0.1)} = 0$$

7.3.2 Z 反变换

Z 反变换

如上所述，将采样信号 $f^*(t)$ 变换为 $F(z)$ 的过程称为 Z 变换；反之，把 $F(z)$ 变换为 $f^*(t)$ 的过程称为 Z 反变换，并记为 $Z^{-1}[F(z)]$。由 Z 变换求得的时间函数是离散的。与 Z 变换的三种方法相对应，Z 反变换也有三种方法。

1. 幂级数展开法（长除法）

$F(z)$ 通常为 z 的有理分式，即

$$F(z) = \frac{b_0 + b_1 z^{-1} + \cdots + b_m z^{-m}}{a_0 + a_1 z^{-1} + \cdots + a_n z^{-n}} \qquad (n \geqslant m)$$

把分子多项式除以分母多项式，使 $F(z)$ 变为按 z^{-1} 升幂排列的级数展开式，再用 Z 反变换法求出相应采样函数的脉冲序列。

例 7.11 求 $F(z) = \dfrac{z^2+z}{z^2-2z+1}$ 的反变换 $f^*(t)$。

解 $$F(z) = \frac{1+z^{-1}}{1-2z^{-1}+z^{-2}} = 1 + 3z^{-1} + 5z^{-2} + 7z^{-3} + 9z^{-4} + \cdots$$

$$f^*(t) = Z^{-1}[F(z)] = \delta(t) + 3\delta(t-T) + 5\delta(t-2T) + 7\delta(t-3T) + \cdots$$

例 7.12 求 $F(z) = \dfrac{1}{1-0.5z^{-1}}$ 的反变换 $f^*(t)$。

解

$$1-0.5z^{-1} \overline{\smash{\big)}\, 1} \quad \begin{array}{l} 1+0.5z^{-1}+0.5^2z^{-2}+0.5^3z^{-3}+\cdots \end{array}$$

$$\begin{array}{r}
1-0.5z^{-1} \\ \hline
0.5z^{-1} \\
0.5z^{-1}-0.5^2z^{-2} \\ \hline
0.5^2z^{-2} \\
0.5^2z^{-2}-0.5^3z^{-3} \\ \hline
0.5^3z^{-3} \\
0.5^3z^{-3}-0.5^4z^{-4} \\ \hline
\cdots
\end{array}$$

所以

$$F(z)=1+0.5z^{-1}+0.5^2z^{-2}+0.5^3z^{-3}+\cdots$$

$$f^*(t)=Z^{-1}[F(z)]=\delta(t)+0.5\delta(t-T)+0.5^2\delta(t-2T)+0.5^3\delta(t-3T)+\cdots$$

2. 部分分式法

部分分式法又称查表法，其基本思路是：把 $F(z)$ 展开成部分分式的线性组合形式，再通过查 Z 变换表找出每一个分式相应的 $f^*(t)$。考虑到 Z 变换表中所有 Z 变换函数 $F(z)$ 在其分子上普遍都有因子 z，所以通常将 $F(z)/z$ 展开成部分分式，然后将所得结果的每一项都乘以 z，即得 $F(z)$ 的部分分式展开式。

部分分式法的具体步骤总结如下：

(1) 对 $F(z)$ 的分母多项式进行因式分解；

(2) 将 $F(z)/z$ 按分母因式展开为部分分式和的形式；

(3) 求各分式项的 Z 反变换之和。

例 7.13　已知 $F(z)=\dfrac{10z}{(z-1)(z-2)}$，求其 Z 反变换。

解

$$F(z)=z\cdot\left[\frac{10}{(z-1)(z-2)}\right]=z\left[\frac{10}{z-2}-\frac{10}{z-1}\right]=\frac{10z}{z-2}-\frac{10z}{z-1}$$

反变换得

$$f^*(t)=\sum_{k=0}^{\infty}10(2^k-1)\delta(t-kT)$$

例 7.14　已知 $F(z)=\dfrac{-3+z^{-1}}{1-2z^{-1}+z^{-2}}$，求其 Z 反变换。

解

$$Z^{-1}\left[\frac{-3z^2+z}{(z-1)^2}\right]=Z^{-1}\left[\frac{-2z}{(z-1)^2}+\frac{-3z}{z-1}\right]=-3-2n$$

反变换得

$$f^*(t)=-3\delta(t)+(-3-2)\delta(t-T)+(-3-4)\delta(t-2T)+\cdots$$

3. 留数法

留数法又称为反演积分法。在实际中遇到的 Z 变换函数 $F(z)$ 有时不是有理分式，而是超越函数，此时前面介绍的两种方法都无法应用，而只能采用反演积分法。其公式为

$$f(nT)=\sum_{i=1}^{k}\mathrm{Res}\left[F(z)z^{n-1}\right]_{z\to z_i} \tag{7.12}$$

式中，$\mathrm{Res}\left[F(z)z^{n-1}\right]_{z\to z_i}$ 表示函数在极点 z_i 处的留数。

例 7.15　请用留数法求例 7.13 中的 $F(z)=\dfrac{10z}{(z-1)(z-2)}$ 的 Z 反变换。

解
$$f(kT) = \sum \text{Res}\left[\frac{10z}{(z-1)(z-2)}z^{k-1}\right] = \sum \text{Res}\left[\frac{10z^k}{(z-1)(z-2)}\right]$$

$$= \frac{10z^k}{(z-1)(z-2)}(z-1)\bigg|_{z=1} + \frac{10z^k}{(z-1)(z-2)}(z-2)\bigg|_{z=2}$$

$$= -10 + 10 \times 2^k$$

所以
$$f^*(t) = \sum_{k=0}^{\infty}(-10 + 10 \times 2^k)\delta(t - kT)$$

如果 $F(z)z^{n-1}$ 有 n 阶重极点 z_i，则

$$\text{Res}[F(z)z^{n-1}]_{z \to z_i} = \frac{1}{(n-1)!}\lim_{z \to z_i}\frac{\mathrm{d}^{n-1}[(z - z_i)^n F(z)z^{n-1}]}{\mathrm{d}z^{n-1}} \tag{7.13}$$

7.3.3　差分方程

1. 离散系统的差分方程描述

与连续系统的微分方程表达相对应，离散系统可用差分方程来表示。

对于一般的线性定常离散系统，k 时刻的输出 $c(k)$ 不但与 k 时刻的输入 $r(k)$ 有关，而且与 k 时刻之前的输入 $r(k-1)$，$r(k-2)$，…以及 k 时刻之前的输出 $c(k-1)$，$c(k-2)$，…有关。这种关系可以用以下差分方程进行描述：

$$c(k) + a_1 c(k-1) + a_2 c(k-2) + \cdots + a_{n-1}c(k-n+1) + a_n c(k-n)$$
$$= b_0 r(k) + b_1 r(k-1) + \cdots + b_{m-1}r(k-m+1) + b_m r(k-m) \tag{7.14}$$

式(7.14)也可表示为

$$c(k) = -\sum_{i=1}^{n}a_i c(k-i) + \sum_{j=0}^{m}b_j r(k-j) \tag{7.15}$$

式中，a_i 和 b_j 为常系数，且 $n \geqslant m$。

常系数线性差分方程的求解方法有经典法、迭代法和 Z 变换法三种。经典法需要求解齐次方程的通解和非齐次方程的一个特解，比较复杂。这里主要介绍后两种工程中常用的求解方法。

2. 差分方程的求解

1）迭代法

由于系统的输入、输出量在差分方程中均以脉冲序列形式表示，当初值已知时，很容易通过迭代的方法计算出系统的输出。

例 7.16　已知 $x(k+2) + 3x(k+1) + 2x(k) = 0$，且 $x(0) = 0$，$x(1) = 1$，求 $x(k)$ 序列。

解
$$x(2) = -3x(1) - 2x(0) = -3$$
$$x(3) = -3x(2) - 2x(1) = 7$$
$$x(4) = -3x(3) - 2x(2) = -15$$
$$x(5) = -3x(4) - 2x(3) = 31$$

由此可以看出，用迭代法求解差分方程时，一般难以得到解的闭合形式。

例 7.17　已知差分方程为

$$c(k) = r(k) + 5c(k-1) - 6c(k-2)$$

输入序列 $r(k) = 1$，初始条件为 $c(0) = 0$，$c(1) = 1$，试用迭代法求输出序列 $c(k)$，$k = 0, 1, 2, \cdots, 6$。

解 根据初始条件及递推关系，得

$$c(0)=0$$
$$c(1)=1$$
$$c(2)=r(2)+5c(1)-6c(0)=6$$
$$c(3)=r(3)+5c(2)-6c(1)=25$$
$$c(4)=r(4)+5c(3)-6c(2)=90$$
$$c(5)=r(5)+5c(4)-6c(3)=301$$
$$c(6)=r(6)+5c(5)-6c(4)=966$$

例 7.18 闭环系统的脉冲传递函数为

$$\frac{C(z)}{R(z)}=\frac{0.368z+0.264}{z^2-z+0.632}=\frac{0.368z^{-1}+0.264z^{-2}}{1-z^{-1}+0.632z^{-2}}$$

求解系统的单位阶跃响应。

解
$$(1-z^{-1}+0.632z^{-2})c(z)=(0.368z^{-1}+0.264z^{-2})R(z)$$
$$c[(n-1)T]+0.632c[(n-2)T]=0.368r[(n-1)T]+0.264r[(n-2)T]$$
$$r(t)=1(t)$$

将输入代入，得

$$c(0T)=0, \ c(1T)=0.368, \ c(2T)=1. \ c(3T)=1.399, \ c(4T)=1.399, \cdots$$

2）Z 变换法

用 Z 变换法求解差分方程与用拉氏变换求解微分方程类似，其实质是把以 KT 为自变量的差分方程变成以 z 为变量的代数方程，求解后再进行 z 的反变换。

例 7.19 用 Z 变换法的方法求解 $x(k+2)+3x(k+1)+2x(k)=0$，且 $x(0)=0$，$x(1)=1$ 时 $x(k)$ 的序列。

解 对原式取 Z 变换，得

$$z^2X(z)-z^2x(0)-zx(1)+3zX(z)-3zx(0)+2X(z)=0$$

带入初始条件，整理得

$$X(z)=\frac{z}{(z+1)(z+2)}=\frac{z}{(z+1)}-\frac{z}{(z+2)}$$

通过查表 7.1 可得

$$x(k)=(-1)^k-(-2)^k, \ k=0, \ 1, \ 2, \cdots$$

7.3.4 脉冲传递函数

1. 脉冲传递函数的定义

与连续系统的传递函数定义类似，**脉冲传递函数定义为零初始条件下输出采样信号 $c^*(t)$ 的 Z 变换与输入采样信号 $r^*(t)$ 的 Z 变换之比**，即

脉冲传递函数

$$G(z)=\frac{C(z)}{R(z)}=\frac{Z[c^*(t)]}{Z[r^*(t)]} \tag{7.16}$$

在图 7.11 所示的开环离散系统中，输入信号 $r(t)$ 经采样后加在对象 $G(s)$ 上，输出为 $c(t)$，经 Z 变换后输出为在采样时刻取值的脉冲序列，相当于在系统的输出端虚拟了一个用虚线表示的同步采样开关。必须指出，该虚拟采样开关的设置只是为了便于系统分析，

在实际中可能并不存在。

可设 $r^*(t)=\delta(t)$，$c(t)=g(t)$，$g(t)$ 为 $G(s)$ 的单位脉冲响应，于是有

$$G(z)=Z[g(t)]=Z[g^*(t)]=Z[G(s)]$$

即图 7.11 所示系统的脉冲传递函数等于连续时间系统脉冲响应函数 $G(s)$ 的 Z 变换。

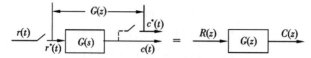

图 7.11　开环离散系统

2. 开环系统的脉冲传递函数

(1) 两个串联环节中间没有采样开关时(如图 7.12 所示)，根据脉冲传递函数的定义，系统的脉冲传递函数为

$$G(z)=\frac{C(z)}{R(z)}=Z[G_1(s)G_2(s)]=G_1G_2(z) \tag{7.17}$$

式中，$G_1G_2(z)$ 表示 $G_1(s)$ 和 $G_2(s)$ 相乘后再求 Z 变换。

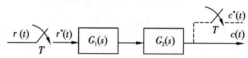

图 7.12　中间没有采样开关的串联环节

所以，没有理想采样开关隔开的两个环节串联时，其脉冲传递函数等于这两个环节传递函数乘积后的 Z 变换。这一结论可以推广到类似的多个环节串联的情况。

(2) 两个串联环节中间有采样开关时(如图 7.13 所示)，根据脉冲传递函数的定义有

$$C(z)=G_1(z)G_2(z)R(z)$$

所以

$$G(z)=\frac{C(z)}{R(z)}=G_1(z)G_2(z) \tag{7.18}$$

即分别求出 $G_1(s)$ 和 $G_2(s)$ 的 Z 变换 $G_1(z)$ 和 $G_2(z)$ 后，将两者相乘即为所求。

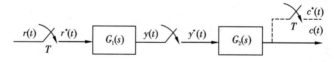

图 7.13　中间有采样开关的串联环节

所以，中间有理想采样开关隔开的两个环节串联时，其脉冲传递函数等于这两个环节各自的脉冲传递函数的乘积。这一结论可以推广到类似的多个环节串联的情况。

(3) 串联零阶保持器的开环离散系统如图 7.14 所示。

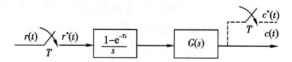

图 7.14　串联零阶保持器的开环离散系统

图 7.14 中，零阶保持器和连续部分传递函数之间没有采样开关隔离。由于零阶保持器不是 s 的有理分式，因此不能按照式(7.17)来求脉冲传递函数。可以将图 7.14 等效变换为图 7.15 所示的形式。

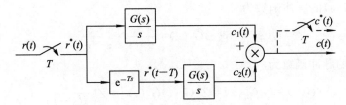

图 7.15　串联零阶保持器的开环离散系统的等效形式

由图 7.15 可知

$$Z[c_1(t)] = Z\left[\frac{G(s)}{s}\right]R(z), \quad Z[c_2(t)] = Z\left[\frac{G(s)}{s}\right]R(z)z^{-1}$$

所以，连续时间系统 $G(s)$ 前加采样器和零阶保持器时，其脉冲传递函数为

$$\frac{C(z)}{R(z)} = \frac{C_1(z)}{R(z)} - \frac{C_2(z)}{R(z)} = (1 - z^{-1})Z\left[\frac{G(s)}{s}\right] = \frac{z-1}{z}Z\left[\frac{G(s)}{s}\right] \quad (7.19)$$

（4）连续信号进入连续环节时，如图 7.16 所示。

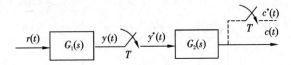

图 7.16　连续信号进入连续环节

根据脉冲传递函数的定义，有

$$\begin{cases} \dfrac{C(z)}{Y(z)} = Z[G_2(s)] \\ Y(z) = Z[R(s)G_1(s)] = RG_1(z) \\ C(z) = G_2(z)Y(z) = G_2(z)RG_1(z) \end{cases} \quad (7.20)$$

式中，$Z[R(s)G_1(s)] = RG_1(z)$ 表示 $r(t)$ 作用在 $G_1(z)$ 上，对它们的输出进行采样，再对采样信号进行 Z 变换，显然，这种情况下只能写出输出离散信号的 Z 变换，而无法求出脉冲传递函数 $C(z)/R(z)$。

例 7.20　已知：$G_1(s) = \dfrac{1}{s}$，$G_2(s) = \dfrac{1}{s+1}$，求在如图 7.17(a)、(b) 所示两种连接形式下的脉冲传递函数。

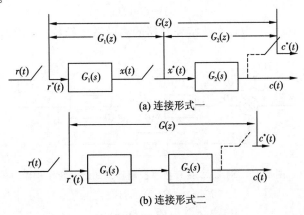

(a) 连接形式一

(b) 连接形式二

图 7.17　例 7.20 的系统结构图

解　图 7.17(a)的脉冲函数为

$$G(z) = G_1(z)G_2(z) = \frac{z}{z-1} \times \frac{z}{z-e^{-T}}$$

图 7.17(b)的脉冲函数为

$$G(z) = G_1G_2(z) = Z[G_1(s)G_2(s)] = Z\left[\frac{1}{s(s+1)}\right]$$

$$= Z\left[\frac{1}{s} - \frac{1}{s+1}\right] = \frac{z(1-e^{-T})}{(z-1)(z-e^{-T})}$$

显然，$G_1(z)G_2(z) \neq G_1G_2(z)$。

3. 闭环系统的脉冲传递函数

由于离散控制系统具有不同的结构形式，且采样开关在系统中的位置也各不相同。因此，这类系统的闭环脉冲传递函数没有统一的计算公式，而要根据系统的实际结构来求取。

例 7.21　图 7.18 所示为典型离散系统的闭环结构图，求其闭环脉冲传递函数 $C(z)/R(z)$。

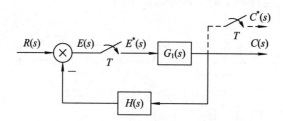

图 7.18　例 7.21 典型离散系统的闭环结构图

解　由图 7.18 可知

$$C(z) = E(z)G_1(z)$$
$$E(z) = R(z) - E(z)G_1H(z)$$
$$\frac{E(z)}{R(z)} = \frac{1}{1+G_1H(z)} \tag{7.21}$$

根据脉冲传递函数的定义有

$$\frac{C(z)}{E(z)} = G_1(z)$$

所以

$$\frac{C(z)}{R(z)} = \frac{G_1(z)}{1+G_1H(z)} \tag{7.22}$$

例 7.22　图 7.19 所示为具有数字控制器的离散系统结构图，求其闭环脉冲传递函数 $C(z)/R(z)$。

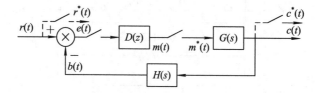

图 7.19　例 7.22 具有数字控制器的离散系统结构图

解

$$E(z) = R(z) - B(z)$$
$$M(z) = E(z)D(z)$$
$$C(z) = M(z)G(z)$$

$$B(z) = M(z)GH(z)$$

消去中间变量，求得系统的闭环脉冲传递函数为

$$\frac{C(z)}{R(z)} = \frac{D(z)G(z)}{1 + D(z)GH(z)}$$

例 7.23　某系统结构如图 7.20 所示，求闭环脉冲传递函数 $C(z)/R(z)$。

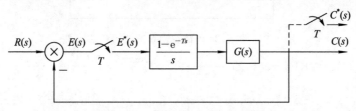

图 7.20　例 7.23 的系统结构图

解

$$C(z) = E(z)(1 - z^{-1})Z\left[\frac{G(s)}{s}\right]$$

$$E(z) = R(z) - C(z)$$

所以

$$\frac{C(z)}{R(z)} = \frac{(1 - z^{-1})Z\left[\dfrac{G(s)}{s}\right]}{1 + (1 - z^{-1})Z\left[\dfrac{G(s)}{s}\right]}$$

表 7.2 给出了几种典型闭环系统的脉冲传递函数及输出的 Z 变换。

表 7.2　几种典型闭环系统的脉冲传递函数及输出的 Z 变换

典型闭环系统的脉冲传递函数	输出 Z 变换
	$\dfrac{C(z)}{R(z)} = \dfrac{G(z)}{1 + GH(z)}$
	$\dfrac{C(z)}{R(z)} = \dfrac{G(z)}{1 + G(z)H(z)}$
	$\dfrac{C(z)}{R(z)} = \dfrac{G_1(z)G_2(z)}{1 + G_1(z)G_2H(z)}$
	$C(z) = \dfrac{G_2(z)G_1R(z)}{1 + G_1G_2H(z)}$
	$C(z) = \dfrac{GR(z)}{1 + GH(z)}$

例 7.24 离散控制系统的闭环结构如图 7.21 所示。求(1) $K=1$，$T=1$ 时的闭环脉冲传递函数。(2)系统的单位阶跃响应 $c^*(t)$。(3) $K=1$，$T=0.5$ 时，系统的单位阶跃响应 $c^*(t)$。

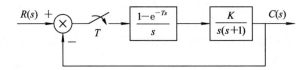

图 7.21 例 7.24 离散控制系统的闭环结构图

解 (1) $\quad G(z)=K(1-z^{-1})Z\left[\dfrac{1}{s^2(s+1)}\right]=K\dfrac{z-1}{z}Z\left[\dfrac{1}{s^2}-\dfrac{1}{s}+\dfrac{1}{s+1}\right]$

$$=\frac{z-1}{z}\left[\frac{Tz}{(z-1)^2}-\frac{z}{z-1}+\frac{z}{z-e^{-T}}\right]_{T=1}=\frac{0.368z+0.264}{(z-1)(z-0.368)}$$

闭环脉冲传递函数为

$$\frac{C(z)}{R(z)}=\frac{G(z)}{1+G(z)}=\frac{0.368z+0.264}{z^2-z+0.632}$$

(2)单位阶跃输入的 Z 变换为

$$R(z)=\frac{z}{z-1}$$

$$C(z)=\frac{0.368z+0.264}{z^2-z+0.632}\frac{z}{z-1}=\frac{0.368z^{-1}+0.264z^{-2}}{1-2z^{-1}+1.632z^{-2}-0.632z^{-3}}$$

用长除法将上式展开得

$$C(z)=0.368z^{-1}+1z^{-2}+1.4z^{-3}+1.4z^{-4}+1.147z^{-5}+0.895z^{-6}+0.802z^{-7}$$
$$+0.868z^{-8}+0.993z^{-9}+1.077z^{-10}+1.081z^{-11}+1.032z^{-12}+\cdots$$

取 Z 的反变换可得

$$c^*(t)=0\delta(t)+0.368\delta(t-T)+1\delta(t-2T)+1.4\delta(t-3T)$$
$$+1.4\delta(t-4T)+1.147\delta(t-5T)+0.895\delta(t-6T)+0.802\delta(t-7T)$$
$$+0.868\delta(t-8T)+0.993\delta(t-9T)+1.077\delta(t-10T)$$
$$+1.081\delta(t-11T)+1.032\delta(t-12T)+\cdots$$

$K=1$，$T=1$ 时系统的单位阶跃响应曲线如图 7.22(a)所示。

(3) $K=1$，$T=0.5$ 时：

$$G(z)=(1-z^{-1})Z\left[\frac{1}{s^2(s+1)}\right]=(1-z^{-1})Z\left[\frac{1}{s^2}-\frac{1}{s}+\frac{1}{s+1}\right]=\frac{0.0925+0.105z}{(z-1)(z-0.605)}$$

$$c(z)=\frac{G(z)}{1+G(z)}R(z)=\frac{0.0925z+0.105z^2}{z^3-2.5z^2+2.1955z-0.6955}=\frac{0.105z^{-1}+0.0925z^{-2}}{1-2.5z^{-1}+2.1955z^{-2}-0.6955z^{-3}}$$

$$=0.105z^{-1}+0.355z^{-2}+0.697z^{-3}+0.936z^{-4}+1.145z^{-5}+1.264z^{-6}+1.298z^{-7}$$
$$+1.265z^{-8}+1.193z^{-9}+1.19z^{-10}+1.01z^{-11}+0.9z^{-12}+\cdots$$

$$c^*(t)=0.105\delta(t-T)+0.355\delta(t-2T)+0.697\delta(t-3T)+0.936\delta(t-4T)$$
$$+1.145\delta(t-5T)+1.264\delta(t-6T)+1.298\delta(t-7T)+1.265\delta(t-8T)$$
$$+1.193\delta(t-9T)+1.19\delta(t-10T)+1.01\delta(t-11T)+0.9\delta(t-12T)+\cdots$$

$K=1$，$T=0.5$ 时系统的单位阶跃响应曲线如图 7.22(b)所示。

通过图 7.22(a)、(b)对比可以看出：由于采样周期选取的不同，在同样时刻点处的采样值不同，且较小的采样周期对应较小的超调量。

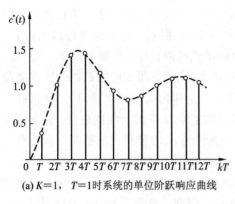
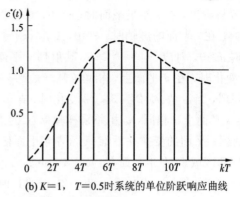

(a) $K=1$，$T=1$时系统的单位阶跃响应曲线　　(b) $K=1$，$T=0.5$时系统的单位阶跃响应曲线

图 7.22　例 7.24 系统的单位阶跃响应曲线

7.4　离散控制系统的性能分析

与连续控制系统分析中的情况相类似，离散控制系统也有稳定性分析、动态性能分析和稳态误差等性能指标，分析方法与连续控制系统所使用的方法基本类同。

7.4.1　离散系统稳定性分析

1．离散系统稳定的充要条件

设闭环系统传递函数为

离散控制系统的
性能分析

$$\Phi(z)=\frac{C(z)}{R(z)}=\frac{N(z)}{D(z)}$$

系统初态为 0，$r(t)=\delta(t)$，即 $R(z)=1$。$D(z)=0$ 的所有特征根 p_i 互异，则

$$C(z) = \Phi(z)R(z) = \Phi(z) = \sum_{i=1}^{n} \frac{c_i z}{z - p_i}$$

由 Z 反变换可得

$$c(k) = \sum_{i=1}^{n} c_i p_i^k$$

要使系统稳定，需满足 $\lim\limits_{k \to \infty} c(k)=0$，则 $|p_i|<1(i=1,2,3,\cdots,n)$，即**系统的所有闭环特征根都在 z 平面上以原点为圆心的单位圆内**。上述结论对 $D(z)=0$ 有重根的情况也成立。由此得出**离散系统稳定的充要条件为：闭环脉冲传递函数的所有极点均位于 z 平面上的单位圆内。**

2．s 平面与 z 平面的映射关系

复变量 z 和复变量 s 间的关系为 $z=\mathrm{e}^{Ts}$，其中 $s=\sigma+\mathrm{j}\omega$，则

$$z=\mathrm{e}^{Ts}=\mathrm{e}^{T(\sigma+\mathrm{j}\omega)}=\mathrm{e}^{T\sigma}\,\mathrm{e}^{\mathrm{j}(T\omega+2k\pi)}$$

可得

$$|z|=\mathrm{e}^{\sigma T}, \ \arg z=\frac{2\pi}{\omega_s}\omega+2k\pi$$

式中，$\omega_s=2\pi/T$ 为采样频率。

容易看出，在 s 左半平面时，$\sigma < 0$，对应 $|z| = \mathrm{e}^{\sigma T} < 1$，即 s 左半平面映射到 z 平面的单位圆内；在 s 平面的虚轴时，$\sigma = 0$，对应 $|z| = \mathrm{e}^{\sigma T} = 1$，映射到 z 平面的单位圆上；在 s 右半平面时 $\sigma > 0$，对应 $|z| = \mathrm{e}^{\sigma T} > 1$，映射到 z 平面的单位圆外。在 s 平面上，当 ω 从 $-\omega_s/2$ 到 $\omega_s/2$ 变化时，在 z 平面上，相角 θ 从 $-\pi$ 到 π 变化 2π 角度，即 z 沿圆弧逆时针方向旋转一周；同理，当 ω 从 $\omega_s/2$ 到 $3\omega_s/2$ 变化时，在 z 平面上，相角又沿圆弧逆时针方向旋转一周。因此，s 平面上 σ 相同，ω 相差采样频率 ω_s 的点会映射到 z 平面上相同的点。换句话说，由 z 平面到 s 平面的变换并不唯一。s 左半平面任一宽度为 ω_s 的带状区域都映射成 z 平面单位圆的内部区域。s 左半平面在 $-\omega_s/2 < \omega < \omega_s/2$ 的带状区域称为主要带，s 左半平面 $\omega_s/2 < \omega < 3\omega_s/2$，以及 $-\omega_s/2 > \omega > -3\omega_s/2$，…的其他区域，被称为次要带。由于实际系统的频带宽度总是有限的，其截止频率一般远低于采样频率 ω_s，因此，在分析和设计离散系统时，最为重要的是与主要带相对应的第一个单位圆。s 平面与 z 平面的映射关系如图 7.23 所示。

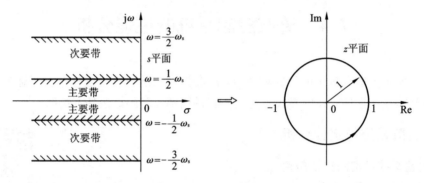

图 7.23 s 平面与 z 平面的映射关系

z 平面上的等 σ 线为 s 平面内 σ 为常数的直线，表示瞬态分量的衰减速率，它映射到 z 平面上为以原点为圆心，半径为 $\mathrm{e}^{T\sigma}$ 的圆，如图 7.24(a)所示。

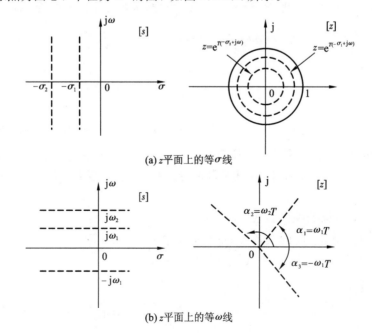

(a) z 平面上的等 σ 线

(b) z 平面上的等 ω 线

图 7.24 z 平面上的等 σ 线和等 ω 线

z 平面上的等 ω 线为 s 平面内角频率 $\omega=\omega_1$ 的直线,映射到 z 平面为从原点发出的一条射线,射线与正实轴的夹角为 $T\omega_1$(弧度),如图 7.24(b)所示。

所以,s 平面内的负实轴(其 $\omega=\pm n\omega_s$)对应于 z 平面正实轴上 $[0,1]$ 的区段。s 左半平面内的直线 $\omega=\pm\omega_s/2$ 被映射到 z 平面负实轴上 $[-1,0]$ 的区段。具体见图 7.24。

因此,由 s 平面与 z 平面的映射关系也可以得出离散系统稳定的充要条件。

3. s 平面与 w 平面的映射关系

线性离散系统的特征方程是以 z 为变量的代数方程,它是 s 的超越方程,因而很多广泛应用于连续系统分析的方法不能推广到离散系统中。但是如果可以建立一种新的变换关系,使 z 平面上的单位圆可以变换为另一复平面上的虚轴,z 平面上单位圆内的区域变换为它的左半区域,而 z 平面上单位圆外的区域变换为它的右半区域,就可以在该变换所对应的复平面中,用连续系统的方法来直接分析离散系统。W 变换就是一种这样的变换。

下述复变量 z 和复变量 w 间的变换称为 W 变换。

$$z=\frac{w+1}{w-1} \tag{7.23}$$

或

$$w=\frac{z+1}{z-1} \tag{7.24}$$

设 $z=x+\mathrm{j}y$,$\omega=u+\mathrm{j}v$,则

$$\omega=\frac{z+1}{z-1}=\frac{(x^2+y^2)-1}{(x-1)^2+y^2}-\mathrm{j}\frac{2y}{(x-1)^2+y^2}=u+\mathrm{j}v \tag{7.25}$$

w 平面上的虚轴满足 $\mathrm{Re}(\omega)=u=0$,即 $x^2+y^2=1$,对应 z 平面的单位圆上。z 平面的单位圆内的区域对应于 w 平面的左半平面,而 z 平面的单位圆外的区域对应于 w 平面的右半平面。

4. 离散系统的稳定性判据

判断离散系统的稳定性的方法有:直接法、劳斯稳定判据和朱利稳定性判据。

1) 直接法

对一、二阶系统,可以通过直接求解系统的闭环特征根,再判断特征根的模是否小于 1 来判定系统的稳定性。

例 7.25　试判断如图 7.25 所示系统的稳定性,其中 $T=0.25$ s。

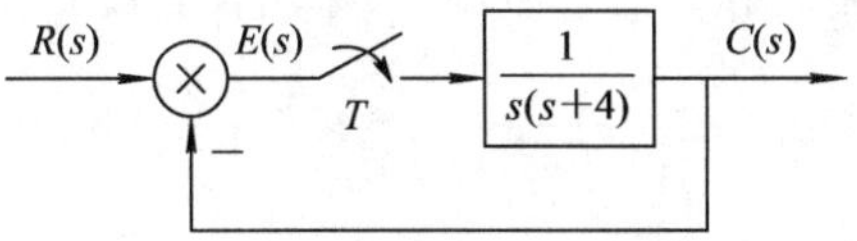

$$R(s) \xrightarrow{\quad} \otimes \xrightarrow{E(s)} \underset{T}{\diagup} \boxed{\frac{1}{s(s+4)}} \xrightarrow{C(s)}$$

图 7.25　例 7.25 系统结构图

解
$$G(z)=Z\left[\frac{1}{s(s+4)}\right]=Z\left[\frac{1}{4}\left(\frac{1}{s}-\frac{1}{s+4}\right)\right]$$
$$=\frac{1}{4}\left(\frac{z}{z-1}-\frac{z}{z-\mathrm{e}^{-4T}}\right)=\frac{(1-\mathrm{e}^{-4T})z/4}{(z-1)(1-\mathrm{e}^{-4T})}$$

则其特征方程式为

$$(z-1)(1-\mathrm{e}^{-4T})+\frac{1}{4}(1-\mathrm{e}^{-4T})z=0$$

即
$$z^2 - 1.21z + 0.368 = 0$$

解得
$$z_{1,2} = 0.605 \pm j0.044441$$

因为 $|z_1| = |z_2| < 1$，所以系统是稳定的。

2）劳斯稳定性判据

利用 W 变换将离散系统的闭环特征方程变换到 w 平面，即将闭环特征方程中的 z 用式(7.23)来替代，整理为关于 w 的代数方程后，直接应用劳斯稳定性判据来进行判别。

例 7.26　已知闭环特征方程如下，试判断该系统的稳定性。
$$D(z) = 45z^3 - 117z^2 + 119z - 39 = 0$$

解　将 $z \rightarrow w$ 变换代入特征方程式：
$$45\left(\frac{w+1}{w-1}\right)^3 - 117\left(\frac{w+1}{w-1}\right)^2 + 119\left(\frac{w+1}{w-1}\right) - 39 = 0$$

$$45(w+1)^3 - 117(w+1)^2(w-1) + 119(w+1)(w-1)^2 - 39(w-1)^3 = 0$$

经整理得
$$w^3 + 2w^2 + 2w + 40 = 0$$

列劳斯表如下：

w^3	1	2
w^2	2	40
w^1	-18	
w^0	40	

由所列劳斯表可以看出有两个根在 w 右半平面，即有两个根在 z 平面上的单位圆外，故系统为不稳定。

5. 采样周期与开环增益对稳定性的影响

连续系统的稳定性取决于系统的开环增益及系统的零极点分布等因素，离散系统的稳定性除以上因素外，还与其特有的采样周期 T 有密切关系。

例 7.27　讨论采样周期与开环增益对例 7.24 闭环系统稳定性的影响。

解
$$G(z) = (1 - z^{-1})Z\left[\frac{K}{s^2(s+1)}\right] = K\frac{z-1}{z}Z\left[\frac{1}{s^2} - \frac{1}{s} + \frac{1}{s+1}\right]$$

$$= K\frac{z-1}{z}\left[\frac{Tz}{(z-1)^2} - \frac{z}{z-1} + \frac{z}{z-e^{-T}}\right]_{T=1}$$

$$= K\frac{T(z-e^{-T}) - (z-1)(z-e^{-T}) + (z-1)^2}{(z-1)(z-e^{-T})}$$

特征方程为
$$(z-1)(z-e^{-T}) + K[T(z-e^{-T}) - (z-1)(z-e^{-T}) + (z-1)^2] = 0$$

当 $K = 1$ 时，改变 T 值：

(1) $T = 1$ 时，$z^2 - z + 0.632 = 0 \Rightarrow z_{1,2} = 0.5 \pm j0.625 \Rightarrow |z| < 1$，则系统稳定；

（2）$T=2$ 时，$z^2+0.73=0 \Rightarrow z_{1,2}=\pm \mathrm{j}0.854 \Rightarrow |z|<1$，则系统稳定；

（3）$T=4$ 时，$z^2+2z+0.927=0 \Rightarrow z_1=-1.27$，$z_2=-0.7298 \Rightarrow |z|>1$，则系统不稳定。

所以 K 不变时，T 越大，系统稳定性越差。

$T=1$ 时，改变 K 值：

（1）$K=1$ 时，$z^2-z+0.632=0 \Rightarrow z_{1,2}=0.5\pm \mathrm{j}0.625 \Rightarrow |z|<1$，则系统稳定；

（2）$K=2$ 时，$z^2-0.632z+0.896=0 \Rightarrow z_{1,2}=0.316\pm \mathrm{j}0.8923 \Rightarrow |z|<1$，则系统稳定；

（3）$K=4$ 时：$z^2+0.104z+1.424=0 \Rightarrow z_{1,2}=-0.052\pm \mathrm{j}1.192 \Rightarrow |z|>1$，则系统不稳定。

所以 T 不变时，K 越大，稳定性越差。不同 K 值对应的系统仿真图如图 7.26 所示。

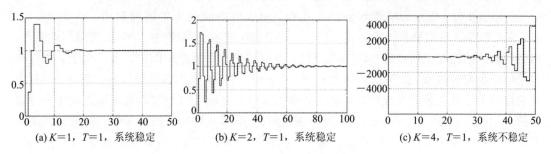

(a) $K=1$，$T=1$，系统稳定　　(b) $K=2$，$T=1$，系统稳定　　(c) $K=4$，$T=1$，系统不稳定

图 7.26　不同 K 值对应的系统仿真图

下面求系统稳定时 K 的取值范围，此时取采样周期为 $T=1$，则
$$(z-1)(z-\mathrm{e}^{-T})+K[T(z-\mathrm{e}^{-T})-(z-1)(z-\mathrm{e}^{-T})+(z-1)^2]=0$$
整理得
$$z^2+(0.368K-1.368)z+(0.264K+0.368)=0$$
令 $z=\dfrac{w+1}{w-1}$，则
$$\left(\frac{w+1}{w-1}\right)^2+(0.368K-1.368)\frac{w+1}{w-1}+(0.264K+0.368)=0$$
化简得
$$0.672Kw^2+(1.264-0.528K)w+(2.736-0.104K)=0$$
根据 Routh 判据，有
$$\begin{cases} 0.672K>0 \\ 1.264-0.528K>0 \Rightarrow 0<K<2.4 \\ 2.736-0.104K>0 \end{cases}$$

7.4.2　离散控制系统的动态性能分析

对于离散控制系统，特征根、采样周期及由于离散化而引入的系统零点都会对系统的动态响应产生影响。

1. 特征根对系统暂态响应的影响

设离散系统的闭环脉冲传递函数为
$$\frac{C(z)}{R(z)}=\frac{N(z)}{D(z)}=\frac{b_0 z^m+b_1 z^{m-1}+\cdots+b_m}{z^n+a_1 z^{n-1}+\cdots+a_n}$$

式中，$m<n$。若特征方程 $D(z)=0$ 的根 p_1，p_2，$\cdots$，p_n 互异，$r(t)$ 为单位阶跃输入，则

$$C(z) = \frac{M(z)}{D(z)}\frac{z}{z-1} = A_0 \frac{z}{z-1} + \sum_{i=1}^{n} \frac{A_i z}{z - p_i} \tag{7.26}$$

式中，$A_0 = \frac{M(z)}{D(z)}\Big|_{z=1} = \frac{M(1)}{D(1)}$ 为系统的静态增益，$A_i = \dfrac{M(p_i)}{(p_i - 1)\prod\limits_{\substack{k=1\\k\neq i}}^{n}(p_i - p_k)}$。

将式(7.26)进行 Z 反变换得

$$C^*(kT) = A_0 + \sum_{i=1}^{n} A_i p_i^k \tag{7.27}$$

式(7.27)中，前一项为稳态解，后一项为暂态解。可以看出，系统的稳态解与输入信号的极点的性质相关，而暂态解与系统脉冲传递函数的极点的性质相关。

当 $p_i > 1$ 时，极点为单位圆外的正实根，相应的响应项为单调发散项；当 $0 < p_i < 1$ 时，极点位于 z 平面单位圆内的正实轴上，相应的响应项为单调收敛项，极点越靠近原点，响应项收敛的速度越快；当 $-1 < p_i < 0$ 时，极点位于 z 平面单位圆内的负实轴上，相应的响应项正负交替收敛，振荡角频率为 π/T；当 $p_i < -1$ 时，极点为单位圆外的负实根，相应的响应项为正负交替的发散项，振荡角频率为 π/T；当 p_i 为共轭复根时，瞬态响应分量以余弦规律振荡。其中，$|p_i| < 1$ 时，为振荡收敛；$|p_i| > 1$ 时，为振荡发散。振荡角频率与共轭极点的辐角 $\angle p_i$ 有关，辐角 $\angle p_i$ 越大，振荡的频率就越快。特征根的位置与暂态响应之间的关系如图 7.27 所示。

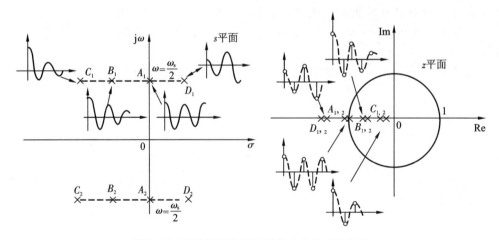

图 7.27　特征根的位置与暂态响应之间的关系

对于稳定的离散控制系统，当它有一对靠近单位圆的孤立的复数极点，而其他极点都比较靠近圆心时，系统的动态主要由这对靠近单位圆的复数极点所支配，这对靠近单位圆的复数极点被称为主导极点。当某个闭环极点和某个闭环零点的距离，与主导极点的模值相比小一个数量级以上，则与这个极点对应的响应分量的系数就会很小，这样的一对零、极点被称为偶极子，闭环偶极子对系统动态响应的影响可以忽略。

对于输出为欠阻尼振荡的闭环系统，应该在每个阻尼振荡周期里采样 10～15 次；对于过阻尼系统，应该在系统阶跃响应的上升时间内采样 8～10 次，过大的采样周期对于系统瞬态特性的改善是不利的。为了实现系统暂态响应的快速性，并在一个完整的振荡周期内

获得较多的采样值，希望的主导极点应位于 z 平面单位圆内正实轴附近，且距坐标原点的距离较小。

2. 离散系统的动态性能指标

与连续系统相类似，离散系统的时间响应指输入为单位阶跃信号时离散系统的输出脉冲序列。如果已知离散系统脉冲传递函数，可以方便地通过 $\varPhi(z)=C(z)/R(z)$ 得到：

$$C(z)=\varPhi(z)R(z)=\varPhi(z)\frac{z}{z-1}$$

将上式展开成幂级数，通过 Z 反变换，即可求出输出信号的脉冲序列。

离散系统的性能指标定义与连续系统相同，有超调量 M_p、调节时间 t_s、上升时间 t_r 和峰值时间 t_p 等。

例 7.28　求对于例 7.24，当 $K=1$，$T=1$ 时的系统的动态性能指标。

解　由例 7.24 可得，当 $K=1$，$T=1$ 时，有

$$\begin{aligned}
c^*(t)=&\,0\delta(t)+0.368\delta(t-T)+1\delta(t-2T)+1.4\delta(t-3T)\\
&+1.4\delta(t-4T)+1.147\delta(t-5T)+0.895\delta(t-6T)+0.802\delta(t-7T)\\
&+0.868\delta(t-8T)+0.993\delta(t-9T)+1.077\delta(t-10T)+1.081\delta(t-11T)\\
&+1.032\delta(t-12T)+0.981\delta(t-13T)+0.961\delta(t-14T)+0.973\delta(t-15T)\\
&+0.997\delta(t-16T)+1.015\delta(t-17T)+\cdots
\end{aligned}$$

其单位阶跃响应曲线如图 7.28 所示。

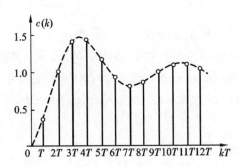

图 7.28　例 7.28 的单位阶跃响应曲线

按照连续系统动态性能指标的定义，可得

$$M_\mathrm{p}=\frac{1.4-1}{1}\times100\%=40\%,\quad t_\mathrm{r}=2\text{ s},\quad t_\mathrm{p}=3\text{ s},\quad t_\mathrm{s}=12\text{ s}\quad(\Delta=5\%)$$

3. 采样器和保持器对系统性能的影响

采样器和保持器不影响开环脉冲传递函数的极点，但影响开环脉冲传递函数的零点。而开环零点的变化必然引起闭环脉冲传递函数极点的改变，从而影响闭环离散系统的动态性能。以例 7.24 为例，可以看出：当采样周期由 $T=1$ s 减小为 $T=0.5$ s 时，M_p 由 40% 减小为 29.8%；t_p 由 3 s 增大为 3.5 s。

7.4.3　离散控制系统的稳态误差分析

离散控制系统框图如图 7.29 所示，误差定义为

$$e(t)=r(t)-b(t)$$

则有

$$E(z) = \frac{1}{1+GH(z)}R(z)$$

设系统稳定，由终值定理有

$$e_{ss}(\infty) = \lim_{z \to 1}(z-1)E(z) = \lim_{z \to 1}(z-1)\frac{1}{1+GH(z)}R(z) \qquad (7.28)$$

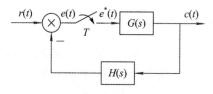

图 7.29 离散控制系统框图

由于开环脉冲传递函数 $z=1$ 的极点与连续系统开环传递函数的 $s=0$ 的极点相对应，因而类似于连续系统按 $s=0$ 的极点个数划分为 0 型、Ⅰ 型和 Ⅱ 型系统，离散系统也可以按照 $z=1$ 的极点个数划分为 0 型、Ⅰ 型和 Ⅱ 型系统。系统在典型输入作用下的稳态误差可以借助于误差系数进行计算。

（1）单位阶跃输入。

设 $r(t)=1(t)$，即 $R(z)=\dfrac{z}{(z-1)}$，则

$$e_{ss}(\infty) = \lim_{z \to 1}(z-1)\frac{1}{1+GH(z)}\frac{z}{z-1} = \frac{1}{1+k_p} \qquad (7.29)$$

式中，$k_p = \lim_{z \to 1}GH(z)$，**称为系统的静态位置误差系数。**

对于 0 型系统，由于开环传递函数 $GH(z)$ 中不包含 $z=1$ 的极点，所以 k_p 为一有限的常数，对应的稳态误差也为一常数 $e_{ss}=1/(1+k_p)$；对于 Ⅰ 型和 Ⅱ 型系统，由于开环传递函数 $GH(z)$ 中包含 $z=1$ 的极点，因此，$k_p=\infty$，稳态误差 $e_{ss}=0$。

（2）单位斜坡输入。

设 $r(t)=t$，即 $R(z)=\dfrac{Tz}{(z-1)^2}$，则

$$e_{ss}(\infty) = \lim_{z \to 1}(z-1)\frac{1}{1+GH(z)}\frac{Tz}{(z-1)^2} = \lim_{z \to 1}\frac{T}{(z-1)GH(z)} = \frac{T}{k_v}$$

式中，$k_v = \lim_{z \to 1}(z-1)GH(z)$，**称为系统的静态速度误差系数。**

对于 0 型系统，由于开环传递函数 $GH(z)$ 在 $z=1$ 处没有极点，则 $k_v=0$，$e_{ss}(\infty)=\infty$；对于 Ⅰ 型系统，由于开环传递函数 $GH(z)$ 在 $z=1$ 处有 1 个极点，则 k_v 为一个有限常数，e_{ss} 也是一个常数；对于 Ⅱ 型及以上系统，由于开环传递函数 $GH(z)$ 在 $z=1$ 处有 2 个及以上的极点，则 $k_v=0$，$e_{ss}(\infty)=\infty$。

（3）单位加速度函数。

设 $r(t)=\dfrac{t^2}{2}$，则 $R(z)=\dfrac{T^2(z+1)}{[2(z-1)^3]}$，则

$$e_{ss}(\infty) = \lim_{z \to 1}(z-1)\frac{1}{1+GH(z)}\frac{T^2(z+1)}{2(z-1)^3} = \lim_{z \to 1}\frac{T^2(z+1)}{(z-1)^2 GH(z)} = \frac{T^2}{k_a}$$

式中，$k_a = \lim_{z \to 1}(z-1)^2 GH(z)$，**称为系统的静态加速度误差系数。**

对于 0 型和 Ⅰ 型系统，由于开环传递函数 $GH(z)$ 在 $z=1$ 处没有或只有一个极点，

$k_a = 0$，$e_{ss}(\infty) = \infty$。对于 Ⅱ 型系统，由于开环传递函数 $GH(z)$ 在 $z = 1$ 处有 2 个极点，k_a 为一个有限常数，e_{ss} 也是一个常数。

显然，采样系统的稳态误差与采样周期除了与系统的结构、参数及输入信号有关外，还与采样周期的大小有关。表 7.3 列出了单位反馈离散系统跟踪典型输入信号作用下的稳态误差。

表 7.3　单位反馈离散系统典型输入信号作用下的稳态误差

系统类型	稳态误差系数			稳态误差		
	K_p	K_v	K_a	$r(t) = 1(t)$	$r(t) = t$	$r(t) = \dfrac{1}{2}t^2$
0 型	K_p	0	0	$1/(1 + K_p)$	∞	∞
Ⅰ 型	∞	K_v	0	0	T/K_v	∞
Ⅱ 型	∞	∞	K_a	0	0	T^2/K_a
Ⅲ 型	∞	∞	∞	0	0	0

例 7.29　系统结构图如图 7.30 所示，已知 $T = 0.5$ s，求 $r(t) = t$ 时系统的稳态误差。

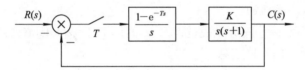

图 7.30　例 7.29 的系统结构图

解
$$G(z) = (1 - z^{-1})Z\left[\frac{1}{s^2(s+1)}\right] = (1 - z^{-1})Z\left[\frac{1}{s^2} - \frac{1}{s} + \frac{1}{s+1}\right]$$
$$= \frac{0.0925 + 0.105z}{(z-1)(z-0.605)}$$
$$1 + G(z) = (z-1)(z-0.605) + 0.0925 + 0.105z$$
$$= z^2 - 1.5z + 0.6955 = 0$$
$$z_{1,2} = 0.75 \pm \mathrm{j}0.3647$$
$$|z| = \sqrt{0.75^2 + 0.3647^2} = 0.834 < 1$$

则系统稳定。
$$k_v = \lim_{z \to 1}[(z-1)G(z)] = \lim_{z \to 1}\left[(z-1)\frac{0.0925 + 0.105z}{(z-1)(z-0.605)}\right] = 0.5$$
$$e_{ss} = \frac{T}{k_v} = \frac{0.5}{0.5} = 1$$

7.5　基于 MATLAB 的离散控制系统分析

7.5.1　离散系统的数学模型

1. Z 变换和 Z 反变换

求取时间函数 $f(t)$ 的 Z 变换指令为

$$F=ztrans(f)$$

求取 $F(z)$ 的 Z 反变换的指令为

$$f=iztrans(F)$$

2. 离散系统数学模型

(1) 直接建立有理分式形式的脉冲传递函数。基本格式为

$$num=[b_0,b_1,\ldots\ldots b_m]$$
$$den=[a_0,a_1,\ldots\ldots a_n]$$
$$sys=tf(num,den,Ts)$$

其中，Ts 表示采样周期，不能缺省。通过键入 $[num,den,Ts]=tfdata(sys,'v')$ 可以得到已知脉冲传递函数的分子、分母的具体表达。

(2) 直接建立零极点形式的脉冲传递函数。基本格式为

$$k=k_p$$
$$z=[z_1,z_2,\ldots\ldots z_m]$$
$$p=[p_1,p_2,\ldots\ldots p_n]$$
$$sys=zpk(z,p,k,Ts)$$

若没有零点，可用 $z=[\,]$ 表示。通过键入 $[z,p,k,Ts]=zpkdata(sys,'v')$ 可以得到已知脉冲传递函数的零极点的具体信息。

(3) 将连续系统模型经过采样得到离散系统模型。基本格式为

$$sysd=c2d(sys,Ts,method)$$

反之，要实现离散系统转换为连续系统，可用指令

$$sys=d2c(sysd,method)$$

其中，method 为离散化方法，MATLAB 提供了以下几种离散化方法：

$'zoh'$ 为前置零阶保持器；

$'foh'$ 为前置一阶保持器；

$'tustin'$ 为双线性变换法；

$'prewarp'$ 为改进的双线性变换法；

$'matched'$ 为模型匹配法；

method 缺省时默认为前置零阶保持器。

7.5.2 离散系统的时域分析

连续系统的任意输入响应命令均可用于离散系统时域分析中。利用 Simulink 中的离散模块(Discrete)也可以进行离散系统的分析和设计。

impluse：单位脉冲响应；

step：单位阶跃响应；

lsim：任意输入响应。

例 7.30 用 MATLAB 仿真例 7.25 系统的输出响应。

解 由传递函数 $G(s)$ 的 Z 变换 $G(z)$，求得该系统的闭环脉冲传递函数为

$$\frac{C(z)}{R(z)}=\frac{G(z)}{1+G(z)}=\frac{0.0229z+0.0164}{z^2-1.329z+0.368}$$

```
num=[0.023,0.0164];
den=[1,-1.329,0.3679];
u=ones(1,101);k=0:100;
y=filter(num,den,u);
plot(k,y),grid;
xlabel('k');
ylabel('y(k)');
```

运行结果所得系统的单位阶跃响应如图 7.31 所示。

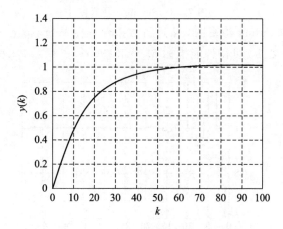

图 7.31　例 7.25 系统的单位阶跃响应

例 7.31　用 MATLAB 仿真例 7.28 系统的输出响应。

解　由传递函数 $G(s)$ 的 Z 变换 $G(z)$，求得该系统的闭环脉冲传递函数为

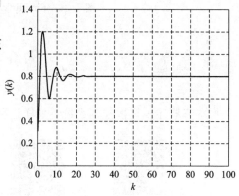

$$\frac{C(z)}{R(z)}=\frac{G(z)}{1+G(z)}=\frac{0.368z+0.264}{z^2-z+0.632}$$

```
num=[0.368,0.264];
den=[1,-1,0.632];
u=ones(1,101);k=0:100;
y=filter(num,den,u);
plot(k,y),grid;
xlabel('k');
ylabel('y(k)');
```

图 7.32　例 7.28 系统的单位阶跃响应

运行结果所得系统的单位阶跃响应如图 7.32 所示。

例 7.32　用 Simulink 仿真对例 7.28 系统进行仿真并求性能指标。

解　进入 Simulink 环境后，双击 Discrete 模块库，选取相应的离散模型，建立离散控制系统的 Simulink 仿真图如图 7.33 所示，Scope 示波器仿真结果如图 7.34 所示。

例 7.32 的 MATLAB 程序

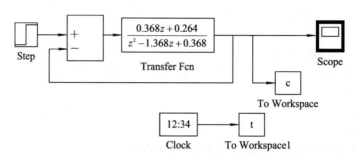

图 7.33　Simulink 仿真图

运行图 7.33 的 Simulink 仿真图，将运行数据保存在 Workspace 空间，再运行例 7.32 的 MATLAB.m 程序文件，可得性能指标 $M_p = 39.96\%$，$t_r = 2$ s，$t_p = 3$ s，$t_s = 12$ s。

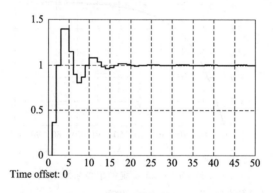

Time offset: 0

图 7.34　Simulink 仿真的系统单位阶跃响应曲线

7.6　小　　结

本节概述了离散控制系统、采样过程、Z 变化、系统的稳定性和动态性能。

小结　　　　采样系统设计　　　第 7 章测验　　第 7 章测验答案

习　题　七

7-1　已知下列时间函数 $f(t)$，设采样周期为 T，求它们的 Z 变换 $F(z)$。

(1) $f(t) = t^2$

(2) $f(t) = t - T$

(3) $c(t) = t e^{-at}$

(4) $c(t) = e^{-at} \sin\omega t$

7-2　设采样周期为 T，求下列函数的 Z 变换。

(1) $C(s) = \dfrac{a}{s(s+a)}$

(2) $C(s) = \dfrac{1}{s^2 + a^2}$

(3) $C(s) = \dfrac{1}{(s+2)(s+3)(s+4)}$

(4) $C(s) = \dfrac{a}{s^2(s+a)}$

7-3　求下列函数的 Z 反变换（$T = 1$ s）。

(1) $\dfrac{z}{z+a}$

(2) $\dfrac{z}{(z - e^{-T})(z - e^{-2T})}$

(3) $\dfrac{z}{(z-2)(z-1)^2}$

(4) $\dfrac{z^2}{(z+1)(z+2)^2}$

7-4　用两种不同方法求下列函数的离散信号 $c(kT)$。

(1) $C(z) = \dfrac{10z}{(z+2)(z+1)}$

(2) $C(z) = \dfrac{-3 + z^{-1}}{1 - 2z^{-1} + z^{-2}}$

(3) $C(z) = \dfrac{z}{(z-1)(z+0.5)^2}$

7-5　已知 $C(z) = \dfrac{2z^2 + z - 0.5}{z^3 - z^2 + 0.5z - 1.5}$，求 $c(kT)(k = 1, 2, \cdots 6)$。

7-6　已知某采样系统的差分方程为

$$c(k+2) + 3c(k+1) + 2c(k) = r(k+1) - r(k)$$

试求该系统的脉冲传递函数和脉冲响应。

7-7　用终值定理确定下列函数的终值。

(1) $E(z) = \dfrac{Tz^{-1}}{(1 - z^{-1})^2}$

(2) $E(z) = \dfrac{z^2}{(z - 0.8)(z - 0.1)}$

7-8　确定下列特征方程的根是否在单位圆内。

(1) $D(z) = z^4 + 0.2z^3 + z^2 + 0.36z + 0.8 = 0$

(2) $(z) = z^3 - 0.2z^2 - 0.25z + 0.05 = 0$

7-9　已知离散控制系统框图如图 7.35 所示，采样周期 $T = 0.5$ s，$K = 0.2$。

(1) 求系统的开环脉冲传递函数。

(2) 求系统的单位阶跃响应。

(3) 试求静态误差系数 K_p、K_v、K_a。

（4）求 $r(t)=2+0.01t$ 时的稳态误差。

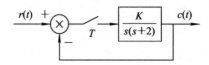

图 7.35　题 7 - 9 图

7 - 10　设离散系统如图 7.36 所示，其中 $T=0.1$ s，$K=1$。

（1）求系统的开环脉冲传递函数。

（2）绘制系统的单位阶跃响应，并求超调量 M_p 和调整时间 $t_s(2\%)$。

（3）求系统的静态误差系数 K_p、K_v、K_a，并求系统在 $r(t)=6+0.1t$ 作用下的稳态误差 e_{ss}。

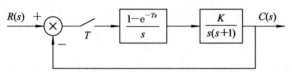

图 7.36　题 7 - 10 图

7 - 11　已知离散控制系统框图如图 7.37 所示，采样周期 $T=0.5$ s。

（1）求系统的闭环脉冲传递函数。

（2）确定系统稳定时 K 的取值范围。

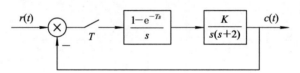

图 7.37　题 7 - 11 图

第8章　非线性控制系统分析

前面各章阐述了线性定常系统的分析与综合。严格来说，理想的线性系统是不存在的，总会存在一些非线性因素，前面各章节是将系统进行线性化处理后近似当作线性系统，从而用线性控制理论对系统进行分析和研究。但是，并不是所有的非线性系统都可以进行线性化处理，**对于某些不能进行线性化处理的系统，称其为本质非线性控制系统**。非线性控制系统与线性控制系统最重要的区别在于非线性控制系统不满足叠加原理，且系统的响应与初始状态有关。因此，前面各章用于分析线性控制系统的有效方法，不能直接用于非线性控制系统。到目前为止，对非线性控制系统的分析研究，没有类似线性控制系统普遍适用的方法，且已有的方法在应用上都存在一定的局限性。所以对某类非线性控制系统进行分析和设计时，必须考虑相应的方法。

本章先介绍自动控制系统中常见的典型非线性特性，在此基础上介绍分析非线性控制系统的常用两种方法——描述函数法和相平面法。

8.1　非线性系统概述

8.1.1　典型非线性特性

实际控制系统中，非线性特性有很多类型，本书只介绍几种常见典型非线性特性。

1. 饱和特性

图 8.1 所示为饱和非线性的静特性。图中 $x(t)$ 为非线性环节的输入信号，$y(t)$ 为非线性环节的输出信号。其数学表达式为

$$y = \begin{cases} kx & (\,|\,x\,|\,<\,x_0) \\ y_m \operatorname{sgn} x & (\,|\,x\,|\,>\,x_0) \end{cases} \qquad (8.1)$$

式中，k 为线性区的斜率，x_0 为线性区的宽度，$\operatorname{sgn} x$ 为开关函数。

对于饱和非线性特性，当输入信号 $x(t)$ 超出线性范围后，输出信号 $y(t)$ 不再随输入 $x(t)$ 的增大而变化，且被限制于某恒定值 y_m（称为饱和值），$y_m = kx_0$。

饱和非线性可以由磁饱和、放大器输出饱和、功率限制等因素引起。一般情况下，系统因存在饱和特性的元件，当输入信号超过线性区时，系统的开环增益会有大幅度的减小，从而导致系统过渡

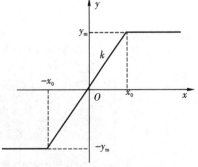

图 8.1　饱和非线性的静特性

过程时间的增加和稳态误差的增大。但在某些自动控制系统中饱和特性能够起到抑制系统振荡的作用，如在自动调速系统中，常人为地引入饱和特性，以限制电动机的最大电流。其原理为在暂态过程中，当偏差信号增大进入饱和区时，系统的开环放大系数会下降，从而抑制了系统振荡。

2. 死区特性

死区特性常见于测量、放大或传动耦合部件的间隙中。死区又叫不灵敏区，系统中的死区是由测量元件的死区、放大器的死区以及执行机构的死区所造成的。例如电动机输出轴上总是存在摩擦力矩和负载力矩，只有在输入超过启动电压后，电动机才会转动，存在不灵敏区。图 8.2 所示为死区非线性特性。其数学表达式为

$$y = \begin{cases} 0 & (|x| < \Delta) \\ k(x - \Delta \mathrm{sgn} x) & (|x| > \Delta) \end{cases} \tag{8.2}$$

死区特性的存在对系统产生的影响有以下几个方面：

（1）降低了系统的稳态准确度，使稳态误差不可能小于死区值。

（2）对系统暂态性能影响的利弊与系统的结构和参数有关，如对某些系统，死区特性的存在可以抑制系统的振荡；而对另一些系统，死区特性又能导致系统产生自振荡。

（3）死区能滤去从输入引入的小幅值干扰信号，有时人为地引入死区特性，可用于消除高频小幅度振荡，减少系统中器件的磨损，提高系统抗干扰能力。

（4）由于死区的存在，有时会引起系统在输出端的滞后。

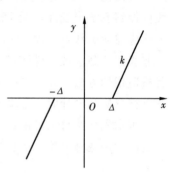

图 8.2　死区非线性特性

3. 回环特性

回环特性一般是由非线性元件的滞后作用引起的，机械传动中的齿轮间隙是典型的回环特性。齿轮传动系统中，为了保证齿轮转动灵活不至于卡死，必须有少量的间隙。由于存在间隙，当主动轮的转向开始改变时，从动轮仍保持原有的位置，直到主动轮转过了 $b/2$ 的间隙，在相反方向与从动轮相啮合后，从动轮才开始转动。图 8.3(a) 所示为齿轮传动中间隙，图 8.3(b) 所示为齿轮传动的输入、输出特性。

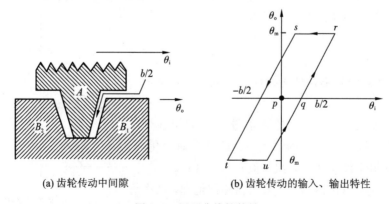

(a) 齿轮传动中间隙　　　(b) 齿轮传动的输入、输出特性

图 8.3　回环非线性特性

回环非线性特性的数学表达式为

$$\theta_{\circ} = \begin{cases} k\left(\theta_{i} - \dfrac{b}{2}\right) & (\dot{\theta} > 0) \\[2mm] k\left(\theta_{i} + \dfrac{b}{2}\right) & (\dot{\theta} < 0) \\[2mm] \theta_{m}\mathrm{sgn}\theta_{\circ} & (\dot{\theta} = 0) \end{cases} \tag{8.3}$$

式中，b 为齿轮间隙。

（1）回环非线性特性是多值的，对于一个给定的输入，究竟哪一个值作为输出，应视该输入的"历史"决定。

（2）回环特性的存在会使系统稳态误差增大，相位滞后增大，系统暂态特性变坏，甚至使系统不稳定或产生自振荡，因此应消除或减弱它的影响。

4. 继电器特性

图 8.4 给出了几种不同形式的继电器特性。其中图 8.4(a)所示为兼有死区和回环的继电器特性；图 8.4(b)所示为理想继电器特性，当吸合电压值 a 和释放电压值 ma 很小时，可视为这种特性；当吸合电压值与释放电压值相同时，则为图 8.4(c)所示的死区继电器特性；图 8.4(d)所示为回环继电器特性，该特性的特点是，反向释放电压与正向吸合电压相同，以及正向释放电压与反向吸合电压相同。一般继电器总有一定的吸合电压值，所以特性必然出现死区和回环，所以，实际的非线性继电特性如图 8.4(a)所示。继电器特性的数学表达式为

$$y = \begin{cases} 0 & (-ma < x < a,\ \dot{x} > 0) \\ 0 & (-a < x < ma,\ \dot{x} < 0) \\ b \cdot \mathrm{sgn}x & (|x| \geqslant ma) \\ b & (x \geqslant ma,\ \dot{x} < 0) \\ -b & (x \leqslant -ma,\ \dot{x} > 0) \end{cases} \tag{8.4}$$

式中，a 为吸合电压值，ma 为释放电压值，b 为继电器的饱和输出。

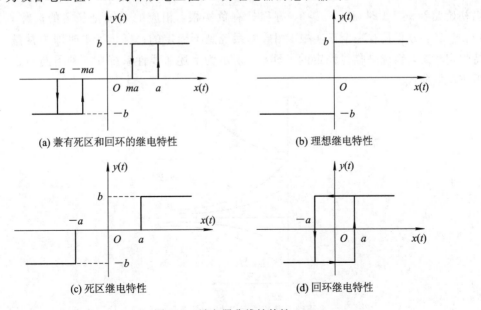

(a) 兼有死区和回环的继电特性   (b) 理想继电特性

(c) 死区继电特性   (d) 回环继电特性

图 8.4 继电器非线性特性

继电器非线性特性一般会使系统产生自持振荡，导致系统不稳定，稳态误差增大。

8.1.2　非线性系统的特点

非线性控制系统与线性控制系统相比，有如下几方面的特点：

（1）叠加原理不适用于非线性控制系统，即几个输入信号作用于非线性控制系统所引起的输出，不再等于每一个输入信号所引起的输出总和。

（2）在线性控制系统中，当输入是正弦信号时，则输出为同频率的正弦信号。在非线性控制系统中，如果输入是正弦信号，输出是一个畸变的波形，它可以分解为正弦波和无穷多谐波的叠加。

（3）线性控制系统的稳定性只与系统的结构和参数有关，而与系统输入无关。非线性控制系统的稳定性不仅取决于系统的结构和参数，而且与输入信号的幅值和初始条件有关。对于同一结构和参数的非线性控制系统，在不同的初态下，运动的最终状态可以完全不同。如当初态$(\dot{x}, x_0)$处于较小区域时，$\zeta(\dot{x}, x)>0$，系统是稳定的；而$(\dot{x}_0, x_0)$处于较大区域时，$\zeta(\dot{x}, x)\leqslant 0$，系统则变得不稳定，甚至还可能变为更复杂的情况。总之，等效阻尼比ζ随$(\dot{x}, x)$的变化情况决定着非线性系统的全部动态过程。

（4）非线性控制系统常常产生自振荡。线性系统只有收敛和发散两种基本的暂态响应模式，当系统处于稳定的临界状态时，才会产生等幅振荡。然而，线性系统的等幅振荡是暂时性的，只要系统中的参数稍有微小的变化，系统就有临界稳定状态趋于发散或收敛。但在非线性控制系统中，即使没有外加的输入信号，系统自身会产生一个有一定频率和幅值的稳定振荡，称为自振荡（自持振荡）。自振荡是非线性控制系统的特有运动模式，它的振幅和频率由系统本身的特性所决定。

下面举例说明初始偏差对系统稳定性影响。

设非线性系统的微分方程为

$$\dot{x} + (1+x) = 0 \tag{8.5}$$

当初始偏差$x_0<1$时，$1-x_0>0$，方程具有负实根，相应的系统是稳定的；当$x_0>1$时，$1-x_0<0$，方程具有一个正实根，相应的系统是不稳定的；当$x_0=1$时即为常量，系统保持恒定状态，系统是临界稳定的。图8.5所示为上述非线性系统在三种不同初始条件下的瞬态响应曲线。

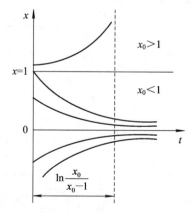

图8.5　非线性系统在三种不同初始条件下的瞬态响应曲线

8.1.3　非线性控制系统的分析研究方法

由于非线性控制系统与线性控制系统有很大的差异，因此，它不能直接用前面介绍的线性理论去分析。目前分析非线性控制系统的常用方法有如下三种：

（1）描述函数法。这是一种基于频率域的分析方法。在一定的条件下，用非线性元件输出的基波信号代替在正弦作用下的非正弦输出，使非线性元件近似于一个线性元件，从而可以应用奈奎斯特稳定判据对系统的稳定性进行判别。这种方法主要用于研究非线性系统的稳定性和自振荡问题。如系统产生自振荡时，求出其振荡的频率和幅值，以及寻求消除自振荡的方法等。

（2）相平面法。这是一种基于时域的分析方法，是根据绘制出的 $\dot{x}-x$ 的相轨迹图来研究非线性系统的稳定性和动态性能的。这种方法只适用于一、二阶系统。

（3）李雅普诺夫第二法。这是一种对线性系统和非线性系统都适用的方法。根据非线性系统动态方程的特征，用相关的方法求出李雅普诺夫函数 $V(x)$，然后根据 $V(x)$ 和 $\dot{V}(x)$ 的性质去判别非线性系统的稳定性。

以上方法都有一定的局限性。如相平面法作为一种图解法，能给出稳态和暂态性能的全部信息，但只适用于一、二阶非线性控制系统；描述函数法作为一种近似的线性方法，虽不受阶次的限制，但只能给出系统的稳定性和自振荡的信息。

8.2　相 平 面 法

8.2.1　相平面的基本概念

设二阶系统微分方程式的一般形式为

$$\ddot{x} + f(x, \dot{x}) = 0 \tag{8.6}$$

式中，$f(x, \dot{x})$ 是 x 和 $\dot{x}$ 的线性和非线性函数。该系统的时间解可以用 $x(t)$ 与 t 的关系图表示，也可以以 t 为参变量，把 x、$\dot{x}$ 的关系画在以 x 和 $\dot{x}$ 为坐标的平面上，这种关系曲线称为相轨迹，由 x、$\dot{x}$ 组成的平面叫做相平面。相平面上的每一点都代表系统在相应时刻的一个状态。下面以一个线性系统为例来阐明相轨迹的概念。

设二阶系统的微分方程为

$$\ddot{x} + \dot{x} + x = 0 \tag{8.7}$$

令 $x_1 = x$，$x_2 = \dot{x}$ 为系统的两个状态变量，于是式（8.7）可化为两个联立的一阶微分方程，即

$$\dot{x}_2 = -x_1 - x_2 \tag{8.8}$$

$$\dot{x}_1 = x_2 \tag{8.9}$$

根据式（8.8）、式（8.9），可解得状态变量 x_1 和 x_2。

描述该系统的运动规律一般有两种方法：一种是直接解出 x_1 和 x_2 对 t 的关系；另一种是以时间 t 为参变量，求出 $x_2 = f(x_1)$ 的关系，并把初始条件为 $x_1(0) = 0$ 和 $x_2(0) = 0$ 的

相轨迹画在相平面上，如图 8.6 所示。显然，如图 8.6 所示的相轨迹平面图表征了系统的运动过程。

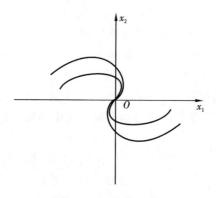

图 8.6　相轨迹平面图

8.2.2　相轨迹的性质

在相平面的分析中，相轨迹可以通过解析法作出，也可以通过图解法或实验法作出。相轨迹一般具有如下几个重要性质：

（1）相轨迹运动方向的确定。在相平面的上半平面上，由于 $x_2 > 0$，表示随着时间 t 的推移，系统状态沿相轨迹的运动方向是 x_1 的增大方向，即向右运动。反之，在相平面下半平面上，由于 $x_2 < 0$，表示随着时间 t 的推移，相轨迹的运动方向是 x_1 的减小方向，即向左运动。

（2）相轨迹上的每一点都有其确定的斜率。式(8.6)的系统可以写作

$$\ddot{x} = \frac{\mathrm{d}\dot{x}}{\mathrm{d}t} = -f(x, \dot{x}) \tag{8.10}$$

将上式等号两边同除以 $\dot{x} = \dfrac{\mathrm{d}x}{\mathrm{d}t}$，则有

$$\frac{\mathrm{d}\dot{x}}{\mathrm{d}x} = -\frac{f(x, \dot{x})}{\dot{x}} \tag{8.11}$$

若令 $x_1 = x$，$x_2 = \dot{x}$，则式(8.11)改写为

$$\frac{\mathrm{d}x_2}{\mathrm{d}x_1} = -\frac{f(x_1, x_2)}{x_2} \tag{8.12}$$

式(8.11)和式(8.12)称为相轨迹的斜率方程，它表示相轨迹上每一点的斜率 $\dfrac{\mathrm{d}x_2}{\mathrm{d}x_1}$ 都满足这个方程。

（3）相轨迹的奇点。在相平面上同时满足 $x_2 = 0$，$\dot{x}_2 = f(x_1, x_2) = 0$ 的点称为奇点。奇点的速度和加速度为零，它表示系统的平衡状态。由于在奇点相轨迹的斜率是不定的，故通过奇点的相轨迹就有无数多条。

在相平面上，除奇点以外其他点，称为普通点。对每一个给定的初始条件，由微分方程解的唯一性定理可知，通过普通点的相轨迹只有一条，即相轨迹不会在普通点相交。在普通点上，系统的速度和加速度不同时为零，系统在普通点上斜率是唯一的。

（4）相轨迹正交于 x_1 轴。因为在 x_1 轴上的所有点中，x_2 总等于零，因而除去其中

$f(x_1, x_2) = 0$ 的奇点外,在其他点上的斜率为 $\dfrac{\mathrm{d}x_2}{\mathrm{d}x_1} = \infty$,这表示相轨迹与相平面的横轴 x_1 是正交的。

8.2.3 相轨迹的绘制

绘制相轨迹的方法有解析法和图解法两种。解析法只适用于系统微分方程较简单的场合,图解法适用于非线性系统。

1. 用解析法求相轨迹

例 8.1 设二阶系统的微分方程为

$$\ddot{x} + \omega^2 x = 0$$

求其相轨迹。

解 因为 $\ddot{x} = \dot{x}\dfrac{\mathrm{d}\dot{x}}{\mathrm{d}x}$,则上式变为

$$\dot{x}\frac{\mathrm{d}\dot{x}}{\mathrm{d}x} + \omega^2 x = 0$$

对上式积分,得

$$\frac{\dot{x}^2}{\omega^2} + x^2 = A^2$$

若令 $x_1 = x$,$x_2 = \dot{x}$,则得

$$\frac{x_2^2}{\omega^2} + x_1^2 = A^2$$

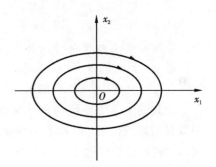

图 8.7 例 8.1 的系统在不同初始条件下的相轨迹

式中 A 是由初始条件确定的常数。图 8.7 所示为例 8.1 的系统在不同初始条件下的相轨迹。

2. 图解法绘制相轨迹

目前比较常用的图解法有等倾线法和 δ 法两种。等倾线法的基本思想是采用直线近似。如果能用简便的方法确定出相平面中任意一点相轨迹的斜率,则该点附近的相轨迹便可用过这点的相轨迹切线来近似得到。

设系统的微分方程式为

$$\frac{\mathrm{d}x_2}{\mathrm{d}x_1} = -\frac{f(x_1, x_2)}{x_2}$$

令 $\dfrac{\mathrm{d}x_2}{\mathrm{d}x_1} = \alpha = $ 常量,则上式可改写为

$$\alpha x_2 = -f(x_1, x_2) \tag{8.13}$$

上式表示把相轨迹上斜率为常值 α 的各点连线,此连线即为等倾线。

例 8.2 试用等倾线法绘制二阶系统

$$\ddot{x} + 2\zeta\omega_n\dot{x} + \omega_n^2 x = 0$$

的相轨迹图,式中 $0 < \zeta < 1$。

解 令 $x_1 = x$,$x_2 = \dot{x}$,则得

$$\dot{x}_1 = x_2$$
$$\dot{x}_2 = -\omega_n^2 x_1 - 2\zeta\omega_n x_2$$

$$\frac{\mathrm{d}x_2}{\mathrm{d}x_1} = \alpha = -\frac{\omega_n^2 x_1 + 2\zeta\omega_n x_2}{x_2}$$

或写为

$$x_2 = -\frac{\omega_n^2}{\alpha + 2\zeta\omega_n} x_1$$

当 α 取不同值时,就得到不同斜率的等倾线,例如当 $\zeta = 0.5$, $\omega_n = 1.1$,则

$$x_2 = -\frac{1.21}{\alpha + 1.1} x_1$$

据此,求得不同 α 值时的等倾线如下:

① $\alpha = 0$, $x_2 = -1.1x$;

② $\alpha = 1$, $x_2 = -0.576x_1$;

③ $\alpha = -1$, $x_2 = -12.1x_1$;

④ $\alpha = -1.2$, $x_2 = 12.1x_1$;

⑤ $\alpha = -2$, $x_2 = 1.344x_1$;

⑥ $\alpha = -3.5$, $x_2 = 0.504x_1$;

⑦ $\alpha = \infty$, $x_2 = 0$, (x_1 轴)。

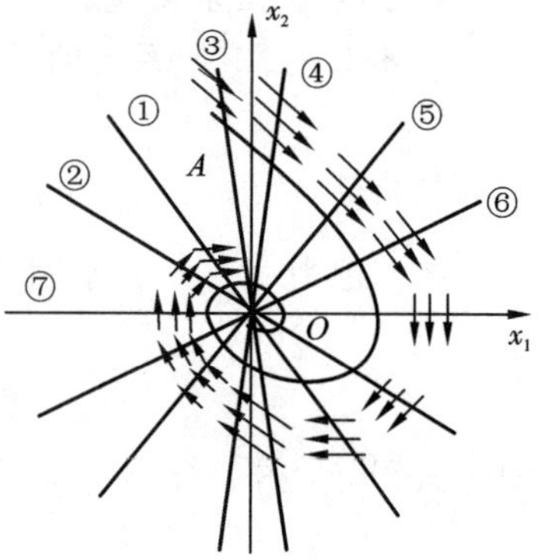

上述的七条等倾线如图 8.8 所示。在绘制相轨迹时,只要从初始点出发,沿着方向场依次连接各等倾线上的短线段,就可得到在确定初始条件下完整的系统相轨迹。由图 8.8 可见,由任何初始条件下出发的相轨迹是一卷向坐标原点的螺旋线,这表明系统是稳定的。

图 8.8   例 8.2 的七条等倾线

8.2.4 奇点与极限环

奇点是相平面上的一个特殊点,在该点处相变量的各阶导数均为零,因而奇点实际上就是系统的平衡点。为了研究系统在奇点附近相轨迹的特征,需要先把系统的微分方程在奇点处进行线性化处理。

1. 方程式的线性化和坐标系的变换

一般情况下,由两个独立状态变量描述的系统,可用两个一阶微分方程式表示,即

$$\frac{\mathrm{d}x}{\mathrm{d}t} = \dot{x} \tag{8.14}$$

$$\frac{\mathrm{d}\dot{x}}{\mathrm{d}t} = -f(x, \dot{x})$$

假设坐标原点为奇点,则有

$$f(0, 0) = 0$$

为了确定奇点和奇点附近相轨迹的性质,将 $f(x, \dot{x})$ 在原点附近展开为泰勒级数,即

$$f(x, \dot{x}) = a\dot{x} + bx + g(x, \dot{x}) \tag{8.15}$$

式 8.15 中,$g(x, \dot{x})$ 是 x 和 $\dot{x}$ 的二阶或更高阶项。由于在原点附近 x_1 和 x_2 的变化都很小,故可略去其二次项及以后的各项,于是式(8.15)可近似地表示为

$$f(x, \dot{x}) = a\dot{x} + bx$$

$$\frac{\mathrm{d}\dot{x}}{\mathrm{d}t} = -a\dot{x} - bx \tag{8.16}$$

对于二阶线性常微分方程有

$$\ddot{x} + a\dot{x} + bx = 0 \tag{8.17}$$

　　为了便于对奇点附近的相轨迹作一般定性的分析，需根据系统特征值的性质去判别奇点附近相轨迹的特征。若式(8.17)的特征根均为实数，则原点是渐近稳定的平衡点；若至少有一个特征根为 0，则不能由式(8.17)确定原点的稳定性，而应进一步考虑泰勒展开式(8.15)中高阶项的影响。

　　奇点的特性和奇点附近相轨迹的行为主要取决于系统的特征根 λ_1、λ_2 在 s 平面上的位置。下面根据线性化方程的特征根 λ_1、λ_2 在 s 平面上的分布情况，对奇点进行分类研究。

2. 奇点的分类

　　(1) 焦点。如果系统的特征根是一对共轭复根 $\lambda_{1,2} = \sigma \pm j\omega$，其相轨迹是一簇绕坐标原点的螺旋线。当 σ 为负值时，即特征值为一对具有负实部的共轭根，则相应的相轨迹图如图 8.9(a)所示。由图可见，不管初始条件如何，这种相轨迹总是卷向坐标原点。由于坐标原点是奇点，在奇点附近的相轨迹都向它卷入，故称这种奇点为稳定焦点。反之，当 σ 为正值时，则相应的相轨迹如图 8.9(b)所示。由于这种相轨迹总是卷离坐标原点，故相应的奇点称为不稳定焦点。

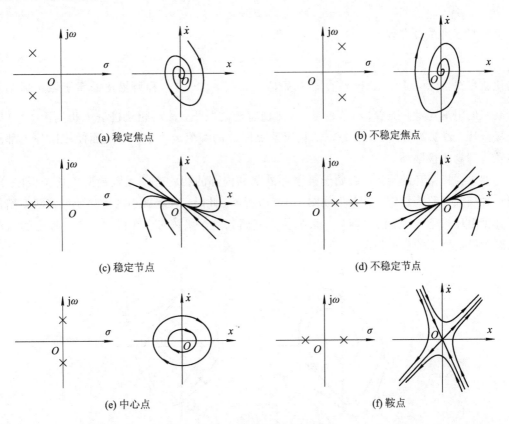

(a) 稳定焦点　　　　　　　　　　　　(b) 不稳定焦点

(c) 稳定节点　　　　　　　　　　　　(d) 不稳定节点

(e) 中心点　　　　　　　　　　　　　(f) 鞍点

图 8.9　奇点的类型与相轨迹

　　(2) 节点。如果两个特征根为不相等的负实数，相轨迹如图 8.9(c)所示。由该图可见，不管初始条件如何，系统的相轨迹最终都趋向于坐标原点，因此，这种奇点被称为稳定节点，此时相轨迹以非振荡的方式趋近于平衡点。反之，如果两特征根为不相等的正实数，则其在(x_1, x_2)平面上的相轨迹如图 8.9(d)所示。由图可见，从任何初始状态出发的相轨迹都将远离平衡状态，因而这种奇点称为不稳定节点，此时相轨迹以非振荡的方式从平衡点散出。

（3）中心点。如果系统的特征值为一对共轭纯虚根，即$\lambda_{1,2} = \pm j\omega$，其相轨迹是一簇圆，如图 8.9(e)所示。由于坐标原点（奇点）周围的相轨迹是一簇封闭的曲线，故称这种奇点为中心点。

（4）鞍点。如果系统的特征根一个为正实数，一个为负实数，相轨迹如图 8.9(f)所示，则由该图可见，在特定的初始条件下，分隔线将相平面分隔为 4 个不同的运动区域，除了分隔线外，其余所有的相轨迹都将随着时间 t 的增长而远离奇点，故这种奇点称为鞍点。

3. 极限环

非线性系统的运动除了发散和收敛两种模式外，还有另一种的运动模式，即在无外作用时，系统会产生具有一定振幅和频率的自持振荡。这种自振荡在相平面上表现为一个孤立的封闭轨迹线——极限环，与它相邻的所有相轨迹，或是卷向极限环，或是从极限环卷出。

下面以范德波尔（Van der pol）方程为例说明极限环的稳定性。已知方程

$$\ddot{x} - \mu(1 - x^2)\dot{x} + x = 0, \ \mu > 0 \tag{8.18}$$

把上式与线性微分方程

$$\ddot{x} + 2\zeta\dot{x} + x = 0 \tag{8.19}$$

相比较可得，$\zeta = -\left(\dfrac{\mu}{2}\right)(1 - x^2)$。若初始值$|x| > 1$，$\zeta > 0$，方程所描述的系统做 x 振幅不断衰减的阻尼运动，随着$|x|$值的减小，ζ 值也随之减小，最后相轨迹进入相当于 $\zeta = 0$ 时的极限环。若初始值$|x| < 1$，$\zeta < 0$，相应系统使 x 的幅值越来越大，从而使极限环内部的相轨迹都卷向极限环。

如果在极限环的附近，起始于极限环外部和内部的相轨迹都无限趋向于这个极限环，则这种极限环称为稳定极限环，如图 8.10(a)所示。此时，若有微小的扰动使系统状态稍稍离开极限环，经过一定的时间后，系统状态能回到这个极限环。在极限环上，系统的运动状态为稳定周期的自激振荡。

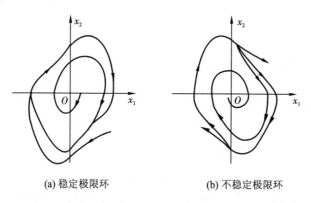

(a) 稳定极限环 　　　　(b) 不稳定极限环

图 8.10　极限环类型

将范德波尔方程改为

$$\ddot{x} + \mu(1-x^2)\dot{x} + x = 0 \tag{8.20}$$

用上述相同的分析方法可推出，该方程对应的是一个不稳定极限环。如图 8.10(b)所示，极限环附近的相轨迹是从极限环发散出去的，则这种极限环称为不稳定极限环。

8.2.5　非线性系统的相平面分析法

在绘制相平面图时，通常会遇到两种情况。一种情况是系统的非线性方程可解析处理的，即在奇点附近可将非线性方程线性化。根据线性化方程式根的性质去确定奇点的类型，然后用图解法或解析法画出奇点附近的相轨迹。另一种情况是系统的非线性方程是不可解析处理的。对于这类非线性系统，一般将非线性元件的特性作分段线性化处理，即把整个相平面分成若干个区域，使每一个区域成为一个单独的线性工作状态，有其相应的微分方程和奇点。如果奇点位于该区域内，则称该奇点为实奇点。反之，若奇点位于该区域外，则表示这个区域内的相轨迹实际上不可能到达该平衡点，因而这种奇点被称为虚奇点。只要作出各个区域内的相轨迹，然后在各区域的边界线（又称相轨迹的切换线）上把相应的相轨迹依次连接起来，就可得到系统完整的相轨迹图。下面用相平面法举例对上述两种情况的非线性系统进行具体的分析。

例 8.3　求由下列方程所描述系统的相轨迹图，并分析该系统奇点的稳定性。

$$\ddot{x} + 0.5\dot{x} + 2x + x^2 = 0 \tag{8.21}$$

解　由奇点的定义，令

$$\begin{cases} \dot{x} = 0 \\ \ddot{x} = f(\dot{x}, x) = -(0.5\dot{x} + 2x + x^2) = 0 \end{cases}$$

由上式求得，系统的奇点为 $x_1 = (0, 0)$ 和 $x_2 = (-2, 0)$。这两个奇点的性质，可用下述的方法去确定。

对函数 $f(\dot{x}, x)$ 在奇点 x_i 的邻域进行泰勒级数展开，取其线性部分，得到系统在其邻域附近的线性化方程为

$$\ddot{x} + 0.5\dot{x} + 2(1+x_i)(x-x_i) = 0$$

奇点 x_1 的邻域附近的线性化方程为

$$\ddot{x} + 0.5\dot{x} + 2x = 0$$

得到系统的两个根，即 $\lambda_{1,2} = -0.25 \pm \mathrm{j}1.39$。由此可见，相应的奇点是稳定焦点。

在奇点 x_2 邻域附近的线性化方程为

$$\ddot{x} + 0.5\dot{x} - 2(x+2) = 0$$

对上式令 $y = x+2$，则上式可改写为

$$\ddot{y} + 0.5\dot{y} - 2y = 0$$

其两个根为 $y_1 = 1.19$，$y_2 = -1.69$。由此可见，对应的奇点 $(-2, 0)$ 为鞍点。

作该系统的相轨迹，如图 8.11 所示。进入鞍点 $(-2, 0)$ 的两条相轨迹是分隔线，它们将相平面分成两个不同的区域。如果状态的初始点位于图中的阴影区域内，则其轨迹将收敛于坐标原点，相应的系统是稳定的。如果初始点落在阴影区域外部，则其相轨迹会趋于无穷远，表示相应的系统是不稳定的。由此可见，非线性系统的稳定性与其初始条件有关。

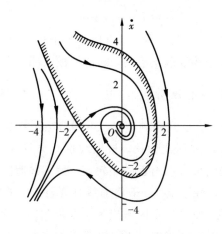

图 8.11　例 8.3 系统的相轨迹

例 8.4　已知饱和非线性系统结构(其线性部分斜率为 1)如图 8.12 所示,试求在阶跃输入 $r(t)=R_0$ 时的相轨迹。图中 $T=1$ s,$K=4$,$e_0=0.2$,$M=0.2$。

解　由图 8.12 可得

$$T\ddot{c}+\dot{c}=Km$$

因为 $r-c=e$,所以上式可改写为

$$T\ddot{e}+\dot{e}+Km=T\ddot{r}+\dot{r}$$

根据饱和非线性特性的特点,把相平面分割为如图 8.13 所示的三个区域。

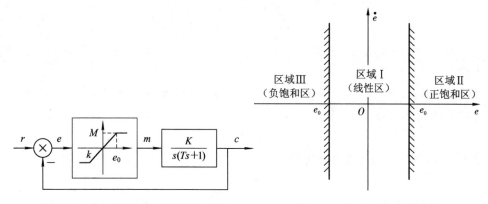

图 8.12　饱和非线性控制系统结构图　　　　图 8.13　相平面的区域划分

由图 8.13 得

$$m=\begin{cases} e & (|e|<e_0) \\ M & (e>e_0) \\ -M & (e<-e_0) \end{cases}$$

三个不同的区域所对应的方程分别为

$$T\ddot{e}+\dot{e}+Ke=T\ddot{r}+\dot{r} \quad (|e|<e_0)$$

$$T\ddot{e}+\dot{e}+KM=T\ddot{r}+\dot{r} \quad (e>e_0)$$

$$T\ddot{e}+\dot{e}-KM=T\ddot{r}+\dot{r} \quad (e<-e_0)$$

（1）线性区域 $|e|<e_0$，当 $t\geqslant 0$，$\dot{r}=\ddot{r}=0$，有

$$T\ddot{e}+\dot{e}+Ke=0$$

由于方程各项系数均为正值，所以奇点 $(0，0)$ 只能为稳定焦点或稳定节点。

（2）饱和区域 $|e|>e_0$，在饱和区域 Ⅱ 和 Ⅲ 内，系统的方程分别为

$$T\ddot{e}+\dot{e}+KM=0 \quad (e>e_0)$$

$$T\ddot{e}+\dot{e}-KM=0 \quad (e<-e_0)$$

或写作

$$\dot{e}=-\frac{KM}{1+T\alpha} \quad (e>e_0)$$

$$\dot{e}=+\frac{KM}{1+T\alpha} \quad (e<-e_0)$$

在区域 Ⅱ 和 Ⅲ 内没有奇点存在，它们相轨迹的等倾线都为一簇水平线。若令相轨迹的斜率等于等倾线的斜率，即 $\alpha=\dfrac{\mathrm{d}\dot{e}}{\mathrm{d}e}$，此时 $\alpha=0$，则得

$$\dot{e}=-KM \quad (e>e_0)$$

$$\dot{e}=+KM \quad (e<-e_0)$$

$|e|>e_0$ 范围内的相轨迹见图 8.14(a) 所示，图 8.14(b) 为阶跃信号下系统的相轨迹。

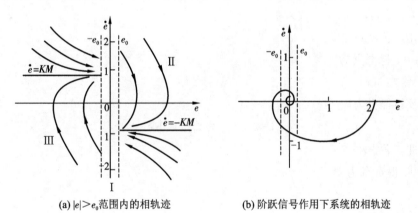

(a) $|e|>e_0$ 范围内的相轨迹　　　　　(b) 阶跃信号作用下系统的相轨迹

图 8.14　例 8.4 相轨迹

例 8.5　死区非线性系统的结构如图 8.15 所示。系统开始是静止的，输入信号 $r(t)=4\times 1(t)$，试写出开关线方程，确定奇点的位置和类型，画出该系统的相平面图，并分析系统的运动特点。

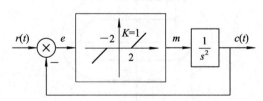

图 8.15　死区非线性系统的结构图

解　由图 8.15 得，线性部分传递函数为

$$\frac{C(s)}{M(s)}=\frac{1}{s^2}$$

得

$$\ddot{c}(t)=m(t)$$

由非线性环节有

$$m(t)=\begin{cases}0 & (|e|\leqslant 2,\text{ I})\\ e(t)-2 & (e>2,\text{ II})\\ e(t)+2 & (e<-2,\text{ III})\end{cases}$$

由综合点得

$$c(t)=r(t)-e(t)=4-e(t)$$

则

$$\ddot{e}=\begin{cases}0 & (|e|\leqslant 2,\text{ I})\\ 2-e(t) & (e>2,\text{ II})\\ -2-e(t) & (e<-2,\text{ III})\end{cases}$$

开关线方程为

$$e(t)=\pm 2$$

区域 I：$\ddot{e}(t)=0$，$\dot{e}=c$(常数)

区域 II：$\ddot{e}+e-2=0$

令 $\ddot{e}=\dot{e}=0$，得奇点为

$$e_0^{\text{II}}=2$$

特征方程及特征根为

$$s^2+1=0,\ s_{1,2}=\pm j\quad(\text{中心点})$$

区域 III：$\ddot{e}+e+2=0$

令 $\ddot{e}=\dot{e}=0$ 得奇点为

$$e_0^{\text{III}}=-2$$

特征方程及特征根为

$$s^2+1=0,\ s_{1,2}=\pm j\quad(\text{中心点})$$

绘出的系统相轨迹如图 8.16 所示，可看出系统运动呈现周期振荡状态。

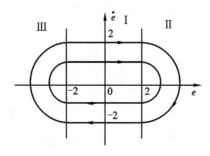

图 8.16　例 8.5 的系统相轨迹

8.3　描述函数法

描述函数法是分析非线性系统的一种近似方法，它是线性系统理论中的频率法在非线性系统满足一定假设条件时的推广。

描述函数法

8.4　基于 MATLAB 的非线性控制系统分析

相平面法和描述函数法是分析非线性系统的两种基本方法，对比较简单的非线性系统可用解析法求出相轨迹方程，而一般非线性系统的相轨迹图的手工绘制十分繁琐，可以采用 Simulink 绘制相轨迹图来解决控制系统分析和设计的问题。

例 8.6　具有饱和特性的非线性控制系统如图 8.17 所示。试求该系统在单位阶跃信号作用下的相轨迹和单位阶跃响应曲线。

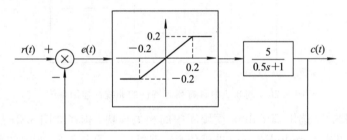

图 8.17　例 8.6 中具有饱和特性的非线性控制系统

解　根据图 8.17 选用 Simulink 模块库中的相关模块，构建如图 8.18 所示的 Simulink 仿真模型框图。点击 Simulink/Start 进行仿真，就可以得到图 8.19 的单位阶跃响应曲线和相轨迹。

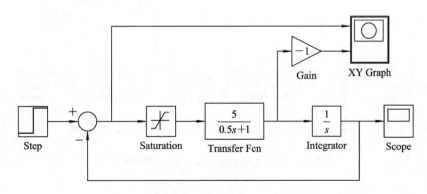

图 8.18　例 8.6 系统的 Simulink 仿真模型框图

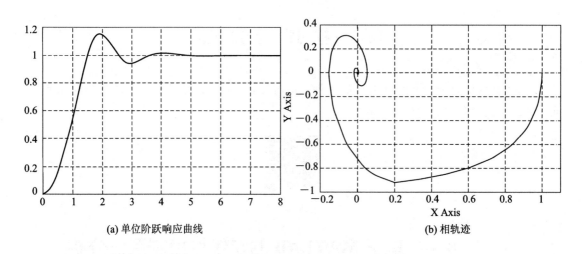

(a) 单位阶跃响应曲线　　　　　　　　　　(b) 相轨迹

图 8.19　例 8.6 系统的单位阶跃响应曲线和相轨迹

例 8.7　具有死区特性的非线性控制系统如图 8.20 所示。试求该系统在单位速度信号作用下的相轨迹和单位斜坡响应曲线。

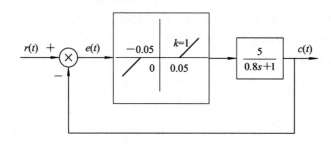

图 8.20　例 8.7 中具有死区特性的非线性控制系统

解　根据图 8.20 选用 Simulink 模块库中的相关模块，构建如图 8.21 所示的 Simulink 仿真模型框图。点击 Simulink/Start 进行仿真，就可以看到图 8.22 所示的单位斜坡响应曲线和相轨迹图。

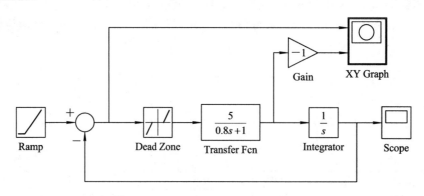

图 8.21　例 8.7 系统的 Simulink 仿真模型框图

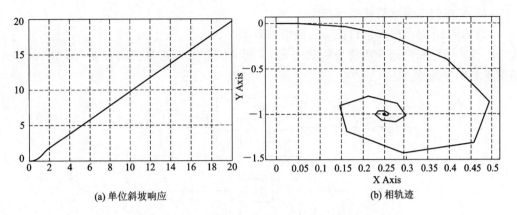

(a) 单位斜坡响应　　　　　　　　　(b) 相轨迹

图 8.22　例 8.7 系统的单位斜坡响应曲线和相轨迹

8.5　小　　结

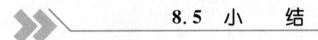

本章介绍了两种分析非线性系统的常用方法——描述函数法和相平面法。

小结　　　　第 8 章测验　　　第 8 章测验答案

习　题　八

8-1　非线性系统结构如图 8.23 所示。试确定其稳定性。若产生自振荡，试确定自振荡的振幅和频率。

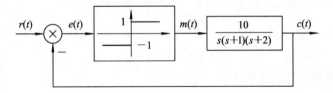

图 8.23　题 8-1 图

8-2　非线性系统结构如图 8.24 所示。试求：

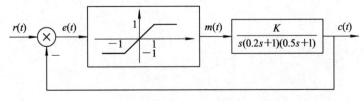

图 8.24　题 8-2 图

（1）K 在何范围取值使系统稳定。

（2）$K=10$ 时系统产生自振荡的振幅和频率。

8－3　试用相平面分析法分析如图 8.25 所示的非线性系统分别在 $\beta=0$，$\beta<0$，$\beta>0$ 情况下相轨迹的特点。

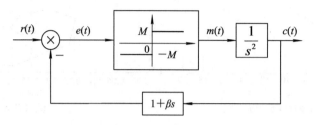

图 8.25　题 8－3 图

8－4　非线性系统结构如图 8.26 所示。试概略绘制 $\dot{e}-e$ 平面的相轨迹簇，并分析系统的特性。假定系统输出为零初始条件，输入 $r(t)=a*1(t)(a>0)$。

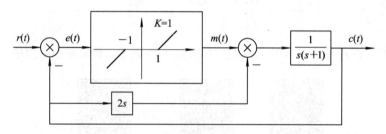

图 8.26　题 8－4 图

8－5　线性系统结构如图 8.27 所示。若已知 $A/J=0.1$，$r(t)=30\times1(t)$，$c(0)=0$，$\dot{c}=0$，试在 $\dot{e}-e$ 平面绘制相轨迹图，求系统到达稳态所需要的时间，并分析系统的稳态性能，确定系统阶跃响应过程是否出现振荡。

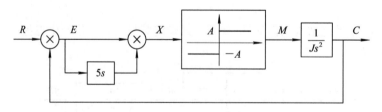

图 8.27　题 8－5 图

8－6　设一阶非线性系统的微分方程为

$$\dot{x}=-x+x^3$$

试确定该系统有几个平衡状态，分析平衡状态的稳定性，并画出系统的相轨迹。

第9章　自动控制理论的应用实例

9.1　磁悬浮控制系统设计

9.1.1　磁悬浮系统的应用背景

国内外在磁悬浮方面的研究工作主要集中在磁悬浮列车方面，并且进展很快，已从实验研究阶段转向试验运行阶段。日本已建成多条常导和超导型试验线路；德国的埃姆斯兰特试验线长 31.5 km，研制成功了 TR07 型时速为 450 km 的磁悬浮列车。并且他们在取得一系列研究和试验结果后，日本于 1990 年开始建造速度为 500 km/h、长为 48.2 km 的超导磁悬浮列车路线；德国则在 2005 年建成柏林到汉堡之间长为 284 km 的常导型磁悬浮列车正式运营路线，其速度为 420 km/h。此外，法国、美国、加拿大等国也在这方面进行了众多项目的研制和开发。

图 9.1　上海磁悬浮列车

2002 年 12 月 31 日，由中德两国合作研究开发的上海磁悬浮列车全线试运行，2003 年 1 月 4 日正式开始商业运营。磁悬浮列车运营速度为 430 km/h，全程只需 8 min，是世界上第一条商业运营的高架磁悬浮专线，如图 9.1 所示。

磁悬浮轴承的研究也是国外另一个非常活跃的研究方向。磁悬浮轴承广泛应用于航天、核反应堆、真空泵、超洁净环境、飞轮储能等场合。目前磁力轴承的转速已达到 80 000 转/分，转子直径可达 12 m，最大承载力为 10 t。

高速磁悬浮电机(Bearingless Motors)是近些年提出的一个新的研究方向，它集磁悬浮轴承和电动机于一体，具有自动悬浮和驱动的能力，且具有体积小、临界转速高等特点。国外自 20 世纪 90 年代中期开始对其进行了研究，并相继出现了永磁同步型磁悬浮电机、开关磁阻型磁悬浮电机、感应型磁悬浮电机等各种结构的高速磁悬浮电机。磁悬浮电机的研究越来越受到重视，并有一些成功的报道。如在磁悬浮电机应用的生命科学领域，现在国外已研制成功的离心式和振动式磁悬浮人工心脏血泵，采用了无机械接触式磁悬浮结构，不仅效率高，而且可以防止血细胞破损而引起的溶血、凝血和血栓等问题。

磁悬浮技术在其他领域也有很多应用，如风洞磁悬浮系统、磁悬浮隔振系统、磁悬浮熔炼等。虽然磁悬浮技术的应用领域繁多，系统形式和结构各不相同，但究其本质都共同具有非线性和开环不稳定的特性。

9.1.2 磁悬浮系统的基本组成与工作原理

磁悬浮球控制系统是研究磁悬浮技术的平台，它是一个典型的吸浮式悬浮系统。磁悬浮球实验装置主要由 LED 光源、电磁铁、光电位置传感器、电源、放大电路及 A/D、D/A 数据采集卡和控制对象（钢球）等元件组成。磁悬浮球系统工作原理组成框图如图 9.2 所示。

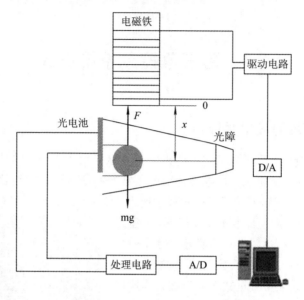

图 9.2　磁悬浮球系统工作原理组成框图

电磁铁绕组中通以一定的电流会产生电磁力 **F**，只要控制电磁铁绕组中的电流，使之产生的电磁力与钢球的重力 mg 相平衡，钢球就可以悬浮在空中而处于平衡状态。为了得到一个稳定的平衡系统，必须实现闭环控制，从而使整个系统稳定具有一定的抗干扰能力。控制器的设计是磁悬浮系统的核心内容，因为磁悬浮系统本身是一个绝对不稳定的系统，为使其保持稳定并且可以承受一定的干扰，需要为系统设计控制器。根据第 6 章控制系统校正设计，经典控制理论的控制器设计有 PID 控制器、根轨迹法设计以及频率响应法设计。将图 9.2 所示的磁悬浮球系统工作原理组成转化为控制系统框图形式，如图 9.3 所示。本系统采用光源和光电位置传感器组成的无接触测量装置检测钢球与电磁铁之间的距离 x 的变化。为了提高控制的效果，该系统还可以检测距离变化的速率。电磁铁中控制电流的大小作为磁悬浮控制对象的输入量。

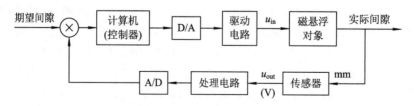

图 9.3　磁悬浮控制系统框图

图 9.2 中的传感器装置必须采用后处理电路。当浮体（钢球）的位置在垂直方向发生改变时，狭缝的透光面积也就随之改变，从而使硅光电池的曝光度（照度）发生变化，最后将位移信号转化为一个按一定规律（与照度成比例）变化的电压信号输出。

9.1.3　磁悬浮系统的数学建模

为了分析或设计一个自动控制系统，首先需要建立其数学模型，即描述系统运动规律的数学方程。在建模时，要确定出哪些物理变量和相互关系是可以忽略的，哪些对模型的准确度有决定性的影响，才能建立起既简单又能基本反映实际系统的模型。磁悬浮系统在建模前可进行如下假设：

（1）忽略漏磁通，磁通全部通过电磁铁的外部磁极气隙。

（2）磁通在气隙处均匀分布，忽略边缘效应。

（3）忽略小球和电磁铁铁芯的磁阻，即认为铁芯和小球的磁阻为零，则电磁铁与小球所组成的磁路的磁阻主要集中在两者之间的气隙上。

（4）假设球所受的电磁力集中在中心点，且其中心点与质心重合。

本系统的数学模型是以小球的动力学方程和电学、力学关联方程为基础建立起来的。

1. 控制对象的动力学方程

假设忽略小球受到的其他干扰力（风力、电网突变产生的力等），则被控对象小球在此系统中只受电磁吸力 F 和自身的重力 mg 的作用。球在竖直方向的动力学方程为

$$m \frac{\mathrm{d}^2 x(t)}{\mathrm{d}t^2} = F(i, x) - mg \tag{9.1}$$

式中，x 为小球质心与电磁铁磁极之间的气隙（以磁极面为零点），单位为米（m）；m 为小球的质量，单位为千克（kg）；$F(i, x)$ 为电磁吸力，单位为牛顿（N）；g 为重力加速度，单位是米/秒^2（m/s^2）。

2. 系统的电磁力模型

电磁吸力 $F(i, x)$ 与气隙 x 是非线性的反比关系，即电磁吸力可写为

$$F(i, x) = K \left(\frac{i}{x} \right)^2 \tag{9.2}$$

式中，$K = -\dfrac{\mu_0 A N^2 k_\mathrm{f}}{4}$，其中 μ_0 是空气磁导率（$\mu_0 = 4\pi \times 10^{-7}$ H/m）；$k_\mathrm{f} A$ 为磁通流过小球截面的导磁面积；N 是电磁铁线圈匝数；i 是电磁铁绕组中的瞬时电流。

3. 电磁铁中控制电压和电流的模型

由电磁感应定律及电路的基尔霍夫定律可知有如下关系：

$$U(t) = R i(t) + \frac{\mathrm{d}\psi(x, t)}{\mathrm{d}t} = R i(t) + \frac{\mathrm{d}[L(x) i(t)]}{\mathrm{d}t} \tag{9.3}$$

电磁铁绕组中的瞬时电感 $L(x)$ 是小球到电磁铁磁极表面的气隙 $x(t)$ 的函数，而且与其呈非线性的关系。电磁铁通电后所产生的瞬时电感与气隙 x 的关系为

$$L(x) = L_1 + \frac{L_0}{1 + \dfrac{x}{a}} \tag{9.4}$$

式中，L_1 是小球处于电磁场中的静态电感；L_0 是小球处于电磁场中时线圈中增加的电感（即气隙为零时所增加的电感）；a 是磁极附近一点到磁极表面的气隙。

当平衡点距离电磁铁磁极面比较近（即 $x_0 \rightarrow 0$）时，$L < L_1 + L_0$。当平衡点距离电磁铁磁极表面较远（即 $x_0 \rightarrow \infty$）时，$L > L_1$。

又因为 $L_1 \gg L_0$，故电磁铁绕组上的电感可近似表示为

$$L(x) \approx L_1 \tag{9.5}$$

将式(9.5)代入式(9.3)中，则电磁铁绕组中的电压与电流的关系可表示如下：

$$U(t) = Ri(t) + L_1 \frac{\mathrm{d}i}{\mathrm{d}t} \tag{9.6}$$

4. 功率放大器模型

功率放大器主要用来解决感性负载的驱动问题，它将控制信号转变为控制电流。因本系统功率低，故采用模拟放大器。

本系统设计采用电压-电流型功率放大器。在功率放大器的线性范围以内，它主要表现为一阶惯性环节，其传递函数可以表示为

$$G_0 = \frac{U(s)}{I(s)} = \frac{K_a}{1 + T_a s} \tag{9.7}$$

式中，K_a 为功率放大器的增益，T_a 为功率放大器的滞后时间常数。在系统实际设计过程当中，功率放大器的滞后时间常数非常小，对系统影响可以忽略不计。因此可以近似认为功率放大环节仅由一个比例环节构成，其比例系数为 K_a。由硬件电路计算得

$$G_0(s) = K_a = 5.8929 \tag{9.8}$$

5. 系统平衡的边界条件

钢球处于平衡状态时，加速度等于零，此时钢球所受的合力为零。同时，钢球受到的向上的电磁力等于小球自身的重力，即

$$mg - F(i_0, x_0) = 0 \tag{9.9}$$

6. 系统模型线性化处理

此磁悬浮系统是一典型的非线性系统，电磁系统中的电磁力 F 和电磁铁中绕组中的瞬时电流 i、气隙 x 间存在着较复杂的非线性关系，若要用线性系统理论进行控制器的设计，必须对系统中各个非线性部分进行线性化。此系统有一定的控制范围，所以对系统进行线性化的可能性是存在的，同时实验也证明，在平衡点 (i_0, x_0) 处对系统进行线性化处理是可行的。利用第2章的非线性系统线性化方法，可以对此系统进行线性化处理。

综合式(9.1)、式(9.2)和式(9.9)可得描述磁悬浮系统的微分方程式为

$$m \frac{\mathrm{d}^2 x(t)}{\mathrm{d}t^2} = F(i, x) - F(i_0, x_0) = K_1 i + K_2 x \tag{9.10}$$

式中

$$K_1 = \frac{\partial F}{\partial i}\bigg|_{i=i_0, x=x_0} = \frac{2Ki_0}{x_0^2}$$

$$K_2 = \frac{\partial F}{\partial x}\bigg|_{i=i_0, x=x_0} = -\frac{2Ki_0^2}{x_0^3}$$

将式(9.10)经拉普拉斯变换后得

$$X(s)s^2 = \frac{2Ki_0}{mx_0^2} I(s) - \frac{2Ki_0^2}{mx_0^3} X(s) \tag{9.11}$$

将 $mg = -K\left(\dfrac{i_0^2}{x_0^2}\right)$ 代入上式得系统的开环传递函数为

$$\frac{X(s)}{I(s)} = \frac{-1}{As^2 - B} \tag{9.12}$$

如果选择控制系统的输入量是控制电压 $u(t)$，控制系统输出量为间隙 $x(t)$，其对应的输出电压为 u_{out}，则该系统控制对象的模型可写为

$$G(s) = \frac{U_{\text{out}}(s)}{U_{\text{in}}(s)} = \frac{K_s X(s)}{K_a I(s)} = \frac{-(K_s/K_a)}{As^2 - B} \tag{9.13}$$

式中，$K_s = -458.7$，$A = i_0/2g$，$B = i_0/x_0$。

可以看出系统有一个开环极点位于复平面的右半平面，根据系统稳定性判据，即系统所有的开环极点必须位于复平面的左半平面时系统才稳定，所以磁悬浮系统是不稳定的系统。

实际磁悬浮系统的物理参数如表 9.1 所示，其中 x_0^*、i_0^* 为磁悬浮的初始位移和对应电流。

表 9.1　磁悬浮系统的物理参数

参　　数	值	参　　数	值
m	22 g	x_0^*	20.0 mm
铁芯直径	22 mm	漆包线径	0.8 mm
R	13.8 Ω	r	12.5 mm(浮球半径)
N	2450 匝	K	$2.3142 * 10^{-4} \text{Nm/A}^2$
i_0^*	0.6105 A	K_f	0.25

将表 9.1 的参数值代入式(9.13)，有

$$G(s) = \frac{77.8421}{0.0311s^2 - 30.5250} \tag{9.14}$$

9.1.4　磁悬浮系统的控制器设计

完成一个控制系统的设计最重要的一步便是对系统进行分析。在系统物理建模这一节已经得到了磁悬浮系统的模型，下面利用 MATLAB 工具对已经得到的系统模型进行特性分析，为设计控制器提供理论指导。

首先对系统进行阶跃响应分析，在 MATLAB 中键入以下命令，运行得到磁悬浮系统单位阶跃曲线如图 9.4 所示。

```
num=[77.8421];
den=[0.0311 0 -30.5250];
step(num,den)
```

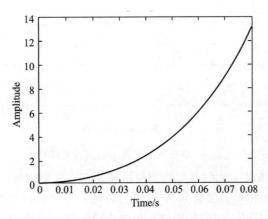

图 9.4　磁悬浮系统单位阶跃响应曲线

由图 9.4 可以看出，小球的位置发散很快，说明开环系统是一个二阶不稳定系统。要实现悬浮体的稳定悬浮，就必须控制电磁铁中的电流，使其变化能够阻止悬浮体气隙的变化，所以此系统需要设计一个控制器，使得磁悬浮系统稳定且具有良好的控制性能。

下面用第 6 章的频域校正法设计磁悬浮控制系统。要求设计一控制器，使得磁悬浮系统的静态位置误差常数为 5(注意传感器的输出电压与磁悬浮间隙极性相反，实际取 -5)，相角裕量为 $50°$，增益裕量等于或大于 10 dB。

根据要求，控制器设计过程如下：

(1) 选择控制器，由系统开环的伯德图可以看出，给系统增加一个超前校正就可以满足设计要求，设超前校正装置为

$$G_c(s) = K_c\alpha\frac{1+Ts}{1+\alpha Ts} = K\frac{1+Ts}{1+\alpha Ts} \tag{9.15}$$

则校正后的系统具有开环传递函数 $G_c(s)G(s)$。

设

$$G_1(s) = KG(s) = \frac{77.8421K}{0.0311s^2 - 30.5250}$$

式中，$K = K_c\alpha$。

(2) 根据稳态误差要求计算增益 K：

$$K_p = \lim_{s\to 0}G(s)G_c(s) = \lim_{s\to 0}\left|K_c\alpha\frac{1+Ts}{1+\alpha Ts}\cdot\frac{77.8421}{0.0311s^2 - 30.5250}\right| = 5$$

可以得到

$$K = K_c\alpha = 1.9607$$

于是有

$$G_1(s) = \frac{77.8421\times1.9607}{0.0311s^2 - 30.5250}$$

(3) 在 MATLAB 中画出添加 K 后的磁悬浮系统伯德图，如图 9.5 所示。

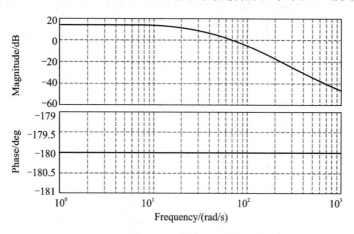

图 9.5 添加 K 后的磁悬浮系统伯德图

(4) 由图 9.5 可以看出，此时系统的相角裕量为 $0°$，根据设计要求系统的相角裕量应为 $50°$，因此需要增加的相角裕量为 $50°$，增加超前校正装置会改变伯德图的幅值曲线，这时增益交界频率会向右移动，必须对增益交界频率增加所造成的 $G_1(j\omega)$ 的相位滞后增量进

行补偿，因此，假设需要的最大相位超前量 φ_m 近似等于 $55°$。

因为

$$\sin\varphi_m = \frac{1-\alpha}{1+\alpha}$$

可以计算得到 $\alpha = 0.0994$。

（5）确定了衰减系数后，就可以确定超前校正装置的转角频率 $\omega = 1/T$ 和 $\omega = 1/(\alpha T)$。可以看出，最大相位超前角 φ_m 发生在两个转角频率的几何中心点处，即 $\omega = 1/(\sqrt{\alpha}T)$。在 $\omega = 1/(\sqrt{\alpha}T)$ 点上，由于包含 $(Ts+1)/(\alpha Ts+1)$ 项，所以幅值的变化为

$$\left|\frac{1+j\omega T}{1+j\omega\alpha T}\right|_{\omega=1/(\sqrt{\alpha}/T)} = \left|\frac{1+j\frac{1}{\sqrt{\alpha}}}{1+j\sqrt{\alpha}}\right| = \frac{1}{\sqrt{\alpha}}$$

又 $\frac{1}{\sqrt{\alpha}} = \frac{1}{\sqrt{0.0994}} 10.0261\ \text{dB}$，并且 $|G_1(j\omega)| = -10.0261\ \text{dB}$ 对应于 $\omega = 120.8\ \text{rad/s}$，选择此频率作为新的增益交界频率 ω_c，这一频率对应于 $\omega = 1/(\sqrt{\alpha}T)$ 及 $\omega_c = 1/(\sqrt{\alpha}T)$，于是有

$$\frac{1}{T} = \sqrt{\alpha}\omega_c = 38.0855, \quad \frac{1}{\alpha T} = \frac{\omega_c}{\sqrt{\alpha}} = 383.1543$$

（6）校正装置确定为

$$G_c(s) = K_c\alpha\frac{Ts+1}{\alpha Ts+1} = K_c\frac{s+38.0855}{s+383.1543} \tag{9.16}$$

$$K_c = \frac{K}{\alpha} = 19.7254$$

9.1.5　基于 MATLAB 的磁悬浮系统设计

增加控制器后磁悬浮系统的 Bode 图如图 9.6 所示。从图 9.6 中可以看出，系统具有要求的相角裕量和幅值裕量，因此校正后的系统稳定。

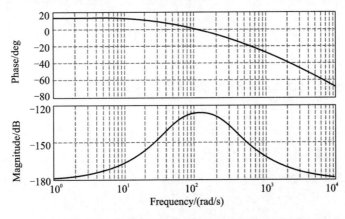

图 9.6　增加控制器后磁悬浮系统的伯德图（一阶控制器）

为了验证超前校正器的效果，搭建增加超前控制器后的磁悬浮 Simulink 框图，如图 9.7 所示。此时可得增加超前控制器磁悬浮系统的单位阶跃响应，如图 9.8 所示。可以看出，系统在输入阶跃信号时，在 0.14 s 内可以达到新的平衡点，存在超调量，但稳态误差

比较大。因此可以考虑适当减小控制器增益,使磁悬浮的间隙跟踪阶跃输入的稳态误差变小。

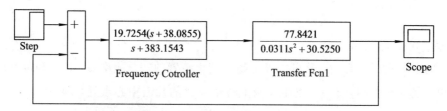

图 9.7 增加超前控制器后的磁悬浮 Simulink 框图(一阶控制器)

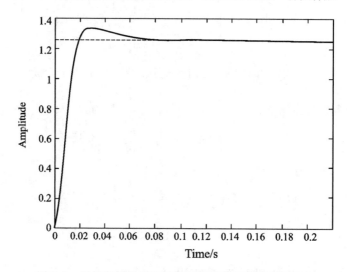

图 9.8 增加超前控制器后磁悬浮系统的单位阶跃响应

系统存在的稳态误差为 0.25,为使系统既可以获得快速响应特性,又可以得到良好的静态精度,采用滞后-超前校正。通过应用滞后-超前校正,既可以增大低频增益,提高稳态精度,又可以增加系统的带宽和稳定性裕量。设滞后-超前控制器为

$$G_c(s) = K_c \frac{\left(s + \dfrac{1}{T_1}\right)\left(s + \dfrac{1}{T_2}\right)}{\left(s + \dfrac{\beta}{T_1}\right)\left(s + \dfrac{1}{\beta T_2}\right)} \tag{9.17}$$

按照第 6 章设计滞后-超前控制器的思路可得控制器为

$$G_c(s) = K_c \frac{\left(s + \dfrac{1}{T_1}\right)\left(s + \dfrac{1}{T_2}\right)}{\left(s + \dfrac{\beta}{T_1}\right)\left(s + \dfrac{1}{\beta T_2}\right)} = 19.7254 \times \frac{s + 38.0855}{s + 383.1543} \times \frac{s + 5}{s + 0.2}$$

可以得到静态误差系数为

$$K_p = \lim_{s \to 0} \left| G(s)G_c(s) \right| = 125$$

此时系统的静态误差系数比超前校正的静态误差系数提高了 25 倍,大大减小了系统的稳态误差。添加滞后-超前校正后系统的 Bode 图如图 9.9 所示,其剪切频率为 119,相角裕量为 52°,增益裕量等于 10 dB。添加滞后-超前控制器后的磁悬浮框图如 9.10 所示,添加滞后-超前控制器后的单位跃阶响应如图 9.11 所示。

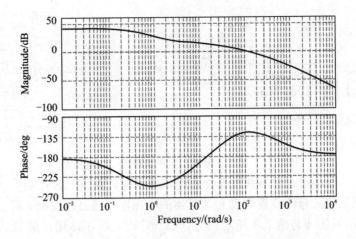

图 9.9　添加滞后-超前控制器后系统的 Bode 图(二阶控制器)

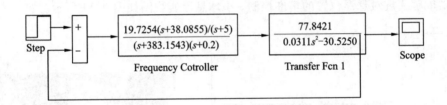

图 9.10　添加滞后-超前控制器后的磁悬浮框图

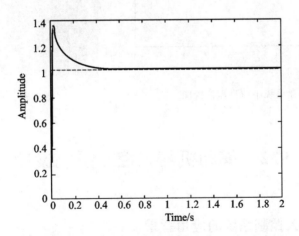

图 9.11　加入滞后-超前控制器后的单位阶跃响应

由图 9.11 可知,磁悬浮系统存在超调量,系统在输入阶跃信号时,在 0.8 s 内可以达到稳定状态,此时调节时间为 0.3 s,稳态误差接近 0,因此加入滞后-超前校正后系统获得了良好的稳定性、快速性和稳态精度。

仿真完成后,通过 MATLAB Simulink 将程序与外部磁悬浮系统实验装置系统硬件相连,进行磁悬浮系统的频率响应校正实时控制,如图 9.12 所示。

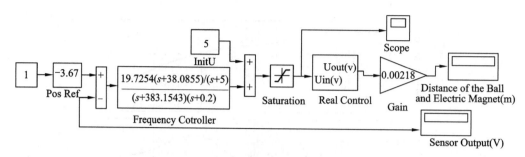

图 9.12　磁悬浮系统的频率响应校正实时控制

　　程序运行后，用小球在电磁铁磁极处可以试探到电磁铁有一定的吸力。设置需要实现的悬浮位置。磁悬浮的悬浮位置高度和传感器的电压输出已经标定好，若需要设定悬浮位置高度为 8 mm，只需要将输入电压给定为"−3.67 V"。将小球用手放置到电磁铁下方预想悬浮的位置，小球在几秒钟后会稳定悬浮；小球稳定后，当程序进入自动控制时，松开手的操作。观察示波器的输出，可以看到其位置稳定在 8 mm 左右，如图 9.13 所示。这说明控制器能够实现对悬浮位置的精准控制。小球悬浮实物图如图 9.14 所示。

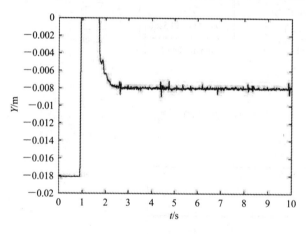

图 9.13　磁悬浮系统小球悬浮位置图

图 9.14　小球悬浮实物图

9.2　移动机器人控制系统设计

9.2.1　移动机器人控制系统的应用背景

　　移动机器人是机器人学中的一个重要分支，它集成了人工智能、自动控制理论、信号处理、图像分析等计算机、控制、通信、机械、自动化等行业知识，成为当前智能机器人研究的重点之一。

　　早在 20 世纪 60 年代，人类就开始对移动机器人进行研究。近二十年来，随着机器人技术的不断发展，移动机器人的应用范围和功能都不断增强，在工业、制造业、服务业、国防等诸多领域表现出广泛的应用前景。此外，国内外的太空探索和海洋开发两大高端技术领域，对移动机器人的市场需求也越来越大，使得移动机器人的研究在世界各国都受到了广泛的关注。

　　1999 年，日本索尼公司推出犬型娱乐机器人"爱宝（AIBO）"；2000 年，日本本田公司推出了身高 1.3 m 的步行机器人"阿西莫"，后来又对其作出改进，给它增加了马达和关节，使其能够以 6 km/h 的速度小跑；2002 年，美国 iRobot 公司推出了智能型吸尘器机器人 Roomba，它能够自动避开障碍物，根据室内环境自动规划路径，甚至自动驶向插座为自己充电；2006 年，日本三菱公司开发了商用机器人"若丸"，它拥有为主人读书读报、提醒天气状况等功能；2008 年，美国军方研发了军用机械狗 Bigdog。Bigdog 展示了惊人的活动能力和适应能力，能够适应山地、雪地、冰面等恶劣环境，即使遇到猛烈碰撞，也能自动调整运动姿态。该机械狗能在战场上以 6.5 km/h 的速度自主地为士兵运送 40 kg 重的弹药、食物和其他物品。Bigdog 目前已经使用于阿富汗反恐战场。总之，从太空探索到深海打捞，从工业生产到农业种植，从科技研究到家庭生活，从医疗卫生到救援消防，从工作到娱乐……移动机器人的应用已经渗透到人们生活的方方面面。

　　虽然移动机器人的应用领域繁多，系统形式和结构各不相同，但究其本质都具有非线性和开环不稳定的特性。

9.2.2　移动机器人系统的基本组成与工作原理

1. 移动机器人实验平台

移动机器人实验平台如图 9.15 所示。

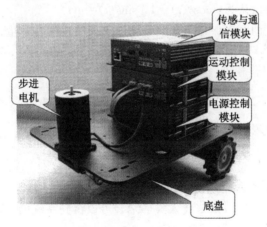

传感与通信模块

运动控制模块

电源控制模块

步进电机

底盘

图 9.15　移动机器人实验平台

　　移动机器人实验平台的最上层为传感与通信模块，且带有一个红外位置敏感检测器和一个电子罗盘。传感器的功能是给机器人提供各种环境和自身的信息，指导机器人的自主行为。红外传感器的功能是测量障碍物的距离，能够让机器人避开障碍，安全行走。电子罗盘的功能是测量机器人的航向，导引机器人的运动方向，并与编码器结合实现航迹推导，从而实现机器人的自主导航。传感与通信模块部分带有两个 CAN 通信接口，一个网口，一路扩展 A/D 转换器，三路扩展 I/O，一路扩展 5 V 电源输出。其主要功能是建立机器人与其他设备的通信链路。

　　移动机器人实验平台的第二层为运动控制模块，具有一路直流电机驱动、一路步进电机驱动、一路电流采集、一路视频信号输入，一路扩展 A/D 转换器、三路扩展 I/O、一路扩展 5 V 电源输出。其主要功能是驱动机器人行走，以及控制转台的旋转。

底盘带有两个主动轮、两个直流减速电机，一个步进电机、一个旋转台，其主要功能是协助运动控制模块的实验。底盘也是其他模块的安装台，所有模块都可以安装在底盘上，构成一个完整的机器人系统，可以实现自主行走、红外漫游、图像识别、自主导航等功能。旋转台上的圆盘刻有角度值，方便做步进电机驱动实验，也可以把摄像头安装在旋转台上，实现全方位的视频监控。

9.2.3 移动机器人系统的数学建模

移动机器人系统的数学方程为

$$E_x(t) = \int_0^t v\cos\theta(t)\,\mathrm{d}t \tag{9.18}$$

$$E_y(t) = \int_0^t v\sin\theta(t)\,\mathrm{d}t \tag{9.19}$$

$$\theta(t) = \int_0^t \omega(t)\,\mathrm{d}t \tag{9.20}$$

$$\omega(t) = \frac{v_R(t) - v_L(t)}{l} \tag{9.21}$$

式中，E_x 为 x 轴位移；E_y 为 y 轴位移；v 为小车线速度；v_R 和 v_L 分别为右轮和左轮的速度；l 为两后轮之间的距离；ω 为小车角速度；θ 为小车的角位移。

在小误差范围内可以认为：$\cos\theta(t) = 1$，$\sin\theta(t) = \theta(t)$。

控制小车的两电机的电压保证小车两后轮中点处的速度为常量：$v = v_0$。

因此可以得到

$$E_x(t) = v_0 t \tag{9.22}$$

$$E_y(t) = v_0 \int_0^t \theta(t)\,\mathrm{d}t \tag{9.23}$$

则系统的传递函数可以表示如下：

$$\frac{E_y(s)}{u} = \frac{v_0}{ls^2} \tag{9.24}$$

式中 $u = v_R(t) - v_L(t)$，为两轮速度差。

把 $l = 19.5$ cm，$v_0 = 7.2$ cm/s 代入式(9.24)可以得到系统的开环模型为

$$\frac{E_y}{u} = \frac{7.2}{19.5s^2} \tag{9.25}$$

9.2.4 移动机器人系统的控制器设计

完成一个控制系统的设计最重要的一步是对系统进行分析。前面已经得到了移动机器人系统的运动学模型，下面利用 MATLAB 工具对已经得到的系统模型进行一些特性分析，为设计控制器提供理论指导。

首先对系统进行阶跃响应分析，在 MATLAB 中键入以下命令，运行得到的移动机器人系统单位阶跃响应曲线如图 9.16 所示，移动机器人的伯德图如图 9.17 所示。

```
num=[7.2];
```

den＝[19.5 0 0];

step(num,den)

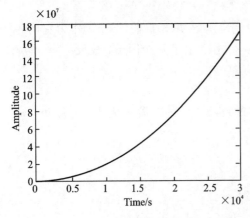

图 9.16　移动机器人系统单位阶跃响应曲线

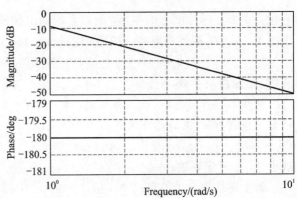

图 9.17　移动机器人的伯德图

由图 9.16 和图 9.17 可以看出，开环系统是一个二阶不稳定系统，移动机器人的位移很快发散。要实现移动机器人的稳定控制，必须设计一个控制器，使得移动机器人系统稳定且具有良好的控制性能。

由式(9.25)可知，系统的闭环模型为临界稳定系统，即

$$\frac{E_y}{E_r}=\frac{7.2}{19.5s^2+7.2} \tag{9.26}$$

其闭环阶跃响应特性可键入如下指令得到：

num＝1

den＝[2.7083 0 0];

s1＝tf(num,den)

sf1＝feedback(s1,1)

step(sf1)

闭环阶跃响应曲线如图 9.18 所示。

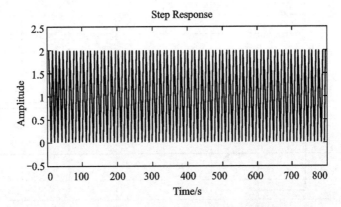

图 9.18　闭环阶跃响应曲线

由图 9.18 可以看出，系统临界稳定，位移一直处于振荡状态。

取采样周期 $T_s＝1$ s，可设计如下最小拍控制器。

包括零阶保持器在内，被控对象的脉冲传递函数为

$$G(z)=Z\left[\frac{1-\mathrm{e}^{-Ts}}{s}\frac{7.2}{19.5s^2}\right]=\frac{0.185T^2z^{-1}(1+z^{-1})}{(1-z^{-1})^2}$$

它包含一个在单位圆上的零点，所以系统输出脉冲传递函数 $\Phi(z)$ 应将 $1+z^{-1}$ 作为它的一个因子。另外，被控对象有一拍滞后，故 $\Phi(z)$ 必以 z^{-1} 作为它的一个因子，故设

$$\Phi(z)=b_1z^{-1}(1+z^{-1})$$

式中，b_1 是待定系数。

从 $\Phi(z)=1-\Phi_E(z)$ 的关系可见，$\Phi_E(z)$ 是 z^{-1} 的首项为 1 的 2 阶多项式，另外 $\Phi_E(z)$ 还必须包含 $R(z)$ 的分母作为它的因子，故设

$$\Phi_E(z)=(1-z^{-1})(1+a_1z^{-1})$$

式中，a_1 是待定系数。

将上述结果代入关系式 $\Phi(z)=1-\Phi_E(z)$ 中得到

$$\Phi(z)=b_1z^{-1}(1+z^{-1})=b_1z^{-1}+b_1z^{-2}=1-\Phi_E(z)$$
$$=(1-a_1)z^{-1}+a_1z^{-2}$$

比较系数有 $b_1=1-a_1$，$b_1=a_1$，于是得到 $a_1=0.5$，$b_1=0.5$。最后得到

$$D(z)=\frac{\Phi(z)}{G(z)\Phi_E(z)}=\frac{0.5(1-z^{-1})}{0.185(1+0.5z^{-1})}$$

Simulink 仿真图如图 9.19 所示。

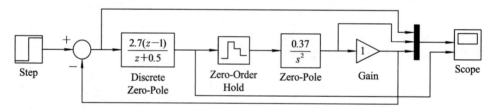

图 9.19　Simulink 仿真图

仿真得到的单位阶跃响应曲线如图 9.20 所示。

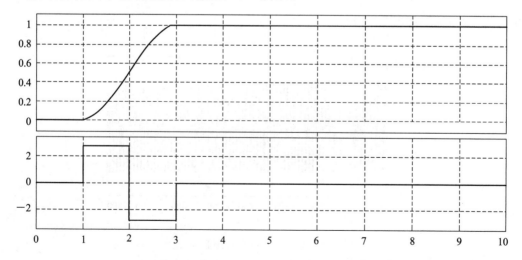

图 9.20　单位阶跃响应曲线

接着用根轨迹法分析比例控制、比例微分控制和超前校正这几种情况下闭环根轨迹的情况和闭环系统的性能。

（1）采用比例控制时，系统的开环传递函数为

$$G_c(s)G(s)=\frac{k_p/2.7083}{s^2}$$

系统的根轨迹从 $p_{1,2}=0$ 出发，一条沿正虚轴趋向无穷远，一条沿负虚轴趋向无穷远，闭环系统是临界稳定的。

（2）采用比例微分控制时，系统的开环传递函数为

$$G_c(s)G(s)=\frac{k_p(T_d s+1)}{2.7083s^2}$$

系统的根轨迹从 $p_{1,2}=0$ 出发，一条趋于开环零点 $z=-1/k_d$，一条沿负实轴趋向无穷远。根轨迹的复平面部分是半径为 $1/T_d$，以开环零点 $z=-1/T_d$ 为圆心的圆，如图 9.21 所示。k 取不同值时，闭环极点为一对稳定的共轭复根或一对稳定的实根，闭环零点等于开环零点 $z=-1/T_d$。闭环系统的性能由闭环极点和零点决定。

仿真程序如下：

```
z=[-1];p=[0 0];
k=1/2.7083；
s2=zpk(z,p,k)
rlocus(s2)
sf2=feedback(s2,1)
step(sf2)
```

比例微分控制时系统的单位阶跃响应如图 9.22 所示。

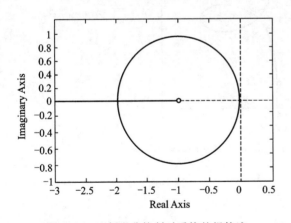

图 9.21　比例微分控制时系统的根轨迹

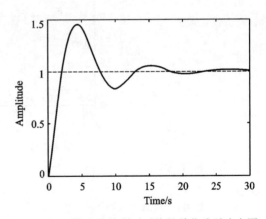

图 9.22　比例微分控制时系统的单位阶跃响应图

选用超前校正 $k(s+1)/(s+12)$ 时系统的根轨迹如图 9.23 所示。

仿真程序如下：

```
z=[-1];
p=[0 0 -12];
k=12/2.7083;
s3=zpk(z,p,k);
```

```
rlocus(s3);
sf3＝feedback(s3,1);
step(sf3)
```

选用超前校正 $k(s+1)/(s+2)$ 时，系统的单位阶跃响应图如图9.24所示。

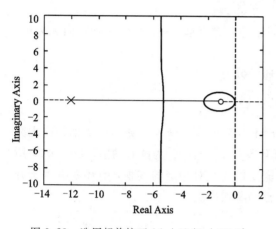

图9.23　选用超前校正 $k(s+1)/(s+12)$ 时
系统的根轨迹

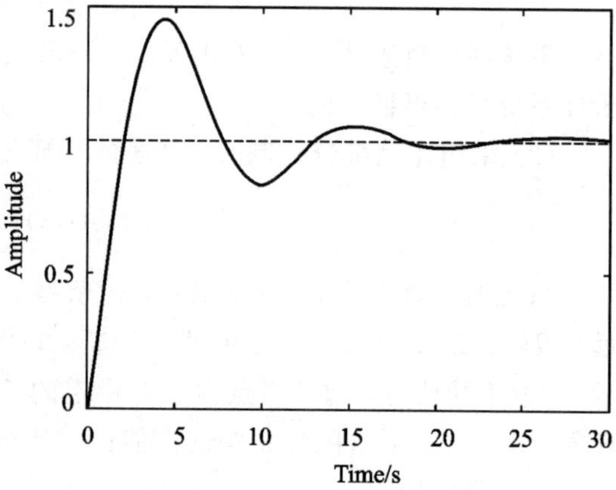

图9.24　选用超前校正 $k(s+1)/(s+12)$ 时
系统的单位阶跃响应图

选用超前校正 $k(s+1)/(s+9)$ 时系统的根轨迹如图9.25所示。

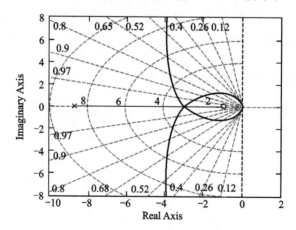

图9.25　选用超前校正 $k(s+1)/(s+9)$ 时系统的根轨迹

仿真程序如下：

```
z＝[－1];
p＝[0 0 －9];
k＝9/2.7083;
s4＝zpk(z,p,k);
rlocus(s4);
sf4＝feedback(s4,1);
step(sf4)
```

选用超前校正 $k(s+1)/(s+9)$ 时系统的单位阶跃响应图如图9.26所示。

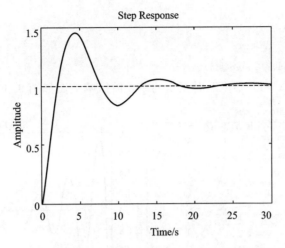

图 9.26　选用超前校正 $k(s+1)/(s+9)$ 时系统的单位阶跃响应图

选用超前校正 $k(s+1)/(s+4)$ 时的根轨迹如图 9.27 所示。

仿真程序如下：

```
z=[-1];
p=[0 0 -4];
k=4/2.7083;
s5=zpk(z,p,k);
rlocus(s5);
sf5=feedback(s5,1); step(sf5)
```

选用超前校正 $k(s+1)/(s+4)$ 时系统的单位阶跃响应如图 9.28 所示。

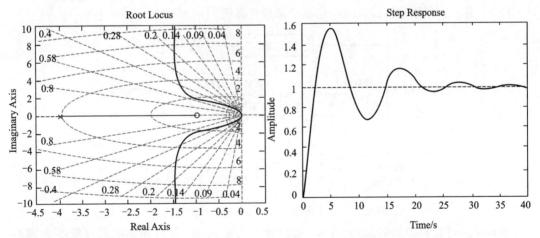

图 9.27　选用超前校正 $k(s+1)/(s+4)$ 时　　　图 9.28　选用超前校正 $k(s+1)/(s+4)$ 时
　　　　系统的根轨迹　　　　　　　　　　　　　系统的单位阶跃响应图

选用超前校正 $k(s+1)/(s+2)$ 时系统的根轨迹如图 9.29 所示。

仿真程序如下：

```
z=[-1];
p=[0 0 -2];
```

k=2/2.7083；

s6=zpk(z,p,k)；

rlocus(s6)；

sf6=feedback(s6,1)；step(sf6)

选用超前校正 $k(s+1)/(s+2)$ 时系统的单位阶跃响应图如图 9.30 所示。

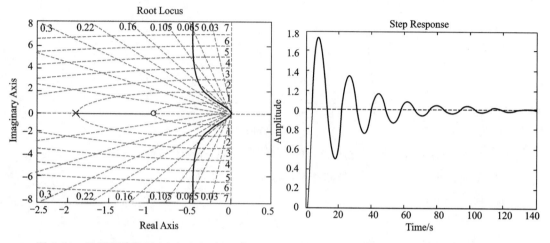

图 9.29　选用超前校正 $k(s+1)/(s+2)$ 时
系统的根轨迹

图 9.30　选用超前校正 $k(s+1)/(s+2)$ 时
系统的单位阶跃响应图

可以看出，随校正装置超前作用的变弱，系统的根轨迹向右移动，实轴上的分离点由 2 个变为 1 个，再变为没有分离点，闭环系统的稳定性变差。

9.2.5　移动机器人实物实验

图 9.31 所示为移动机器人闭环运动控制过程框图。

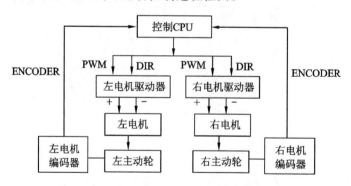

图 9.31　移动机器人闭环运动控制过程框图

位置闭环过程框图如图 9.32 所示。设位置 S 为输入量，与反馈回来的位置 S' 相减后得到 ΔS 作为控制器的输入；控制器输出 u 到驱动器，驱动器输出电压 V 到电机 M，不同的 u 对应不同的电压 V，从而对应不同的电机速度驱动机器人行走不同的位移；由编码器采集的信号得到实际位置值 S'，再反馈到输入端。

通过设计两个 PID 控制器来控制 X、Y 轴上的位移，可实现移动机器人走圆轨迹。Simulink 仿真图如图 9.33 所示。

最后运行机器人走圆的轨迹图如图 9.34 所示。

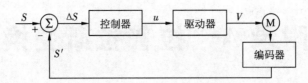

图 9.32 位置闭环过程框图

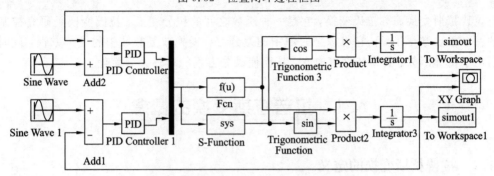

图 9.33 Simulink 仿真图

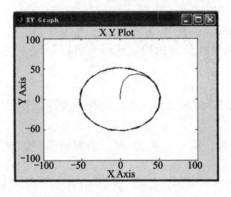

图 9.34 机器人走圆的轨迹图

9.3 直流电动机调速系统设计

直流电动机调速系统设计

9.4 小   结

小结

附录 A　拉普拉斯变换

拉普拉斯变换简称拉氏变换，它是一种函数之间的积分变换。拉氏变换是研究控制系统的一个重要数学工具，它可以把时域中的微分方程变换成复数域中的代数方程，同时它还引出了传递函数、频率特性等概念，从而使微分方程的求解大为简化。

A.1　拉普拉斯变换的概念

A.1.1　拉普拉斯变换的定义

设函数 $f(t)$ 在 $t \geqslant 0$ 时有定义，而且积分

$$\int_0^{+\infty} f(t)\mathrm{e}^{-st}\mathrm{d}t \quad (s = \sigma + \mathrm{j}\omega \text{ 是复变量})$$

在 s 的某个邻域内收敛，则由此积分所确定的函数可以写成

$$F(s) = \int_0^{+\infty} f(t)\mathrm{e}^{-st}\mathrm{d}t \tag{A.1}$$

称式(A.1)为函数 $f(t)$ 的拉普拉斯变换式，简称拉氏变换，并记作

$$F(s) = \mathscr{L}[f(t)] \tag{A.2}$$

$F(s)$ 称为 $f(t)$ 的象函数，而 $f(t)$ 称为 $F(s)$ 的原函数，由象函数求原函数的运算称为拉氏反变换，记作

$$f(t) = \mathscr{L}^{-1}[F(s)] \tag{A.3}$$

A.1.2　拉普拉斯变换的存在定理

若函数 $f(t)$ 满足下列条件：

(1) 在 $t \geqslant 0$ 的任一有限区间上分段连续。

(2) 当 $t \to \infty$ 时，$f(t)$ 的增长速度不超过某一指数函数，即存在 $M > 0$ 及 $c \geqslant 0$，使得 $|f(t)| \leqslant M\mathrm{e}^{ct}(0 \leqslant t < \infty)$ 成立。则 $f(t)$ 的拉氏变换

$$F(s) = \int_0^{+\infty} f(t)\mathrm{e}^{-st}\mathrm{d}t$$

在半平面 $\mathrm{Re}(s) > c$ 上一定存在，右端的积分绝对而且一致收敛，并且在这半平面内 $F(s)$ 为解析函数。

为了简单起见，今后一律不再注明 $F(s)$ 的收敛范围，并假定 $f(t) = 0(t < 0)$。

例 A.1　求正弦函数 $f(t) = \sin\omega t$ 的拉氏变换。

解　由式(A.1)可得

$$F(s) = \mathscr{L}[\sin\omega t] = \int_0^{+\infty} \sin\omega t\, \mathrm{e}^{-st}\mathrm{d}t = \int_0^{+\infty} \frac{1}{2\mathrm{j}}(\mathrm{e}^{\mathrm{j}\omega t} - \mathrm{e}^{-\mathrm{j}\omega t})\mathrm{e}^{-st}\mathrm{d}t$$

$$= \frac{1}{2\mathrm{j}}\left[\frac{1}{s - \mathrm{j}\omega} - \frac{1}{s + \mathrm{j}\omega}\right] = \frac{\omega}{s^2 + \omega^2}$$

例 A.2　求单位脉冲函数 $\delta(t)$ 的拉氏变换。

解　将 $f(t)=\delta(t)=\lim\limits_{t_0\to 0}\dfrac{1(t)-1(t-t_0)}{t_0}$ 带入式(A.1)可得

$$F(s)=\lim_{t_0\to 0}\frac{1}{t_0}\int_0^{+\infty}[1(t)-1(t-t_0)]e^{-st}=\lim_{t_0\to 0}\frac{1}{t_0 s}(1-e^{-t_0 s})=\lim_{t_0\to 0}\frac{\dfrac{d(1-e^{-t_0 s})}{dt_0}}{\dfrac{dt_0 s}{t_0}}=1$$

常用函数拉普拉斯变换及性质见表 A.1 和表 A.2。

表 A.1　常用拉普拉斯变换对照表

序号	原函数 $f(t)$	象函数 $F(s)$
1	$\delta(t)$	1
2	$1(t)$	$\dfrac{1}{s}$
3	t	$\dfrac{1}{s^2}$
4	$\dfrac{1}{2}t^2$	$\dfrac{1}{s^3}$
5	$\dfrac{t^{n-1}}{(n-1)!}$　$(n=1,2,3,\cdots)$	$\dfrac{1}{s^n}$
6	e^{-at}	$\dfrac{1}{s+a}$
7	$\dfrac{t^{n-1}}{(n-1)!}e^{-at}$　$(n=1,2,3,\cdots)$	$\dfrac{1}{(s+a)^n}$
8	$\sin\omega t$	$\dfrac{\omega}{s^2+\omega^2}$
9	$\cos\omega t$	$\dfrac{s}{s^2+\omega^2}$
10	$\dfrac{1}{a}(1-e^{-at})$	$\dfrac{1}{s(s+a)}$
11	$\dfrac{1}{b-a}(e^{-at}-e^{-bt})$	$\dfrac{1}{(s+a)(s+b)}$
12	$\dfrac{1}{\omega^2}(1-\cos\omega t)$	$\dfrac{1}{s(s^2+\omega^2)}$
13	$\dfrac{1}{\omega}e^{-at}\sin\omega t$	$\dfrac{1}{(s+a)^2+\omega^2}$
14	$e^{-at}\cos\omega t$	$\dfrac{s+a}{(s+a)^2+\omega^2}$
15	$\dfrac{1}{a^2}(e^{-at}+at-1)$	$\dfrac{1}{s^2(s+a)}$
16	$\dfrac{\sqrt{\omega^2+a^2}}{\omega}\sin(\omega t+\varphi)$, $\varphi=\arctan\left(\dfrac{\omega}{a}\right)$	$\dfrac{s+a}{s^2+\omega^2}$
17	$\dfrac{\omega_n^2}{s^2+2\zeta\omega_n s+\omega_n^2}$	$\dfrac{\omega_n}{\sqrt{1-\zeta^2}}e^{-\zeta\omega_n t}\sin\omega_n\sqrt{1-\zeta^2}t,\ 0<\zeta<1$
18	$\sin\omega t-\omega t\cos\omega t$	$\dfrac{2\omega^3}{(s^2+\omega^2)^2}$
19	$\dfrac{1}{2\omega}t\sin\omega t$	$\dfrac{s}{(s^2+\omega^2)^2}$
20	$\dfrac{\omega_n^2}{s(s^2+2\zeta\omega_n^2+\omega_n^2)}$	$1-\dfrac{1}{\sqrt{1-\zeta^2}}e^{-\zeta\omega_n t}\sin\left(\sqrt{1-\zeta^2}\,\omega_n t+\beta\right)$ $\beta=\arccos\zeta,\ t\geqslant 0$

表 A.2 拉普拉斯变换基本性质

序号	拉普拉斯变换的基本性质		函 数
1	线性定理	齐次性	$\mathscr{L}[af(t)]=aF(s)$
		叠加性	$\mathscr{L}[f_1(t)\pm f_2(t)]=F_1(s)\pm F_2(s)$
2	微分定理	一般形式	$\mathscr{L}\left[\dfrac{\mathrm{d}f(t)}{\mathrm{d}t}\right]=sF(s)-f(0)$ $\mathscr{L}\left[\dfrac{\mathrm{d}^2 f(t)}{\mathrm{d}t^2}\right]=s^2 F(s)-sf(0)-f'(0)$ $\vdots$ $\mathscr{L}\left[\dfrac{\mathrm{d}^n f(t)}{\mathrm{d}t^n}\right]=s^n F(s)-\displaystyle\sum_{k=1}^{n}s^{n-k}f^{(k-1)}(0)$ $f^{(k-1)}(t)=\dfrac{\mathrm{d}^{k-1}f(t)}{\mathrm{d}t^{k-1}}$
		初始条件为 0 时	$\mathscr{L}\left[\dfrac{\mathrm{d}^n f(t)}{\mathrm{d}t^n}\right]=s^n F(s)$
3	积分定理	一般形式	$\mathscr{L}\left[\displaystyle\int f(t)\mathrm{d}t\right]=\dfrac{F(s)}{s}+\dfrac{\left[\displaystyle\int f(t)\mathrm{d}t\right]_{t=0}}{s}$ $\mathscr{L}\left[\displaystyle\iint f(t)(\mathrm{d}t)^2\right]=\dfrac{F(s)}{s^2}+\dfrac{\left[\displaystyle\int f(t)\mathrm{d}t\right]_{t=0}}{s^2}+\dfrac{\left[\displaystyle\iint f(t)(\mathrm{d}t)^2\right]_{t=0}}{s}$ $\vdots$ $\mathscr{L}\left[\overbrace{\displaystyle\int\cdots\int}^{n} f(t)\ (\mathrm{d}t)^n\right]=\dfrac{F(s)}{s^n}+\displaystyle\sum_{k=1}^{n}\dfrac{1}{s^{n-k+1}}\left[\overbrace{\displaystyle\int\cdots\int}^{n} f(t)(\mathrm{d}t)^n\right]_{t=0}$
		初始条件为 0 时	$\mathscr{L}\left[\overbrace{\displaystyle\int\cdots\int}^{n} f(t)(\mathrm{d}t)^n\right]=\dfrac{F(s)}{s^n}$
4	延迟定理(或称 t 域平移定理)		$\mathscr{L}[f(t-T)1(t-T)]=\mathrm{e}^{-Ts}F(s)$
5	衰减定理(或称 s 域平移定理)		$\mathscr{L}[f(t)\mathrm{e}^{-at}]=F(s+a)$
6	终值定理		$\displaystyle\lim_{t\to\infty}f(t)=\lim_{s\to 0}sF(s)$
7	初值定理		$\displaystyle\lim_{t\to 0}f(t)=\lim_{s\to\infty}sF(s)$
8	函数乘以 t		$\mathscr{L}[f(t)t]=-\dfrac{\mathrm{d}F(s)}{\mathrm{d}s}$
9	函数除以 t		$\mathscr{L}[f(t)/t]=\displaystyle\int_s^{\infty}F(s)\mathrm{d}s$
10	相似性		$\mathscr{L}[af(t)]=\dfrac{1}{a}F\left(\dfrac{s}{a}\right),\ a>0$
11	卷积定理		$\mathscr{L}\left[\displaystyle\int_0^t f_1(t-\tau)f_2(\tau)\mathrm{d}\tau\right]=\mathscr{L}\left[\displaystyle\int_0^t f_1(t)f_2(t-\tau)\mathrm{d}\tau\right]$ $=F_1(s)F_2(s)$

A.2 拉普拉斯反变换

由象函数 $F(s)$ 求原函数 $f(t)$ 的过程称为拉普拉斯反变换，其公式为

$$f(t) = \mathscr{L}^{-1}[F(s)] = \frac{1}{2\pi\mathrm{j}} \int_{\sigma-\mathrm{j}\infty}^{\sigma+\mathrm{j}\infty} F(s)\mathrm{e}^{st}\,\mathrm{d}s \tag{A.4}$$

由于式（A.2）的复数积分比较难以计算，所以工程上常用查表的方法（如用拉普拉斯变换表（A.1））查出相应的原函数。在控制系统的分析中，常遇到的象函数是有理分式的函数，所以下面主要研究有理分式的函数的反变换问题。

有理分式函数 $F(s)$ 通常表示为如下形式：

$$F(s) = \frac{B(s)}{A(s)} = \frac{b_m s^m + b_{m-1} s^{m-1} + \cdots + b_1 s + b_0}{a_n s^n + a_{n-1} s^{n-1} + \cdots + a_1 s + a_0} \tag{A.5}$$

式中，a_i、b_i 为实数，m 和 n 为正整数，且 $m < n$。式（A.5）可进行部分分式分解，现分以下几种情况讨论。

A.2.1 $A(s) = 0$ 无重根

$A(s) = 0$ 无重根时，$F(s)$ 可开展为 n 个简单的部分分式之和，每个部分分式都以 $A(s)$ 的一个因式作为其分母，即

$$F(s) = \frac{c_1}{s - s_1} + \frac{c_2}{s - s_2} + \cdots + \frac{c_i}{s - s_i} + \cdots + \frac{c_n}{s - s_n} = \sum_{i=1}^{n} \frac{c_i}{s - s_i} \tag{A.6}$$

式中，c_i 为待定常数，称为 $F(s)$ 在极点 s_i 处的留数，可按下式计算：

$$c_i = \lim_{s \to s_i} [(s - s_i)F(s)] \tag{A.7}$$

或

$$c_i = \frac{B(s)}{\dot{A}(s)} \bigg|_{s=s_i} \tag{A.8}$$

式中，$\dot{A}(s)$ 为 $A(s)$ 对 s 求一阶导数。

根据拉氏变换的线性性质，从式（A.6）可求得原函数为

$$f(t) = \mathscr{L}^{-1}[F(s)] = \mathscr{L}^{-1}\left[\sum_{i=1}^{n} \frac{c_i}{s - s_i}\right] = \sum_{i=1}^{n} c_i \mathrm{e}^{s_i t} \tag{A.9}$$

例 A.3 求 $F(s) = \dfrac{s+3}{s^2+3s+2}$ 的原函数 $f(t)$。

解 将 $F(s)$ 的分母因式分解为

$$s^2 + 3s + 2 = (s+1)(s+2)$$

则

$$F(s) = \frac{s+3}{s^2+3s+2} = \frac{s+3}{(s+1)(s+2)} = \frac{c_1}{(s+1)} + \frac{c_2}{(s+2)}$$

$$c_1 = \lim_{s \to -1} [(s+1)F(s)] = \lim_{s \to -1} \frac{s+3}{s+2} = 2$$

$$c_2 = \lim_{s \to -2}[(s+2)F(s)] = \lim_{s \to -2}\frac{s+3}{s+1} = -1$$

因此，由式(A.3)可求得原函数为

$$f(t) = 2e^{-t} - e^{-3t}$$

例 A.4 求 $F(s) = \dfrac{s-3}{s^2+2s+2}$ 的原函数 $f(t)$。

解 将 $F(s)$ 的分母因式分解为

$$s^2 + 2s + 2 = (s+1-j)(s+1+j)$$

本例 $F(s)$ 的极点为一对共轭复数，仍可用式(A.9)求原函数。因此，$F(s)$ 可写为

$$F(s) = \frac{s-3}{s^2+2s+2} = \frac{s-3}{(s+1-j)(s+1+j)} = \frac{c_1}{s+1-j} + \frac{c_2}{s+1+j}$$

式中

$$c_1 = \lim_{s \to -1+j}[(s+1-j)F(s)] = \lim_{s \to -1+j}\frac{s-3}{s+1+j} = \frac{-4+j}{2j}$$

$$c_2 = \lim_{s \to -1-j}[(s+1+j)F(s)] = \lim_{s \to -1-j}\frac{s-3}{s+1-j} = -\frac{-4-j}{2j}$$

所以，原函数为

$$f(t) = c_1 e^{(-1+j)t} + c_2 e^{(-1-j)t} = e^{-t}(\cos t - 4\sin t)$$

如果函数 $F(s)$ 的分母是 s 的二次多项式，可将分母分配成二项平方和的形式，并作为一个整体来求原函数。本例的 $F(s)$ 可写为

$$F(s) = \frac{s-3}{s^2+2s+2} = \frac{s-3}{(s+1)^2+1} = \frac{s+1}{(s+1)^2+1} - \frac{4}{(s+1)^2+1}$$

应用位移定理并查拉式变换对照表 A.1，求得原函数为

$$f(t) = \mathcal{L}^{-1}\left[\frac{s+1}{(s+1)^2+1} - \frac{4}{(s+1)^2+1}\right] = e^{-t}(\cos t - 4\sin t)$$

A.2.2 $A(s)=0$ 有重根

设 $A(s)=0$ 有 r 个重根 s_1，则 $F(s)$ 可写为

$$F(s) = \frac{B(s)}{(s-s_1)^r(s-s_{r+1})\cdots(s-s_n)}$$

$$= \frac{c_r}{(s-s_1)^r} + \frac{c_{r-1}}{(s-s_1)^{r-1}} + \cdots + \frac{c_1}{s-s_1} + \frac{c_{r+1}}{s-s_{r+1}} + \cdots + \frac{c_n}{s-s_n}$$

式中，s_1 为 $F(s)$ 的重极点；s_{r+1}，$\cdots$，s_n 为 $F(s)$ 的 $n-r$ 个非重极点；c_r，c_{r-1}，$\cdots$，c_1，c_{r+1}，$\cdots$ 为待定常数，其中 c_{r+1}，$\cdots$，c_n 按式(A.7)或式(A.8)计算。但 c_r，c_{r-1}，$\cdots$，c_1 应按下式计算：

$$c_r = \lim_{s \to s_1}(s-s_1)^r F(s)$$

$$c_{r-1} = \lim_{s \to s_1}\frac{\mathrm{d}}{\mathrm{d}s}[(s-s_1)^r F(s)]$$

$$\cdots$$

$$c_{r-j} = \frac{1}{j!}\lim_{s \to s_1}\frac{\mathrm{d}^{(j)}}{\mathrm{d}s^j}[(s-s_1)^r F(s)]$$

...

$$c_1 = \frac{1}{(r-1)!} \lim_{s \to s_1} \frac{\mathrm{d}^{(r-1)}}{\mathrm{d}s^{r-1}} \big[(s-s_1)^r F(s) \big] \tag{A.10}$$

因此，原函数 $f(t)$ 为

$$
\begin{aligned}
f(t) &= \mathscr{L}^{-1}\big[F(s) \big] \\
&= \mathscr{L}^{-1}\left[\frac{c_r}{(s-s_1)^r} + \frac{c_{r-1}}{(s-s_1)^{r-1}} + \cdots + \frac{c_1}{s-s_1} + \frac{c_{r+1}}{s-s_{r+1}} + \cdots + \frac{c_n}{s-s_n} \right] \\
&= \left[\frac{c_r}{(r-1)!} t^{r-1} + \frac{c_{r-1}}{(r-2)!} t^{r-2} + \cdots + c_2 t + c_1 \right] e^{s_1 t} + \sum_{i=r+1}^{n} c_i e^{s_i t} \tag{A.11}
\end{aligned}
$$

例 A.5 求 $F(s) = \dfrac{s+2}{s(s+1)^2(s+4)}$ 的原函数 $f(t)$。

解 将 $F(s)$ 直接写成部分分式之和的形式，即

$$F(s) = \frac{c_2}{(s+1)^2} + \frac{c_1}{s+1} + \frac{c_3}{s} + \frac{c_4}{s+4}$$

其中

$$c_2 = \lim_{s \to -1} (s+1)^2 F(s) = -\frac{1}{3}$$

$$c_1 = \lim_{s \to -1} \frac{\mathrm{d}}{\mathrm{d}s} \big[(s+1)^2 F(s) \big] = -\frac{5}{9}$$

$$c_3 = \lim_{s \to 0} \big[s F(s) \big] = \frac{1}{2}$$

$$c_4 = \lim_{s \to -4} (s+4) F(s) = \frac{1}{18}$$

则 $F(s)$ 可写成

$$F(s) = -\frac{1}{3(s+1)^2} - \frac{5}{9(s+1)} + \frac{1}{2s} + \frac{1}{18(s+3)}$$

对照拉氏变换表 A.1，可以求出原函数为

$$f(t) = \frac{1}{2} + \frac{1}{18} e^{-3t} - \frac{1}{3}\left(t + \frac{5}{3} \right) e^{-t} \quad (t > 0)$$

A.2.3 共轭极点

设 $A(s) = 0$ 有共轭复根，则 $F(s)$ 可写为

$$F(s) = \frac{c_1 s + c_2}{(s-p_1)(s-p_2)} + \frac{c_3}{s-p_3} + \frac{c_4}{s-p_4} + \cdots + \frac{c_n}{s-p_n}$$

c_1 和 c_2 由下式求得，即

$$\big[F(s) \cdot (s-p_1)(s-p_2) \big]_{s=p_1} = \big[c_1 s + c_2 \big]_{s=p_1}$$

例 A.6 求 $F(s) = \dfrac{s-3}{s(s^2+2s+2)}$ 的原函数 $f(t)$。

解

$$F(s) = \frac{c_1}{s} + \frac{c_2 s + c_3}{s^2+2s+2} = \frac{s-3}{s(s^2+2s+2)}$$

$$\begin{cases} c_1 + c_2 = 0 \\ 2c_1 + c_3 = 1 \\ 2c_1 = -3 \end{cases}$$

解得

$$\begin{cases} c_1 = -3/2 \\ c_2 = 3/2 \\ c_3 = 4 \end{cases}$$

则

$$F(s) = \frac{-\dfrac{3}{2}}{s} + \frac{\dfrac{3}{2}s + 4}{(s+1)^2 + 1}$$

$$\mathscr{L}^{-1}\left[\frac{A_2}{(s+1)^2+1}\right] = \left[\frac{\dfrac{5}{2}}{(s+1)^2+1} + \frac{\dfrac{3}{2}(s+1)}{(s+1)^2+1}\right] = \frac{5}{2}\mathrm{e}^{-t}\sin t + \frac{3}{2}\mathrm{e}^{-t}\cos t$$

$$\mathscr{L}^{-1}\left[\frac{A_1}{s}\right] = -\frac{3}{2}1(t)$$

故

$$f(t) = -\frac{3}{2}1(t) + \frac{5}{2}\mathrm{e}^{-t}\sin t + \frac{3}{2}\mathrm{e}^{-t}\cos t$$

A.3 拉普拉斯变换求解微分方程

用拉普拉斯变换方法求在给定初始条件下微分方程的步骤如下：

（1）对微分方程两端进行拉氏变换，将微分方程变为以对象函数为变量的代数方程，方程中初始条件是 $t = 0^-$ 时的值；

（2）解代数方程，求出象函数的表达式；

（3）用部分分式法进行反变换，求得微分方程的解。

例 A.7 用拉普拉斯变换方法求解下列微分方程：

$$\ddot{x}(t) + 2\dot{x}(t) + x(t) = 1(t) \qquad \dot{x}(0) = 0,\ x(0) = 5$$

解 对微分方程两端进行拉普拉斯变换，得

$$s^2 x(s) - sx(0) - \dot{x}(0) + 2sx(s) - 2x(0) + x(s) = \frac{1}{s}$$

$$s^2 x(s) - sx(0) - \dot{x}(0) + 2sx(s) - 2x(0) + x(s) = \frac{1}{s}$$

$$(s^2 + 2s + 1)x(s) = \frac{1}{s} + 5s + 10$$

$$x(s) = \frac{1 + 5s^2 + 10s}{s(s^2 + 2s + 1)} = \frac{5(s+1)^2 - 4}{s(s^2 + 2s + 1)} = \frac{5}{s} - \frac{4}{s(s^2 + 2s + 1)}$$

$$= \frac{1}{s} - \frac{4}{s+1} - \frac{4}{(s+1)^2}$$

$$x(t) = 1(t) - 4\mathrm{e}^{-t} - 4t\mathrm{e}^{-t}$$

例 A.8 RC 滤波电路如图 A.1 所示，输入电压信号 $u_i(t) = 5$ V，电容的初始电压 $U_c(0)$ 分别为 0 V 和 1 V 时，分别求时间解 $u_c(t)$。

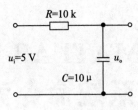

图 A.1 *RC* 滤波电路

解 *RC* 滤波电路的微分方程为

$$RC\frac{\mathrm{d}u_c(t)}{\mathrm{d}t}+u_c(t)=u_i(t)$$

将上式两边作拉普拉斯变换得

$$RC[sU_c(s)-u_c 0]+U_c(s)=U_i(s)$$

由初始条件和输入信号可得

$$U_c(s)=\frac{0.1su_c(0)+5}{s(0.1s+1)}$$

当 $U_c(0)$ 为 0 V 时进行拉普拉斯变换得

$$U_c(s)=\frac{5}{s(0.1s+1)}=\frac{5}{s}-\frac{5}{s+10}$$

$$u_c(t)=5\cdot 1(t)-5\mathrm{e}^{-10t}=5[1(t)-\mathrm{e}^{-10t}]$$

当 $U_c(0)$ 为 1 V 时进行拉普拉斯变换得

$$U_c(s)=\frac{0.1s+5}{s(0.1s+1)}=\frac{5}{s}-\frac{4}{s+10}$$

$$u_c(t)=5\cdot 1(t)-4\mathrm{e}^{-10t}=5\left[1(t)-\frac{4}{5}\mathrm{e}^{-10t}\right]$$

图 A.2 描述了 *RC* 滤波电路的时域解的波形。

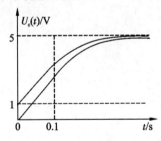

图 A.2 *RC* 滤波电路的时域解的波形

附录 B MATLAB 常用控制系统命令索引

附录 B MATLAB 常用控制系统命令索引

附录 C　自动控制原理的常用技术术语中英文对照

附录 C　自动控制原理的常用技术术语中英文对照

参 考 文 献

[1] DORF R C, BISHOP R H. 现代控制系统[M].谢红卫,邹逢兴,张明,等译. 8 版. 北京:高等教育出版社,2001.

[2] OGATA K. 现代控制工程[M]. 卢伯英,佟明安,译. 5 版. 北京:电子工业出版社,2011.

[3] OGATA K. Modern Control Engineering[M]. 4nd Ed. Upper Saddle River:Prentice-Hall,2006.

[4] DORF R C, BISHOP R H. Modern Control System[M]. 9th Ed. Baston:Addison-Wesley,2002.

[5] DORF R C, BISHOP R H. 现代控制系统[M].谢红卫,孙志强,宫二玲,等译. 12 版. 北京:电子工业出版社,2015.

[6] FRANKLIN G F, POWELL J D, EMAMI-NAEINI A, 等. 自动控制原理与设计[M]. 李中华,译. 6 版. 北京:电子工业出版社,2014.

[7] KUO B C, GOLNARAGHI F. 自动控制系统[M]. 汪小帆,李翔,译. 8 版. 北京:高等教育出版社,2004.

[8] 邹伯敏. 自动控制理论[M]. 3 版. 北京:机械工业出版社,2011.

[9] 李道根. 自动控制原理[M]. 哈尔滨:哈尔滨工业大学出版社,2007.

[10] 胡寿松. 自动控制原理[M]. 6 版. 北京:科学出版社,2013.

[11] 徐薇莉,田作华. 自动控制理论与设计[M]. 新版. 上海:上海交通大学出版社,2007.

[12] 程鹏. 自动控制原理[M]. 北京:高等教育出版社,2010.

[13] 夏德钤,翁贻方. 自动控制理论[M]. 4 版. 北京:机械工业出版社,2013.

[14] 吴麒. 自动控制原理[M]. 2 版. 北京:清华大学出版社,2006.

[15] 夏超英. 自动控制原理[M]. 2 版. 北京:科学出版社,2014.

[16] 孙虎章. 自动控制原理[M]. 北京:中央广播电视大学出版社,2003.

[17] 孙亮. 自动控制原理[M]. 3 版. 北京:高等教育出版社,2013.

[18] OGATA K. 控制理论 MATLAB 教程[M]. 王诗宓,王峻,译. 3 版. 北京:电子工业出版社,2012.

[19] 阮毅,陈维均. 运动控制系统[M]. 北京:清华大学出版社,2006.

[20] 胡军,张锦江,宗红. 我国载人航天器制导导航与控制技术发展成就及展望[J],航天返回与遥感,2022,43(5):1-10.

[21] 胡军,解永春,张昊,等. 神舟八号飞船交会对接制导、导航与控制系统及其飞行结果评价[J],空间控制技术与应用,2011,37(6):1-13.